Trockenbauarbeiten

Volker Mänz
Eugen Schwarz

Trockenbauarbeiten

Kommentar zu VOB Teil C
ATV DIN 18299
ATV DIN 18340

unter fachlicher Mitwirkung
von Dipl.-Ing. Helmut Bramann

3., vollständig überarbeitete Auflage 2010
zur VOB 2009

Herausgeber:
DIN Deutsches Institut für Normung e. V.

Beuth Verlag GmbH · Berlin · Wien · Zürich

Herausgeber: DIN Deutsches Institut für Normung e. V.

© 2010 Beuth Verlag GmbH
Berlin · Wien · Zürich
Burggrafenstraße 6
10787 Berlin

Telefon: +49 30 2601-0
Telefax: +49 30 2601-1260
Internet: www.beuth.de
E-Mail: info@beuth.de

Satz: B & B Fachübersetzergesellschaft mbH
Druck: Ruksaldruck GmbH + Co. KG
Gedruckt auf säurefreiem, alterungsbeständigem Papier nach DIN EN ISO 9706

ISBN 978-3-410-20314-8

Vorwort

Im Januar 2005 wurde der Ergänzungsband 2005 zur VOB 2002 – der Vergabe- und Vertragsordnung für Bauleistungen – aufgelegt. Darin erschien neben einer Reihe überarbeiteter ATV erstmals auch die nach 5 Jahren intensiver Diskussionen im Fachberaterkreis und zuständigen Hauptausschuss Hochbau des Deutschen Vergabe- und Vertragsausschusses (DVA) verabschiedete neue ATV DIN 18340 „Trockenbauarbeiten".

Mit dieser Entwicklung einer eigenständigen Norm für den Trockenbau entfielen gleichzeitig alle trockenbaurelevanten Passagen in den bestehenden ATV DIN 18330 „Maurerarbeiten", ATV DIN 18334 „Zimmer- und Holzbauarbeiten", ATV DIN 18350 „Putz- und Stuckarbeiten", ATV DIN 18353 „Estricharbeiten" sowie der ATV DIN 18355 „Tischlerarbeiten". Der Leistungsbereich „Trockenbauarbeiten" wurde erstmals umfassend aufgenommen, womit es im Interesse aller am Bau Beteiligten gelang, eine wesentliche Regelungslücke im modernen Ausbaubereich zu schließen.

Im Zuge der Gesamtausgabe der VOB 2009 mit der völligen Überarbeitung von VOB/A, entsprechend dem Beschluss der Bundesregierung vom 28. 10. 2008, wurden

- die Struktur der Vergabevorschriften,
- die Regelung gleicher Verfahrensschritte von VOB, VOL und VOF in gleichen Paragraphen,
- die Begrifflichkeit für gleiche Sachverhalte und ähnliche inhaltliche Vorgaben

zu einer gemeinsamen, vereinfachten Regelung gebracht.

Dies bietet die Gelegenheit, den Kommentar zur ATV DIN 18340 „Trockenbauarbeiten" unter Berücksichtigung neuer Gesetze, Erkenntnisse und Beispiele aus der Praxis auf den neuesten Stand zu bringen.

Der jetzt in dritter komplett überarbeiteter Auflage erscheinende Fachkommentar berücksichtigt alle aktuellen Änderungen der VOB-Gesamtausgabe 2009 und hilft somit, noch bestehende und neu entstandene Interpretationsspielräume fachgerecht zu schließen. In diesem Fachkommentar ist die übereinstimmende Meinung der Autoren Volker Mänz und Eugen Schwarz niedergelegt, die als Fachberater (Volker Mänz als Obmann und Eugen Schwarz als stellvertretender Obmann) an den Beratungen im Hauptausschuss Hochbau im Deutschen Vergabe- und Vertragsausschuss mitgewirkt haben.

Der Deutsche Vergabe- und Vertragsausschuss (DVA) zeichnet unter offizieller Leitung des Bundesministeriums für Verkehr, Bau und Stadtentwicklung (BMVBS) verantwortlich für die ausgewogene Gestaltung und Verabschiedung der Vergabe- und Vertragsordnung für Bauleistungen.

Mit ihren Kommentierungen halten sich die Autoren an die gemeinsam mit dem Hauptausschuss Hochbau erarbeiteten Regelungen der neuen ATV DIN 18340 in Sinn und Wort. Insoweit gibt der vorliegende Kommentar zum Zeitpunkt seiner Erstellung in den einzelnen Kommentierungen den Diskussionsstand in diesem Ausschuss wieder.

Der Fachkommentar ist für die Praxis und den täglichen Gebrauch gedacht. Mit ihm lassen sich alle trockenbaurelevanten Fragen rund um die ATV DIN 18340 und die ATV DIN 18299 ausführlich, aktuell und fundiert behandeln. Der ergänzend beiliegende kleine, handliche „ATV-Kurzkommentar für die Baustelle" bietet zudem in übersichtlicher Form schnell Hilfestellung für den Praktiker vor Ort. Er fasst die wichtigsten Aussagen in handlichem Format zusammen und enthält dennoch alles Nötige zu Aufmaß und Abrechnung im Trockenbau.

Die Autoren bedanken sich bei allen, die sich mit guten Anregungen, Hinweisen und Ergänzungen an der Kommentierung dieser neuen Norm beteiligt haben, insbesondere bei Herrn Dipl.-Ing. Helmut Bramann, der für die hier mitgeführte trockenbauspezifische Kommentierung der ATV DIN 18299 verantwortlich zeichnet und als Geschäftsführer des Fachberaterkreises sowohl die Entwicklung der neuen ATV DIN 18340 als auch ihre hiermit vorliegende Fachkommentierung von Anfang an fachlich begleitete.

Volker Mänz, Hannover
Eugen Schwarz, Stuttgart

im April 2010

Autoren

Dipl.-Ing. Volker Mänz,
öffentlich bestellter und vereidigter Sachverständiger IHK Hannover/Hildesheim für Schäden in Trockenbauarbeiten und für Aufmaß- und Abrechnungsregeln. Obmann des Fachberaterkreises für die ATV DIN 18340 „Trockenbauarbeiten" im Hauptausschuss Hochbau (HAH) des Deutschen Vergabe- und Vertragsausschusses für Bauleistungen.

Stuckateurmeister Eugen Schwarz,
stellv. Obmann des Fachberaterkreises für die ATV DIN 18340 „Trockenbauarbeiten" im Hauptausschuss Hochbau (HAH) des Deutschen Vergabe- und Vertragsausschusses für Bauleistungen, Obmann des Fachberaterkreises für die ATV DIN 18350 „Putz- und Stuckarbeiten" und Fachberater für die ATV DIN 18345 „Wärmedämmverbund-Systeme".

unter fachlicher Mitwirkung von

Dipl.-Ing. Helmut Bramann,
Geschäftsführer des Fachberaterkreises für die ATV DIN 18340 „Trockenbauarbeiten" im Hauptausschuss Hochbau (HAH) des Deutschen Vergabe- und Vertragsausschusses für Bauleistungen.

Inhalt

Einleitung – Die VOB –

Die VOB – Vergabe- und Vertragordnung für Bauleistungen – ist Teil der deutschen Rechtsordnung und als anerkannte „Allgemeine Geschäftsbedingung“ (AGB) für die Baupraxis sowohl auf Auftraggeber- als auch auf Auftragnehmerseite unverzichtbares Regelungsinstrument zur Vermeidung oft unsinniger und aufgeblähter Vertragstexte, insbesondere aber zur Herbeiführung ausgewogener, Streit vermeidender Vereinbarungen zu allen Problemen, die mit der Vergabe und der Ausführung von Bauleistungen zusammenhängen.

Die VOB wird vom Deutschen Vergabe- und Vertragsausschuss für Bauleistungen, kurz DVA, dem Mitglieder aus den verschiedenen Bereichen (Auftraggeber- und Auftragnehmervertreter von Staat, Wirtschaft und Verbänden) angehören, ständig der Entwicklung von Recht und Technik angepasst. So ist seit dem Jahr 1926 eine Vielzahl von neuen Ausgaben erschienen, zuletzt die Ausgabe 2009. Durch die Besetzung des DVA ist gewährleistet, dass sowohl die Interessen der Auftraggeber als auch die der Auftragnehmer und nicht zuletzt auch der Arbeitnehmer berücksichtigt und zu einem ausgeglichenen Ergebnis geführt werden.

Die für Auftraggeber wie auch für Auftragnehmer branchenbezogen ausgewogene und objektive Gestaltung privilegiert die VOB zur allseits anerkannten „Allgemeinen Geschäftsbedingung“ (AGB) der Baubranche, die den gesetzlichen Vorgaben nach §§ 305 ff. BGB genügt (siehe u. a. BGH NJW 83, 816, 817). Deshalb ist die „Angst“ mancher Bauvertragsparteien vor der Vereinbarung der VOB unverständlich.

Die Vergabe- und Vertragsordnung für Bauleistungen (VOB) gliedert sich in drei Teile:

1) **VOB Teil A: Allgemeine Bestimmungen für die Vergabe von Bauleistungen, DIN 1960 – Ausgabe 2009**
2) **VOB Teil B: Allgemeine Vertragsbedingungen für die Ausführung von Bauleistungen, DIN 1961 – Stand 2009**
3) **VOB Teil C: Allgemeine Technischen Vertragsbedingungen (ATV) für Bauleistungen ATV DIN 18299–18459 – Stand 2009**

1. VOB Teil A – Allgemeine Bestimmungen für die Vergabe DIN 1960 – Stand 2009

Gemäß dem Beschluss der Bundesregierung vom 28.10.2006 wurden die Regelwerke VOB/VOL/VOF in VOB/A DIN 1960 in der Neuausgabe der von 2009 harmonisiert. Erscheinen wird die VOB 2009 im April 2010. Dazu musste die Struktur aller Vergabevorschriften überarbeitet und neu gestaltet werden.

Das Ergebnis dieser Überarbeitung (VOB/A 2009) wurde in die 3. Auflage unseres Kommentars zur ATV DIN 18340 Trockenbauarbeiten eingearbeitet.

VOB Teil A – Allgemeine Bestimmungen für die Vergabe von Bauleistungen, DIN 1960 – Ausgabe 2009 enthält in Abschnitt 1, Basisparagraphen die Verfahrensregeln für die Vergabe von Bauleistungen. Die Beachtung und Einhaltung dieser Verfahrensregeln ist für den öffentlichen Auftraggeber verbindlich. Sie stellt für die öffentlichen Auftraggeber eine Konkretisierung der Grundsätze von Treu und Glauben als Verbot treuwidrigen und widersprüchlichen Verhaltens dar (BGH). VOB/A wird jedoch nicht Vertragsbestandteil, da diese Verfahrensregeln für die Vergabe keine materiellen Bestimmungen darstellten.

Auch wenn VOB/A nicht Vertragsbestandteil wird, so sind die darin enthaltenen Abschnitte für alle Bauleistungen von größter Bedeutung. Sie sind zusammen mit Abschnitt 0 der ATV maßgeblicher Bestandteil einer jeden Ausschreibung (Leistungsbeschreibung), sowohl für öffentliche, gewerbliche als auch für private Auftraggeber.

Solche Abschnitte sind vor allem:

§ 7 Leistungsbeschreibung (Siehe Kommentar zu ATV DIN 18340 „Trockenbauarbeiten“, Abschnitt 0)

§ 8 Vergabeunterlagen (Einbindung von VOB/B und VOB/C)

§ 9 Vertragsbedingungen (Ausführungsfristen, Vertragsstrafe, Verjährung und Sicherheitsleistung).

Neu bewertet werden in der VOB/A 2009 die Sicherheitsleistungen.

§ 9 Vertragsbedingungen

(7) Auf Sicherheitsleistung soll ganz oder teilweise verzichtet werden, wenn Mängel der Leistung voraussichtlich nicht eintreten. Unterschreitet die Auftragsumme 250 000 Euro ohne Umsatzsteuer,

ist auf Sicherheitsleistung für die Vertragserfüllung und in der Regel auf Sicherheitsleistung für Mängelansprüche zu verzichten. Bei Beschränkter Ausschreibung sowie bei Freihändiger Vergabe sollen Sicherheitsleistungen in der Regel nicht verlangt werden.

(8) Die Sicherheit soll nicht höher bemessen und ihre Rückgabe nicht für einen späteren Zeitpunkt vorgesehen werden, als nötig ist, um den Auftraggeber vor Schaden zu bewahren. Die Sicherheit für die Erfüllung sämtlicher Verpflichtungen aus dem Vertrag soll 5 % der Auftragssumme nicht überschreiten. Die Sicherheit für Mängelansprüche soll 3 % der Auftragssumme nicht überschreiten.

2. VOB Teil B – Allgemeine Vertragsbedingungen für die Ausführung von Bauleistungen DIN 1961 – Stand 2009

VOB/B enthält die Allgemeinen Vertragsbedingungen für die Ausführung von Bauleistungen. Diese Vertragsbedingungen stellen eine Ergänzung zum Werksvertragsrecht des BGB (§§ 631–651) dar. Die VOB ist im Bauvertrag zu vereinbaren.

Die VOB wurde vom BGH als Gesetzesersatzrecht angesehen.

Sie ist eine **Allgemeine Geschäftsbedingung**, d. h., die einzelnen Bestimmungen sind nach BGB §§ 307 ff. (früher § 9 AGBG) geprüft. Sie unterliegen danach keiner weiteren Prüfung.

Der BGH erklärt, dass die VOB privilegiert ist, da sie ausgewogen gestaltet ist für Auftraggeber und Auftragnehmer. Die VOB ist dabei immer als Ganzes zu vereinbaren!

Die VOB unterscheidet zwischen 3 verschiedenen Auftraggebern:

a) Öffentlicher Auftraggeber,

b) Gewerblicher Auftraggeber,

c) Privater Auftraggeber.

a) Öffentlicher Auftraggeber:

VOB/B ist bei Bauverträgen mit öffentlichen Auftraggebern immer Vertragsgrundlage. § 1 (1) VOB/B regelt weiter, dass dann auch die Allgemeinen Technischen Vertragsbedingungen für Bauleistungen (ATV = VOB/C) als Vertragsbestandteil gelten. Für den öffentlichen Auftraggeber, z. B. Bund, Land, Gemeinde, ist die Einhaltung der VOB unterhalb der EU-Schwellenwerte zwingend verpflichtend. **Für den öffentlichen Auftraggeber gilt die VOB dabei kraft Gesetzes.**

b) Gewerblicher Auftraggeber:

Bei Bauverträgen mit gewerblichen Auftraggebern (Unternehmern) wird die VOB/B regelmäßig als Vertragsgrundlage vereinbart. Dies geschieht allerdings nicht automatisch. Soll die VOB/B hier Bestandteil des Bauvertrages werden, so muss sie ausdrücklich – als Abweichung von dem gesetzlichen Werkvertragsrecht nach den §§ 631 ff. BGB – vereinbart werden. Hierzu muss der Fachunternehmer dem bauunkundigen gewerblichen Auftraggeber den vollständigen Text der VOB/B nachweislich aushändigen. Ist der Auftraggeber dagegen baukundig (z. B. ein Bauträger oder ein Generalunternehmer), so ist diese Aushändigung nicht erforderlich. In diesem Fall genügt der Hinweis auf die VOB/B. Dies gilt ebenso bei einem bauunkundigen gewerblichen Auftraggeber, der einen Architekten (also einen Baukundigen) mit der Ausschreibung und „Vergabe" beauftragt hat.

Ist die VOB/B wirksam als Vertragsgrundlage vereinbart, ist damit automatisch auch die VOB/C Bestandteil des Vertrages (vgl. § 1 (1) VOB/B). An dieser Stelle sei aber darauf hingewiesen, dass dies im Bereich der nicht öffentlichen Auftraggeber in konsequenter Anwendung der neueren Rechtsprechung des BGH (Urteil vom 17. 06. 2004, VII ZR 75/03) nicht gilt für die Abrechnungsregeln der VOB/C. Der Fachunternehmer muss dem Auftraggeber auch die vollständigen Texte der jeweiligen einschlägigen Abrechnungsregeln (Abschnitt 5 der jeweiligen ATV, z. B. Abschnitt 5 der ATV DIN 18340) nachweislich aushändigen, damit auch sie Vertragsbestandteil werden.

Der BGH wertet die Abrechnungsregeln (Abschnitt 5 der ATV) als Allgemeine Geschäftsbedingungen (AGB).

c) Privater Auftraggeber:

Nach einer aktuellen Entscheidung des BGH (Urteil vom 24. 07. 2008, VII ZR 55/07) ist eine Privilegierung der VOB/B bei einer Verwendung gegenüber Verbrauchern (privaten Auftraggebern) nicht mehr gerechtfertigt. Diese „Privilegierung" bedeutet, dass die Bestimmungen der VOB/B, obgleich sie als Allgemeine Geschäftsbedingungen (AGB) zu werten sind, keiner Inhaltskontrolle nach den §§ 305 ff. BGB (ehemals AGB-Gesetz) unterliegen, obwohl sie insgesamt als ausgewogen gelten. Anders als in den oben dargestellten Fallkonstellationen (öffentlicher bzw. gewerblicher Auftraggeber) werden daher die einzelnen Paragraphen der VOB/B bei der Verwendung gegenüber Verbrauchern im Streitfall einer Einzelkontrolle nach den §§ 305 ff. BGB unterliegen. Es kann künftig bei Verbraucherverträgen eine uneingeschränkte Inhaltskontrolle stattfinden. Hat der Auftragnehmer also mit einem Verbraucher die VOB/B als

Vertragsgrundlage vereinbart und beruft sich dieser Auftragnehmer später auf eine für ihn positive Klausel, so muss er damit rechnen, dass sein Auftraggeber (Verbraucher) diese „angreift" und dass das Gericht zu der Feststellung gelangt, dass die Klausel einer Inhaltskontrolle nicht standhält und somit nichtig ist.

Der Gesetzgeber hat diese Entscheidung bereits in den Beratungen zum Forderungssicherungsgesetz (FoSiG), welches am 01.01.2009 in Kraft trat, aufgenommen. In diesem Gesetz ist unter anderem festgeschrieben, dass eine Privilegierung der VOB/B in Verbraucherverträgen aufgehoben ist. Im Gegenzug ist die Privilegierung der VOB/B im Geschäftsverkehr zwischen Unternehmern und im Geschäftsverkehr mit der öffentlichen Hand gesetzlich festgeschrieben. In Verbraucherverträgen unterliegen danach zukünftig die einzelnen Klauseln der VOB einer Inhaltskontrolle. Im Geschäftsverkehr hingegen wird nur die VOB/B insgesamt einer Angemessenheitskontrolle hinsichtlich ihrer Ausgewogenheit unterzogen.

Als ein ganz wesentliches Beispiel hierfür ist § 13 (4) VOB/B zu nennen, der die Verjährung von Mängelansprüchen auf 4 Jahre bzw. für datumsbedingte Wartungsintervalle für Anlagen unter Umständen sogar auf 2 Jahre verkürzt.

An die Stelle von § 13 (4) VOB/B tritt bei nach Inkrafttreten des Forderungssicherungsgesetzes abgeschlossenen VOB-Verträgen mit Verbrauchern die gesetzliche Verjährungsfrist von 5 Jahren, sofern nicht individualvertraglich etwas anderes vereinbart wird.

Etwas anderes gilt nur dann, wenn der private Auftraggeber selbst oder der von ihm beauftragte Planer/Architekt das Muster für den Bauvertrag stellt, in dem die VOB/B bzw. die VOB/C als Vertragsgrundlagen genannt sind. Dann ist der private Auftraggeber „Verwender" der VOB/B. Beruft sich dieser Auftraggeber dann auf eine für ihn nicht positive Klausel, so kann er auch als privater Auftraggeber nicht einwenden, er sei durch diese Klausel benachteiligt, da es sich um die von ihm selbst „verwendeten" Vertragsbedingungen handelt.

Grundsätzlich ist zu beachten:

Die VOB ist eine Allgemeine Geschäftsbedingung, eine für eine Vielzahl von Verträgen vorformulierte Vertragsbedingung. Jede Allgemeine Geschäftbedingung ist nach BGB §§ 307 ff. geprüft.

Diese Regelung gilt auch für die Ausschreibungsunterlagen von Bauleistungen.

Entsprechend § 7 (9) VOB/A ist die Leistung in der Regel durch
- eine allgemeine Darstellung der Bauaufgabe (Baubeschreibung), dies entspricht den Vorbedingungen der Ausschreibungsunterlagen, und
- ein in Teilleistungen gegliedertes Leistungsverzeichnis, der genauen Beschreibung der gewünschten Beschaffenheit der Leistung, zu beschreiben.

Darstellung der Bauaufgabe (Vorbedingungen) und Leistungsbeschreibung zusammen stellen die Ausschreibungsunterlagen dar.

Dabei werden nur die Beschreibungen der Darstellung der Bauaufgabe, also alles, was in den Vorbemerkungen untergebracht wird, als ABG nach §§ 307 ff. BGB geprüft. Die in Teilleistungen gegliederte Leistungsbeschreibung ist keine AGB, d. h., die vom Verwender dargestellte Leistungsbeschreibung unterliegt strenggenommen keiner Regel. Um jedoch eine Leistungsbeschreibung erstellen zu können, die eindeutig, für jeden Bewerber verständlich und für alle Auftragnehmer auch in gleichem Maße zu kalkulieren ist, sollte sich der Ausschreibende an VOB/A § 7 und dem Abschnitt 0 der jeweiligen VOB/C halten. Nur so kann er seinen Auftraggeber vor zahlreichen Nachträgen und Zusatzkosten während der Bauphase bewahren.

Für die Abgrenzung, welche Leistungen von der vertraglich vereinbarten Vergütung erfasst sind und welche Leistungen zusätzlich zu vergüten sind, kommt es auf den Inhalt der Leistungsbeschreibung an. Diese ist im Zusammenhang des gesamten Vertragswerks auszulegen. Haben die Parteien die Geltung der VOB/B vereinbart, gehören hierzu auch die „Allgemeinen Technischen Vertragsbedingungen für Bauleistungen“ der VOB/C (Urteil vom 27. Juli 2006 – VII 202/04).

VOB/B regelt:
- § 1 Art und Umfang der Leistung
- § 2 Vergütung
- § 3 Ausführungsunterlagen
- § 4 Ausführung
- § 5 Ausführungsfristen
- § 6 Behinderung und Unterbrechung der Ausführung
- § 7 Verteilung der Gefahr
- § 8 Kündigung durch den Auftraggeber
- § 9 Kündigung durch den Auftragnehmer
- § 10 Haftung der Vertragparteien

- § 11 Vertragsstrafe
- § 12 Abnahme
- § 13 Mängelansprüche
- § 14 Abrechnung
- § 15 Stundenlohnarbeiten
- § 16 Zahlung
- § 17 Sicherheitsleistung
- § 18 Streitigkeiten

Nachstehend sind verschiedene Abschnitte der VOB/B, die jeder Auftragnehmer für die täglichen Praxis unbedingt wissen sollte, dargestellt und kommentiert.

§ 1 Art und Umfang der Leistung

(1) Die auszuführende Leistung wird nach Art und Umfang durch den Vertrag bestimmt. Als Bestandteil des Vertrages gelten auch die Allgemeinen Technischen Vertragsbedingungen für Bauleistungen (VOB/C).

Kommentar: In den Verdingungsunterlagen ist vorzuschreiben, dass die Allgemeinen Vertragbedingungen für die Ausführung von Bauleistungen (VOB/B) und die Allgemeinen Technischen Vertragsbedingungen für Bauleistungen (VOB/C) Bestandteile des Vertrages werden. Siehe auch § 8 (3) VOB/A.

§ 1 (2) regelt eindeutig, dass bei Widersprüchen im Vertrag nacheinander gelten:

1) *die Leistungsbeschreibung,*
2) *die Besonderen Vertragsbedingungen,*
3) *etwaige Zusätzliche Vertragsbedingungen,*
4) *etwaige Zusätzliche Technischen Vertragsbedingungen,*
5) *die Allgemeinen Technischen vertragsbedingungen für Bauleistungen,*
6) *die Allgemeinen Vertragsbedingungen für die Ausführung von Bauleistungen.*

Kommentar: Die geschuldete Leistung umfasst alle Leistungen, die im Leistungsverzeichnis beschrieben werden. Die Leistung, die im Positionstext beschrieben ist, definiert das Bausoll. Dies ist die geforderte und geschuldete Leistung. Diese in einer Position beschriebene Leistung muss jedoch auch kalkulierbar sein, d. h., in der Regel ist jede Leistung in einer eigenständigen Position auszuschreiben. Dabei ist die Leistung derart aufzugliedern, dass unter einer Position nur solche Leistungen aufgenommen werden, die nach ihrer technischen Beschaffenheit und für die Preisbildung als in sich gleichartig anzusehen sind. Mischpositionen oder Leistungen mit verschiedenen Abrechnungseinheiten sind nicht kalkulierbar. Sie widersprechen § 7 (1) VOB/A und den Abschnitten 0 der jeweiligen ATV (Allgemeine Technische Vertragsbedingungen für Bauleistungen) und sind für die Praxis ungeeignet.

Dies macht deutlich, dass der Leistungsbeschreibung eine ganz hervorgehobene Stellung im Bauvertrag zukommt, d. h., bei allen Widersprüchen gilt zuerst das, was in der Leistungsbeschreibung (den einzelnen Positionen) steht. Dies verpflichtet aber den Auftragnehmer auch, die Texte der Positionen im Leistungsverzeichnis im Rahmen seiner Preiskalkulation sorgfältig zu lesen.

Viele Klauseln, die in Vorbemerkungen bzw. in vorformulierten Bauverträgen enthalten sind, sind unwirksam und verstoßen gegen die Regelungen der §§ 305 ff. BGB. Eine Vielzahl solcher Klauseln verstößt gegen das Prinzip der Berechenbarkeit von Leistung und Gegenleistung, wie es in den §§ 320 ff. BGB niedergelegt ist, da darin versucht wird, insbesondere Kostenrisiken einseitig auf die Seite der Auftragnehmer zu verlagern.

Solche Klauseln sind unwirksam, auch wenn der Auftragnehmer solche Klauseln unterschrieben hat.

§ 2 Vergütung

(1) Durch die vereinbarten Preise werden alle Leistungen abgegolten, die entsprechend § 1 und der gewerblichen Verkehrssitte zur vertraglichen Leistung gehören.

Kommentar: Unter Leistungen sind die einzelnen Teile, aus denen sich die vertragliche Gesamtleistung zusammensetzt, zu verstehen. Durch die vereinbarte Vergütung werden sämtliche Einzelleistungen abgegolten, die nach dem Vertrag mit allen dazugehörenden Vertragsunterlagen zu der geschuldeten Leistung gehören. Damit ist § 2 (1) VOB/B gleichzeitig auch Ausgangspunkt und Maßstab der Vertragsleistung, die durch die vereinbarte Vergütung abgegolten ist, von Leistungsänderungen und Zusatzleistungen, die Mehrvergütungen nach § 2 (5) und (6) VOB/B auslösen können.

(8) Leistungen, die der Auftragnehmer ohne Auftrag oder unter eigenmächtiger Abweichung vom Auftrag ausführt, werden nicht vergütet.

Kommentar: Auftragloses Handeln des Auftragnehmers muss der Auftraggeber nicht vergüten. Zusätzlich muss der Auftragnehmer auf Verlangen des Auftraggebers die Leistung innerhalb einer angemessenen Frist beseitigen.

Gemäß § 2 (8) Abs. 2 VOB/B entsteht jedoch ein Vergütungsanspruch des Auftragnehmers auch dann, wenn keine Beauftragung vorliegt. Voraussetzung ist, dass die erbrachte Leistung notwendig war, dass sie dem mutmaßlichen Willen des Auftraggebers entsprach und dass sie unverzüglich angezeigt wurde, also dass ein entsprechender Nachtrag gestellt wurde. Eine „unverzügliche Anzeige" weiterer, nicht vom ursprünglichen Bausoll umfasster Leistungen ist generell zu empfehlen. Ein nachweislich beim Auftraggeber eingegangener Nachtrag erleichtert die Durchsetzung der zusätzlichen Vergütungsansprüche erheblich.

Für den Fall, dass die „unverzügliche Anzeige" nicht erfolgt sein sollte, enthält aber § 2 (8) Abs. 3 VOB/B eine Verweisung auf die Regelungen der so genannten „Geschäftsführung ohne Auftrag" (§§ 677 ff. BGB). Danach ist keine „unverzügliche Anzeige" und auch keine „notwendige", sondern nur eine „interessensgemäße" Leistung vorausgesetzt, was eine weitere Abschwächung der Anforderungen an das Entstehen eines Vergütungs- bzw. Aufwendungsersatzanspruchs darstellt. Notwendige bzw. interessensgemäße Leistungen, die dem mutmaßlichen Willen des Auftraggebers entsprechen, sind also grundsätzlich immer zu vergüten.

(10) Stundenlohnarbeiten werden nur vergütet, wenn sie als solche vor ihrem Beginn ausdrücklich vereinbart worden sind.

Kommentar: Nach § 4 (2) VOB/A können Bauleistungen geringen Umfanges, die überwiegend Lohnkosten verursachen, im Stundenlohn vergeben werden. Der Umfang solcher Arbeiten lässt sich jedoch vorher nur schwer überblicken. Deshalb fordert § 15 (1) Nr. 1 VOB/B dafür einen vertragliche Vereinbarung. Eine Vergütung auf Stundenlohnbasis kann der Auftragnehmer also nur verlangen, wenn diese Vergütungsart vor Beginn der Arbeiten ausdrücklich vereinbart worden ist. Schriftform ist nicht unbedingt erforderlich, aber aus Beweisgründen sehr sinnvoll. Eine Unterschrift des Auftraggebers unter dem Stundenlohnzettel allein reicht nicht aus, um eine Stundenlohnvereinbarung zu beweisen. Allerdings ist sie ein starkes Indiz dafür.

§ 3 Ausführungsunterlagen

Die für die Ausführung nötigen Unterlagen sind dem Auftragnehmer unentgeltlich und rechtzeitig zu übergeben.

Kommentar: Die Ausführungsplanung ist grundsätzlich Sache des ausschreibenden Auftraggebers. Er hat diese Ausführungsplanung grundsätzlich in ein in Positionen gegliedertes Leistungsverzeichnis umzusetzen. Der ausschreibende Auftraggeber trägt rechtlich die

Verantwortung für die Richtigkeit und Vollständigkeit des so entstandenen Leistungsverzeichnisses (vgl. § 7 VOB/A). Leistungen, die im Leistungsverzeichnis nicht enthalten sind, brauchen ohne zusätzliche Vergütung nicht erbracht zu werden. Sie sind nicht vom „Bausoll" umfasst.

Enthält ein Leistungsverzeichnis unklare Regelungen, so gehen diese Unklarheiten grundsätzlich zu Lasten desjenigen, der das Leistungsverzeichnis erstellt bzw. verwendet hat. Allerdings obliegt dem Auftragnehmer auch eine Prüfung des Leistungsverzeichnisses auf Plausibilität, d. h., bei „offensichtlich ins Auge springenden Unklarheiten" sollte der Auftragnehmer nachfragen bzw. einen entsprechenden Hinweis geben.

Verspätete, nicht fehlerfreie Planstellung und unvollständige überholte und aktualisierte Lieferung sonstiger Ausführungsunterlagen stören den Bauablauf mit all seinen bauablauftechnischen, zeitlichen und kostenmäßigen Folgen. Sie sind mit ein Grund, der zu Behinderungen gemäß § 6 VOB/B führen kann.

Pläne sind in der Regel in dreifacher Ausführung dem Auftragnehmer zu übergeben. Für Pläne und Ausführungsunterlagen auf CD, die erst kopiert werden müssen, trägt der Auftraggeber die Vervielfältigungskosten.

§ 4 Ausführung

(1) 1. Der Auftraggeber hat für die Aufrechterhaltung der allgemeinen Ordnung auf der Baustelle zu sorgen und das Zusammenwirken der verschiedenen Unternehmer zu regeln. Er hat die erforderlichen öffentlich-rechtlichen Genehmigungen und Erlaubnisse – z. B. nach dem Baurecht, dem Straßenverkehrsrecht, dem Wasserrecht, dem Gewerberecht – herbeizuführen.

(2) 1. Der Auftragnehmer hat die Leistung unter eigener Verantwortung nach dem Vertrag auszuführen. Dabei hat er die anerkannten Regeln der Technik und die gesetzlichen und behördlichen Bestimmungen zu beachten. Es ist seine Sache, die Ausführung seiner vertraglichen Leistung zu leiten und für Ordnung auf seiner Arbeitsstelle zu sorgen.

Kommentar: § 4 (1) Nr. 1 VOB/B ist eine weitere Konkretisierung der Koordinations- und Mitwirkungspflicht des Auftraggebers. Der Auftraggeber hat nicht nur dafür zu sorgen, dass der Auftragnehmer die geschuldete Bauleistung überhaupt erbringen kann. Er hat außerdem dafür zu sorgen, dass der Auftragnehmer diese ordnungsgemäß und ohne rechtliche und tatsächliche Behinderungen sachgerecht und ohne Verzögerungen ausführen kann.

Allgemein anerkannte Regeln der Technik (a. a. R. d. T.) sind solche technischen Regeln, die von der Wissenschaft als theoretisch richtig erkannt sind, die in der Praxis erprobt sind und die sich dort bewährt haben und die somit auch von der Mehrheit der Fachleute am Bau anerkannt sind.

A. a. R. d. T. können geschriebene und ungeschriebene Regeln unterschiedlichster Art sein: Normen, Richtlinien und Merkblätter von Verbänden, Handwerksregeln und dergleichen. Normen, z. B. DIN 4109 Schallschutz im Hochbau, haben grundsätzlich die – allerdings widerlegbare – Vermutung für sich, a. a. R. d. T. zu sein.

Bei a. a. R. d. T. handelt es sind um technische Regeln, die:

- theoretisch richtig
- in der Praxis bewährt **und**
- von Fachleuten allgemein anerkannt sind.

A. a. R. d. T. sind z. B. in den Abschnitten 3 der jeweiligen VOB/C ATV festgehalten.

Beispiele für a. a. R. d. T. sind: Einbau von verstärkten Ständerprofilen bei WC-Tragständern, Außenecken sind mit einem Kantenprofil oder mit V-Fräsung auszuführen, Verspachteln von Gipsplatten.

Normen als „allgemein anerkannte Regeln der Technik"

Festlegungen in Normen sind aufgrund ihres Zustandekommens nach hierfür geltenden Grundsätzen und Regeln fachgerecht. Sie sollen sich als „allgemein anerkannte Regeln der Technik" einführen. Bei sicherheitstechnischen Festlegungen in DIN-Normen besteht überdies eine tatsächliche Vermutung dafür, dass sie „allgemein anerkannte Regeln der Technik" sind. Die Normen bilden einen Maßstab für einwandfreies technisches Verhalten; dieser Maßstab ist auch im Rahmen der Rechtsordnung von Bedeutung. Eine Anwendungspflicht kann sich aufgrund von Rechts- oder Verwaltungsvorschriften, Verträgen oder sonstigen Rechtsgründen ergeben. DIN-Normen sind nicht die einzige, sondern eine Erkenntnisquelle für technisch ordnungsgemäßes Verhalten im Regelfall.

Es ist auch zu berücksichtigen, dass DIN-Normen nur den zum Zeitpunkt der jeweiligen Ausgabe herrschenden Stand der Technik berücksichtigen können. Durch das Anwenden von Normen entzieht sich niemand der Verantwortung für eigenes Handeln. Jeder handelt insoweit auf eigene Gefahr.

Stand der Technik

Abzugrenzen von den a.a.R.d.T. ist der so genannte „Stand der Technik“. Dem Stand der Technik fehlt im Gegensatz zu den a.a.R.d.T. die Erprobung und Bewährung in der Praxis. Technische Neuentwicklungen werden somit erst dann zu a.a.R.d.T., wenn sie sich einige Jahre erfolgreich bewährt haben und in den Fachkreisen überwiegend verarbeitet werden. Eine Ausführung nach dem Stand der Technik ist grundsätzlich nicht geschuldet.

Definition „Stand der Technik“

„Stand der Technik – im Sinne des Bundesimmissionsschutzgesetzes – ist der Entwicklungsstand fortschrittlicher Verfahren, Einrichtungen und Betriebsweisen, der die praktische Eignung einer Maßnahme zur Begrenzung von Emissionen gesichert erscheinen lässt. Bei der Bestimmung des Standes der Technik sind insbesondere vergleichbare Verfahren, Einrichtungen und Betriebsweisen heranzuziehen, die mit Erfolg im Betrieb erprobt worden sind.“

Der Begriff „Stand der Technik“ enthält eine strengere Forderung als „allgemein anerkannte Regel der Technik“. Die allgemeine Anerkennung ist hier nicht mehr von Bedeutung, es kommt vielmehr darauf an, was nach dem (letzten) Stand der technischen Entwicklung machbar ist.

Es handelt sich um den erprobten Wissens- bzw. Erkenntnis- oder Entwicklungsstand fortschrittlicher Maßnahmen, der die praktische Eignung gesichert erscheinen lässt, aber noch nicht allgemein eingeführt ist.

Beispiele für den Stand der Technik (Stand 9/2008) ist die vierfach abgeflachte Kante bei Gipsplatten.

Stand der Technik ist der Entwicklungsstand fortschrittlicher Verfahren, Einrichtungen oder Betriebsweisen, der die praktische Eignung der Maßnahme im Hinblick auf die angestrebten Ziele insgesamt gesichert erscheinen lässt. Er ist aber noch nicht hinreichend und langjährig erprobt und meist nur Spezialisten bekannt, weshalb im Bauwesen statt des Standes der Technik üblicherweise die Einhaltung der allgemein anerkannten Regeln der Technik vertraglich gefordert wird.

Aus dem Entwicklungsstand „Stand der Technik“ kann nach langjähriger bzw. ausreichender praktischer Bewährung und in der Wissenschaft als richtig erkannte Bauweise eine „allgemein anerkannte Regel der Technik“ werden.

Stand der Wissenschaft

Der **Stand der Wissenschaft** ist die wissenschaftstheoretische und philosophische Zusammenfassung der jeweils gegenwärtigen Erkenntnisse einer Wissenschaft oder aller Wissenschaften. Der ideale Stand der Wissenschaft wird durch jede neue wissenschaftliche Erkenntnis direkt weiterentwickelt. Der allgemeine Stand der Wissenschaft ist von einzelnen Menschen nur in Grundzügen beschreibbar, für ihre eng begrenzte Einzelwissenschaft können gut informierte Wissenschaftler den Stand darstellen. Der Stand der Wissenschaft ergibt sich somit ständig neu aus einer Gesamtheit von Forschung, Publikationen und wissenschaftlicher Fachdiskussion (Vorträge auf Fachkongressen, interne Informationen).

§ 5 Ausführungsfristen

(1) Die Ausführung ist nach den verbindlichen Fristen (Vertragsfristen) zu beginnen, angemessen zu fördern und zu vollenden. In einem Bauzeitenplan enthaltene Einzelfristen gelten nur dann als Vertragsfristen, wenn dies im Vertrag ausdrücklich vereinbart ist.

(2) Ist für den Beginn der Ausführung keine Frist vereinbart, so hat der Auftraggeber dem Auftragnehmer auf Verlangen Auskunft über den voraussichtlichen Beginn zu erteilen. Der Auftragnehmer hat innerhalb von 12 Werktagen nach Aufforderung zu beginnen. Der Beginn der Ausführung ist dem Auftraggeber anzuzeigen.

(3) Wenn Arbeitskräfte, Geräte, Gerüste, Stoffe oder Bauteile so unzureichend sind, dass die Ausführungsfristen offenbar nicht eingehalten werden können, muss der Auftragnehmer auf Verlangen unverzüglich Abhilfe schaffen.

(4) Verzögert der Auftragnehmer den Beginn der Ausführung, gerät er mit der Vollendung in Verzug, oder kommt er der in Nummer 3 erwähnten Verpflichtung nicht nach, so kann der Auftraggeber bei Aufrechterhaltung des Vertrages Schadensersatz nach § 6 (6) verlangen oder dem Auftragnehmer eine angemessene Frist zur Vertragserfüllung setzen und erklären, dass er ihm nach fruchtlosem Ablauf der Frist den Auftrag entziehe § 8 (3).

§ 6 Behinderung und Unterbrechung der Ausführung

(1) Glaubt sich der Auftragnehmer in der ordnungsgemäßen Ausführung der Leistung behindert, so hat er es dem Auftraggeber unverzüglich schriftlich anzuzeigen. Unterlässt er die Anzeige, so hat er nur dann Anspruch auf Berücksichtigung der hindernden

Umstände, wenn dem Auftraggeber offenkundig die Tatsache und deren hindernde Wirkung bekannt waren.

(2) 1. Ausführungsfristen werden verlängert, soweit die Behinderung verursacht ist:

a) durch einen Umstand aus dem Risikobereich des Auftraggebers,

b) durch Streik oder eine von der Berufsvertretung der Arbeitgeber angeordnete Aussperrung im Betrieb des Auftragnehmers oder in einem unmittelbar für ihn arbeitenden Betrieb,

c) durch höhere Gewalt oder andere für den Auftragnehmer unabwendbare Umstände.

2. Witterungseinflüsse während der Ausführungszeit, mit denen bei Abgabe des Angebots normalerweise gerechnet werden musste, gelten nicht als Behinderung.

Kommentar: „Glaubt sich der Auftragnehmer in der ordnungsgemäßen Ausführung der Leistung behindert, so hat er es dem Auftraggeber unverzüglich schriftlich anzuzeigen. Unterlässt er die Anzeige, so hat er nur dann Anspruch auf Berücksichtigung der hindernden Umstände, wenn dem Auftraggeber offenkundig die Tatsache und deren hindernde Wirkung bekannt waren“ (§ 6 (1) VOB/B).

Als „Behinderung“ gelten alle Ereignisse und Tatsachen, die den vorgesehenen Leistungsablauf hemmen oder verzögern, also auch bei drohenden Fristüberschreitungen, z. B. durch geforderte Zusatzleistungen.

Die Anzeige muss „unverzüglich“, d. h. ohne schuldhaftes Zögern erfolgen. Dem Auftraggeber muss die Möglichkeit gegeben werden, schnellstmöglich Abhilfe zu schaffen.

Die vorgeschriebene Schriftform dient im Wesentlichen Beweiszwecken. Da der Auftragnehmer die Nachweispflicht trägt, dass er den Auftraggeber rechtzeitig, sachlich vollständig und richtig informiert hat, ist deren Einhaltung dringend zu empfehlen.

In der Anzeige sind alle Tatsachen zu nennen, aus denen der Auftragnehmer die Behinderung ableitet. Die Anzeige erfüllt eine Informations-, Schutz- und Warnfunktion, der sie inhaltlich genügen muss. Nicht erforderlich ist, dass bereits in der Anzeige Aussagen zu etwaigen Schadensersatzfolgen gemacht werden.

Die Anzeigepflicht entfällt nur dann, wenn dem Auftraggeber die Tatsachen und deren hindernde Wirkung offenkundig bekannt waren, wenn die Tatsachen also für den Auftraggeber ohne weiteres erkennbar und wahrnehmbar sind.

Sind für die auszuführenden Leistungen im Angebot Termine angegeben, so ist eine Behinderung wegen z. B. ungünstigen Witterungsbedingungen bei der Ausführung der Leistung für Arbeiten im Außenbereich nicht möglich. Der Auftragnehmer wusste bei der Kalkulation, zu welchem Zeitpunkt die Leistungen auszuführen sind und konnte z. B. erkennen, dass Frostgefahr bestehen kann. Er hatte also die Möglichkeit, vorsorglich für erforderliche Zusatzmaßnahmen Kosten zu kalkulieren. Im Innenbereich gilt dies nicht. Der AN kann davon ausgehen, dass der AG Vorsorge trifft, dass die Trockenbauarbeiten ungehindert den Witterungsbedingungen ausgeführt werden können. So ist Sache des AG, für eine geschlossene Fassade und entsprechende Verarbeitungstemperaturen zu sorgen (siehe Abschnitt 3.1.2).

Ist die vom Auftragnehmer angemahnte Behinderung behoben, so ist die angezeigte Behinderung unverzüglich wieder durch schriftliche Mitteilung an den Auftraggeber aufzuheben.

§ 7 Verteilung der Gefahr

§ 8 Kündigung durch den Auftraggeber

(1) 1. Der Auftraggeber kann bis zur Vollendung der Leistung jederzeit den Vertrag kündigen.

2. Dem Auftragnehmer steht die vereinbarte Vergütung zu. Er muss sich jedoch anrechnen lassen, was er infolge der Aufhebung des Vertrags an Kosten erspart oder durch anderweitige Verwendung seiner Arbeitskraft und seines Betriebs erwirbt oder zu erwerben böswillig unterlässt (§ 649 BGB).

(2) 1. Der Auftraggeber kann den Vertrag kündigen, wenn der Auftragnehmer seine Zahlungen einstellt, von ihm oder zulässigerweise vom Auftraggeber oder einem anderen Gläubiger das Insolvenzverfahren (§§ 14 und 15 InsO) beziehungsweise ein vergleichbares gesetzliches Verfahren beantragt ist, ein solches Verfahren eröffnet wird oder dessen Eröffnung mangels Masse abgelehnt wird.

2. Die ausgeführten Leistungen sind nach § 6 (5) abzurechnen. Der Auftraggeber kann Schadensersatz wegen Nichterfüllung des Restes verlangen.

(4) Der Auftraggeber kann den Auftrag entziehen, wenn der Auftragnehmer aus Anlass der Vergabe eine Abrede getroffen hatte, die eine unzulässige Wettbewerbsbeschränkung darstellt. Die Kündigung ist innerhalb von 12 Werktagen nach Bekanntwerden des Kündigungsgrundes auszusprechen. (3) gilt entsprechend.

(5) Die Kündigung ist schriftlich zu erklären.

(6) Der Auftragnehmer kann Aufmaß und Abnahme der von ihm ausgeführten Leistungen alsbald nach der Kündigung verlangen; er hat unverzüglich eine prüfbare Rechnung über die ausgeführten Leistungen vorzulegen.

(7) Eine wegen Verzugs verwirkte, nach Zeit bemessene Vertragsstrafe kann nur für die Zeit bis zum Tag der Kündigung des Vertrags gefordert werden.

§ 9 Kündigung durch den Auftragnehmer

(1) Der Auftragnehmer kann den Vertrag kündigen:

1. wenn der Auftraggeber eine ihm obliegende Handlung unterlässt und dadurch den Auftragnehmer außerstande setzt, die Leistung auszuführen (Annahmeverzug nach §§ 293 ff. BGB),

2. wenn der Auftraggeber eine fällige Zahlung nicht leistet oder sonst in Schuldnerverzug gerät.

(2) Die Kündigung ist schriftlich zu erklären. Sie ist erst zulässig, wenn der Auftragnehmer dem Auftraggeber ohne Erfolg eine angemessene Frist zur Vertragserfüllung gesetzt und erklärt hat, dass er nach fruchtlosem Ablauf der Frist den Vertrag kündigen werde.

(3) Die bisherigen Leistungen sind nach den Vertragspreisen abzurechnen. Außerdem hat der Auftragnehmer Anspruch auf angemessene Entschädigung nach § 642 BGB; etwaige weitergehende Ansprüche des Auftragnehmers bleiben unberührt.

§ 10 Haftung der Vertragsparteien

(1) Die Vertragsparteien haften einander für eigenes Verschulden sowie für das Verschulden ihrer gesetzlichen Vertreter und der Personen, deren sie sich zur Erfüllung ihrer Verbindlichkeiten bedienen (§§ 276, 278 BGB).

(2) 1. Entsteht einem Dritten im Zusammenhang mit der Leistung ein Schaden, für den auf Grund gesetzlicher Haftpflichtbestimmungen beide Vertragsparteien haften, so gelten für den Ausgleich zwischen den Vertragsparteien die allgemeinen gesetzlichen Bestimmungen, soweit im Einzelfall nichts anderes vereinbart ist. Soweit der Schaden des Dritten nur die Folge einer Maßnahme ist, die der Auftraggeber in dieser Form angeordnet hat, trägt er den Schaden allein, wenn ihn der Auftragnehmer auf die mit der angeordneten Ausführung verbundene Gefahr nach § 4 (3) hingewiesen hat.

2. Der Auftragnehmer trägt den Schaden allein, soweit er ihn durch Versicherung seiner gesetzlichen Haftpflicht gedeckt hat oder durch eine solche zu tarifmäßigen, nicht auf außergewöhn-

liche Verhältnisse abgestellten Prämien und Prämienzuschlägen bei einem im Inland zum Geschäftsbetrieb zugelassenen Versicherer hätte decken können.

(3) Ist der Auftragnehmer einem Dritten nach den §§ 823 ff. BGB zu Schadensersatz verpflichtet wegen unbefugten Betretens oder Beschädigung angrenzender Grundstücke, wegen Entnahme oder Auflagerung von Boden oder anderen Gegenständen außerhalb der vom Auftraggeber dazu angewiesenen Flächen oder wegen der Folgen eigenmächtiger Versperrung von Wegen oder Wasserläufen, so trägt er im Verhältnis zum Auftraggeber den Schaden allein.

(4) Für die Verletzung gewerblicher Schutzrechte haftet im Verhältnis der Vertragsparteien zueinander der Auftragnehmer allein, wenn er selbst das geschützte Verfahren oder die Verwendung geschützter Gegenstände angeboten oder wenn der Auftraggeber die Verwendung vorgeschrieben und auf das Schutzrecht hingewiesen hat.

(5) Ist eine Vertragspartei gegenüber der anderen nach den Nummern 2, 3 oder 4 von der Ausgleichspflicht befreit, so gilt diese Befreiung auch zugunsten ihrer gesetzlichen Vertreter und Erfüllungsgehilfen, wenn sie nicht vorsätzlich oder grob fahrlässig gehandelt haben.

(6) Soweit eine Vertragspartei von dem Dritten für einen Schaden in Anspruch genommen wird, den nach den 2, 3 oder 4 die andere Vertragspartei zu tragen hat, kann sie verlangen, dass ihre Vertragspartei sie von der Verbindlichkeit gegenüber dem Dritten befreit. Sie darf den Anspruch des Dritten nicht anerkennen oder befriedigen, ohne der anderen Vertragspartei vorher Gelegenheit zur Äußerung gegeben zu haben.

§ 11 Vertragsstrafe

(1) Wenn Vertragsstrafen vereinbart sind, gelten die §§ 339 bis 345 BGB.

(2) Ist die Vertragsstrafe für den Fall vereinbart, dass der Auftragnehmer nicht in der vorgesehenen Frist erfüllt, so wird sie fällig, wenn der Auftragnehmer in Verzug gerät.

(3) Ist die Vertragsstrafe nach Tagen bemessen, so zählen nur Werktage; ist sie nach Wochen bemessen, so wird jeder Werktag angefangener Wochen als 1/6 Woche gerechnet.

(4) Hat der Auftraggeber die Leistung abgenommen, so kann er die Strafe nur verlangen, wenn er dies bei der Abnahme vorbehalten hat.

Kommentar: Eine Vertragsstrafe muss ausdrücklich vereinbart werden. Häufig scheitert die erfolgreiche Geltendmachung einer Vertragsstrafe bereits daran, dass keine verbindlichen Vertragsfristen vereinbart wurden bzw. dass sich die Bauausführung aus den verschiedensten Gründen verschoben bzw. verzögert hat, und somit auch eventuell einmal vereinbarte Fristen längst hinfällig geworden sind. Weiter sind Vertragsstrafenklauseln häufig wegen eines Verstoßes gegen die Regelungen der §§ 305 ff. BGB (früher: AGB-Gesetz) unwirksam. Eine Vertragsstrafenklausel muss eine angemessene Begrenzung nach oben enthalten (max. 5 % des Werklohns), sie muss pro Tag der Fristüberschreitung eine vertretbare Höhe haben (max. 0,2 % des Werklohns) und sie muss eine Verschuldensabhängigkeit verdeutlichen. Die Geltendmachung einer Vertragsstrafe muss spätestens im Zeitpunkt der Abnahme ausdrücklich vorbehalten werden, vgl. § 12 (5) 3., VOB/B.

§ 12 Abnahme

(1) Verlangt der Auftragnehmer nach der Fertigstellung – gegebenenfalls auch vor Ablauf der vereinbarten Ausführungsfrist – die Abnahme der Leistung, so hat sie der Auftraggeber binnen 12 Werktagen durchzuführen; eine andere Frist kann vereinbart werden.

(2) Auf Verlangen sind in sich abgeschlossene Teile der Leistung besonders abzunehmen.

(3) Wegen wesentlicher Mängel kann die Abnahme bis zur Beseitigung verweigert werden.

(4) 1. Eine förmliche Abnahme hat stattzufinden, wenn eine Vertragspartei es verlangt. Jede Partei kann auf ihre Kosten einen Sachverständigen zuziehen. Der Befund ist in gemeinsamer Verhandlung schriftlich niederzulegen. In die Niederschrift sind etwaige Vorbehalte wegen bekannter Mängel und wegen Vertragsstrafen aufzunehmen, ebenso etwaige Einwendungen des Auftragnehmers. Jede Partei erhält eine Ausfertigung.

2. Die förmliche Abnahme kann in Abwesenheit des Auftragnehmers stattfinden, wenn der Termin vereinbart war oder der Auftraggeber mit genügender Frist dazu eingeladen hatte. Das Ergebnis der Abnahme ist dem Auftragnehmer alsbald mitzuteilen.

(5) 1. Wird keine Abnahme verlangt, so gilt die Leistung als abgenommen mit Ablauf von 12 Werktagen nach schriftlicher Mitteilung über die Fertigstellung der Leistung.

Kommentar: Grundsätzlich muss der Auftragnehmer den Auftraggeber zur Abnahme auffordern. Der Auftraggeber hat die Abnahme binnen 12 Werktagen durchzuführen. Eine andere Frist kann vereinbart werden.

In sich abgeschlossene Teile der Leistungen sind auf Verlangen besonders abzunehmen. Siehe dazu auch § 16 (4) VOB/B. Die Teilleistung ist abzunehmen und nach Rechnungsstellung zu bezahlen.

Eine Aufforderung ist möglich, wenn die Leistung so weit „im Wesentlichen", dies bedeutet der Hauptsache nach vertragsgemäß bis auf unbedeutende Restarbeiten fertiggestellt ist.

Maßgebend ist, ob eine im Wesentlichen ungehinderte Inbezugnahme im Sinne des bestimmungsgemäßen Gebrauchs möglich ist. Die Leistung muss also seine geforderte Funktion erfüllen. Dabei sind Abnahmen auf die einzelnen Gewerke abzustellen. Dies gilt auch bei Leistungen für einen Generalunternehmer. Bei Fertigstellung der Trockenbauleistung muss der GU eine vom Auftragnehmer beantragte Abnahme durchführen, auch wenn er vertragsgemäß erst die Gesamtabnahme bei seiner Gesamtfertigstellung durch seinen AG erhält.

Wegen wesentlicher Mängel kann die Abnahme bis zur Beseitigung verweigert werden.

Eine Fertigstellungsanmeldung, die auch durch Übersendung der Schlussrechnung des AN erfolgen kann, steht nach § 12 (5) Nr. 1 VOB/B einem Abnahmeantrag des Auftragnehmers gleich. Erfolgt binnen 12 Werktagen keine Abnahme, so gilt die erbrachte Leistung als abgenommen.

Ferner gilt die Leistung 6 Werktage nach Beginn der Benutzung durch den Auftraggeber als abgenommen.

Entsprechend § 640 BGB besteht für den Auftragnehmer eine Abnahmepflicht (BGB § 640 (1)): Der Abnahme steht es gleich, wenn der Besteller das Werk nicht innerhalb einer ihm vom Unternehmer bestimmten angemessenen Frist abnimmt, obwohl er dazu verpflichtet ist.

Nach der Abnahme geht die Gefahr auf den Auftraggeber über, sofern er sie nicht schon durch § 7 VOB/B trägt.

Grundsätzlich hat die Abnahme folgende Wirkungen:

- Ende des Erfüllungsstadiums,
- Beginn des Gewährleistungsstadiums,
- Beginn der Verjährungsfrist für Mängelbeseitigungsansprüche,

- Beweislastumkehr hinsichtlich der Vertragsgerechtheit der Leistung,
- Gefahrübergang, z. B. für zufälligen Untergang des Werks (Leistungsgefahr) auf den Auftraggeber,
- Übergang der Vergütungsgefahr auf den Auftraggeber,
- Fälligkeitsvoraussetzung für die Schlusszahlung,
- Vertragsstrafen/bekannte Mängel müssen durch den Auftraggeber im Zeitpunkt der Abnahme ausdrücklich vorbehalten werden; ansonsten droht Rechtsverlust.

Grundsätzlich ist immer eine Abnahme zu empfehlen. Auch bei noch auszuführenden Restarbeiten. Die Hauptleistung ist dann abgenommen, mit allen seinen Vorteilen für den Auftragnehmer. Die Restarbeiten werden auf dem Abnahmeprotokoll festgehalten. Gegebenenfalls kann die Ausführung der Restarbeiten terminiert werden.

§ 13 Mängelansprüche

(1) Der Auftragnehmer hat dem Auftraggeber seine Leistung zum Zeitpunkt der Abnahme frei von Sachmängeln zu verschaffen. Die Leistung ist zur Zeit der Abnahme frei von Sachmängeln, wenn sie die vereinbarte Beschaffenheit hat und den anerkannten Regeln der Technik entspricht. Ist die Beschaffenheit nicht vereinbart, so ist die Leistung zur Zeit der Abnahme frei von Sachmängeln,

1) wenn sie sich für die nach dem Vertrag vorausgesetzte,

sonst

2) für die gewöhnliche Verwendung eignet und eine Beschaffenheit aufweist, die bei Werken der gleichen Art üblich ist und die der Auftraggeber nach der Art der Leistung erwarten kann.

Kommentar: Diese so selbstverständlich klingende Forderung wird gemäß § 13 VOB/B immer Vertragsbestandteil.

- Wie und wo wird jedoch die gewünschte Beschaffenheit einer Leistung vereinbart, und
- was ist unter den geforderten anerkannten Regeln der Technik zu verstehen?

A) Die zu vereinbarende Beschaffenheit einer Leistung ist vom Auftraggeber oder dessen Architekt/Planer im Leistungsverzeichnis entsprechend VOB/A § 7 und Abschnitt 0 der jeweiligen ATV eindeutig erschöpfend und für alle Bewerber gleich verständlich zu beschreiben und in Positionen in die Leistungsbeschreibung aufzunehmen.

B) Allgemein anerkannte Regeln der Technik sind technische Regeln, die:

- theoretisch richtig,
- in der Praxis bewährt und
- von Fachleuten allgemein anerkannt sind.

Beim Stand der Technik ist die allgemeine Anerkennung nicht mehr von Bedeutung, es kommt vielmehr darauf an, was nach dem (letzten) Stand der Entwicklung machbar ist. Es handelt sich hierbei um erprobte fortschrittliche Maßnahmen, die die praktische Eignung gesichert erscheinen lassen, aber noch nicht sicher eingeführt sind.

Siehe auch § 4 VOB/B (2) Nr. 1 mit Kommentar.

(4) 1. Ist für Mängelansprüche keine Verjährungsfrist im Vertrag vereinbart, so beträgt sie für Bauwerke 4 Jahre, für andere Werke, deren Erfolg in der Herstellung, Wartung oder Veränderung einer Sache besteht, und für die vom Feuer berührten Teile von Feuerungsanlagen 2 Jahre.

Kommentar: In der Regel gelten die Verjährungsfristen nach VOB. Daneben verlangen Auftraggeber immer häufiger die gesetzliche Verjährungsfrist für Bauleistungen nach BGB. Dies sind 5 Jahre.

Nach Inkrafttreten des Forderungssicherungsgesetzes vom 1. 1. 2009 gilt für VOB/B-Verträge bei privaten Auftraggebern ebenfalls eine 5-jährige Verjährungsfrist.

Die Verjährung beginnt mit der Abnahme der Bauleistung. Siehe § 12 VOB/B.

(5) 1. Der Auftragnehmer ist verpflichtet, alle während der Verjährungsfrist hervortretenden Mängel, die auf vertragswidrige Leistung zurückzuführen sind, auf seine Kosten zu beseitigen, wenn es der Auftraggeber vor Ablauf der Frist schriftlich verlangt. Der Anspruch auf Beseitigung der gerügten Mängel verjährt in 2 Jahren, gerechnet vom Zugang des schriftlichen Verlangens an, jedoch nicht vor Ablauf der Regelfristen nach Nummer 4 oder der an ihrer Stelle vereinbarten Frist. Nach Abnahme der Mängelbeseitigungsleistung beginnt für diese Leistung eine Verjährungsfrist von 2 Jahren neu, die jedoch nicht vor Ablauf der Regelfristen nach Nummer 4 oder der an ihrer Stelle vereinbarten Frist endet.

Kommentar: Sofern im Vertrag nichts anderes vereinbart ist, beträgt die Gewährleistungsfrist für Mängelbeseitigungsleistungen 2 Jahre, beginnend mit der Abnahme der Mängelbeseitigungsleistungen.

Das Mangelrecht ist gesetzlich in den §§ 631 ff. BGB und bei Vereinbarung der VOB/B in § 4 (7) und in § 13 geregelt. Das Mangelrecht regelt, ob eine Abweichung des „Bau-Ist" vom „Bau-Soll" vorliegt, welche Rechtsfolgen an eine solche Abweichung, also an eine nicht ordnungsgemäße Erfüllung der Leistung geknüpft werden und bis zu welchem Zeitpunkt die Mangelrechte geltend gemacht werden können (Gewährleistungsfristen).

§ 14 Abrechnung

(1) Der Auftragnehmer hat seine Leistungen prüfbar abzurechnen. Er hat die Rechnung übersichtlich aufzustellen und dabei die Reihenfolge der Positionen einzuhalten und die in den Vertragsbestandteilen enthaltenen Bezeichnungen zu verwenden. Die zum Nachweis von Art und Umfang der Leistung erforderliche Mengenberechnungen, Zeichnungen und andere Belege sind beizufügen. Änderungen und Ergänzungen des Vertrages sind in der Rechnung besonders kenntlich zu machen; sie sind auf Verlangen getrennt abzurechnen.

(3) Die Schlussrechnung muss bei Leistungen mit einer vertraglichen Ausführungsfrist von höchstens 3 Monaten spätestens 12 Werktage nach Fertigstellung eingereicht werden, wenn nichts anderes vereinbart ist; diese Frist wird um je 6 Werktage für je weitere 3 Monate Ausführungsfrist verlängert.

Kommentar: Eine gut prüfbare Abrechnung ist Voraussetzung für die Fälligkeit des Vergütungsanspruches im VOB-Vertrag. Es liegt also auch im eigenen Interesse des Auftragnehmers, die Rechnungsstellung, entsprechend § 14 VOB/B, so aufzustellen, dass diese vom prüfenden Architekten oder Planer auch einfach und ohne größeren Zeitaufwand geprüft werden kann. (Siehe auch Abschnitt 5 Abrechnung der ATV DIN 18340 dieses Kommentars.)

Eine Werklohnforderung beginnt nicht bereits dann zu verjähren, wenn die zugrunde liegende Bauleistung mangelfrei abgenommen wurde, sondern erst dann, wenn tatsächlich eine prüfbare Schlussrechnung erstellt worden ist. Argument: Die VOB räumt in § 14 (4) dem Auftraggeber ausdrücklich das Recht ein, auf Kosten des Auftragnehmers im Wege der Ersatzvornahme eine Schlussabrechnung aufzustellen. Hierzu kann sich der Auftraggeber selbstverständlich eines Sachverständigen bedienen.

Weiter ergibt sich aus § 16 (3) VOB/B, dass die Stellung einer prüffähigen Schlussrechnung Voraussetzung für die Fälligkeit des Anspruchs auf die Schlusszahlung ist. Die Verjährung der Werklohnansprüche beginnt erst „mit dem Schluss des Jahres", in dem die Schlussrechnung gestellt wurde.

Anders im BGB-Bauvertrag. Dort ist der Vergütungsanspruch, also die Werklohnforderung, gemäß § 641 BGB „bei der Abnahme des Werks zu entrichten". Auch kennt das BGB keine Regelung über die Ersatzvornahme (entsprechend § 14 (4) VOB/B). Demnach beginnt die Verjährung der Werklohnansprüche „mit dem Schluss des Jahres, in dem der Anspruch entstanden ist" (vgl. § 199 Abs. 1 BGB) – also am Ende des Jahres, in dem die Abnahme stattgefunden hat.

§ 15 Stundenlohnarbeiten

(1) 1. Stundenlohnarbeiten werden nach den vertraglichen Vereinbarungen abgerechnet.

(3) Dem Auftraggeber ist die Ausführung von Stundenlohnarbeiten vor Beginn anzuzeigen. Über die geleisteten Arbeitsstunden und den dabei erforderlichen, besonders zu vergütenden Aufwand für den Verbrauch von Stoffen, für Vorhaltung von Einrichtungen, Geräten, Maschinen und maschinellen Anlagen, für Frachten, Fuhr- und Ladeleistungen sowie etwaige Sonderkosten sind, wenn nichts anderes vereinbart ist, je nach der Verkehrssitte werktäglich oder wöchentlich Listen (Stundenlohnzettel) einzureichen. Der Auftraggeber hat die von ihm bescheinigten Stundenlohnzettel unverzüglich, spätestens jedoch innerhalb von 6 Werktagen nach Zugang, zurückzugeben. Dabei kann er Einwendungen auf den Stundenlohnzetteln oder gesondert schriftlich erheben. Nicht fristgemäß zurückgegebene Stundenlohnzettel gelten als anerkannt.

(4) Stundenlohnrechnungen sind alsbald nach Abschluss der Stundenlohnarbeiten, längstens jedoch in Abständen von 4 Wochen, einzureichen. Für die Zahlung gilt § 16.

(5) Wenn Stundenlohnarbeiten zwar vereinbart waren, über den Umfang der Stundenlohnleistungen aber mangels rechtzeitiger Vorlage der Stundenlohnzettel Zweifel bestehen, so kann der Auftraggeber verlangen, dass für die nachweisbar ausgeführten Leistungen eine Vergütung vereinbart wird, die nach Maßgabe von (1) 2. für einen wirtschaftlich vertretbaren Aufwand an Arbeitszeit und Verbrauch von Stoffen, für Vorhaltung von Einrichtungen, Geräten, Maschinen und maschinellen Anlagen, für Frachten, Fuhr- und Ladeleistungen sowie etwaige Sonderkosten ermittelt wird.

Kommentar: Stundenlohnarbeiten sind als solche immer ausdrücklich vertraglich zu vereinbaren (§ 2 (10) VOB/B), und zwar mit dem Auftraggeber. Die Einhaltung der Schriftform ist dringend zu empfehlen. Die Darlegungs- und Beweislast für die Vereinbarung von Stundenlohnarbeiten an sich und für die Vereinbarung einer bestimmten Stundenlohnvergütung trägt der Auftragnehmer. Der Architekt ist in der Regel nicht bevollmächtigt, Stundenlohnarbeiten zu beauftragen.

Ist in einem Leistungsverzeichnis am Ende z. B. „für unvorhergesehene Arbeiten" eine Position enthalten, in der z. B. 5 Meisterstunden, 10 Facharbeiterstunden und 10 Bauhelferstunden genannt sind, so ist darin noch keine vertragliche Vereinbarung und Beauftragung von Stundenlohnarbeiten zu sehen.

Stundenlohnzettel sollten zeitnah dem Auftraggeber zugeleitet werden (auch als Fax) mit der Aufforderung, diese „zu bescheinigen", also zu unterschreiben und zurückzugeben. Werden diese Stundenlohnzettel nicht innerhalb von 6 Werktagen zurückgegeben (§ 15 (3) 5. VOB/B), so gelten sie als anerkannt. Das bedeutet, dass der Auftraggeber später nicht mehr einwenden kann, dass die auf dem Stundenlohnzettel rapportierten Angaben (Zahl der Mitarbeiter, gearbeitete Stunden, Material etc.) nicht richtig wären. Darüber hinausgehende Einwendungen sind allerdings nicht ausgeschlossen.

Stundenlohnarbeiten sollten sehr zeitnah abgerechnet werden. Die Erfahrung zeigt, dass Stundenlohnrechnungen, die in einem größeren zeitlichen Abstand gestellt werden, vom Auftraggeber eher in Frage gestellt werden als solche, die unverzüglich nach Ausführung der Arbeiten erstellt werden.

§ 16 Zahlung

(1) 1. Abschlagszahlungen sind auf Antrag in möglichst kurzen Zeitabständen oder zu den vereinbarten Zeitpunkten zu gewähren, und zwar in Höhe des Wertes der jeweils nachgewiesenen vertragsgemäßen Leistungen einschließlich des ausgewiesenen, darauf entfallenden Umsatzsteuerbetrages. Die Leistungen sind durch eine prüfbare Aufstellung nachzuweisen, die eine rasche und sichere Beurteilung der Leistungen ermöglichen muss. Als Leistungen gelten hierbei auch die für die geforderte Leistung eigens angefertigten und bereitgestellten Bauteile sowie die auf der Baustelle angelieferten Stoffe und Bauteile, wenn dem Auftraggeber nach seiner Wahl das Eigentum an ihnen übertragen ist oder entsprechende Sicherheit gegeben wird.

2. Gegenforderungen können einbehalten werden. Andere Einbehalte sind nur in den im Vertrag und in den gesetzlichen Bestimmungen vorgesehenen Fällen zulässig.

3. Ansprüche auf Abschlagszahlungen werden binnen 18 Werktagen nach Zugang der Aufstellung fällig.

4. Die Abschlagszahlungen sind ohne Einfluss auf die Haftung des Auftragnehmers; sie gelten nicht als Abnahme von Teilen der Leistung.

(3) 1. Der Anspruch auf die Schlusszahlung wird alsbald nach Prüfung und Feststellung der vom Auftragnehmer vorgelegten Schlussrechnung fällig, spätestens innerhalb von 2 Monaten nach Zugang. Werden Einwendungen gegen die Prüfbarkeit unter Angabe der Gründe hierfür nicht spätestens innerhalb von 2 Monaten nach Zugang der Schlussrechnung erhoben, so kann der Auftraggeber sich nicht mehr auf die fehlende Prüfbarkeit berufen. Die Prüfung der Schlussrechnung ist nach Möglichkeit zu beschleunigen. Verzögert sie sich, so ist das unbestrittene Guthaben als Abschlagszahlung sofort zu zahlen.

2. Die vorbehaltlose Annahme der Schlusszahlung schließt Nachforderungen aus, wenn der Auftragnehmer über die Schlusszahlung schriftlich unterrichtet und auf die Ausschlusswirkung hingewiesen wurde.

3. Einer Schlusszahlung steht es gleich, wenn der Auftraggeber unter Hinweis auf geleistete Zahlungen weitere Zahlungen endgültig und schriftlich ablehnt.

4. Auch früher gestellte, aber unerledigte Forderungen werden ausgeschlossen, wenn sie nicht nochmals vorbehalten werden.

5. Ein Vorbehalt ist innerhalb von 24 Werktagen nach Zugang der Mitteilung nach den Absätzen 2 und 3 über die Schlusszahlung zu erklären. Er wird hinfällig, wenn nicht innerhalb von weiteren 24 Werktagen – beginnend am Tag nach Ablauf der in Satz 1 genannten 24 Werktage – eine prüfbare Rechnung über die vorbehaltenen Forderungen eingereicht oder, wenn das nicht möglich ist, der Vorbehalt eingehend begründet wird.

6. Die Ausschlussfristen gelten nicht für ein Verlangen nach Richtigstellung der Schlussrechnung und -zahlung wegen Aufmaß-, Rechen- und Übertragungsfehlern.

(4) In sich abgeschlossene Teile der Leistung können nach Teilabnahme ohne Rücksicht auf die Vollendung der übrigen Leistungen endgültig festgestellt und bezahlt werden.

(5) 1. Alle Zahlungen sind aufs äußerste zu beschleunigen.

2. Nicht vereinbarte Skontoabzüge sind unzulässig.

3. Zahlt der Auftraggeber bei Fälligkeit nicht, so kann ihm der Auftragnehmer eine angemessene Nachfrist setzen. Zahlt er auch innerhalb der Nachfrist nicht, so hat der Auftragnehmer vom Ende der Nachfrist an Anspruch auf Zinsen in Höhe der in § 288 BGB angegebenen Zinssätze, wenn er nicht einen höheren Verzugsschaden nachweist.

Kommentar: Abschlagszahlungen sind durch eine prüfbare Aufstellung nachzuweisen, die eine rasche und sichere Beurteilung der Leistung ermöglichen muss. Abschlagszahlungen sind binnen 18 Werktagen nach Zugang dieser Aufstellung zur Zahlung fällig.

Entsprechend dem am 1. 1. 2009 in Kraft getretenen Forderungssicherungsgesetz kann ein Auftragnehmer Abschlagszahlungen in der Höhe verlangen, in der der Auftraggeber durch bereits erbrachte Leistung einen Wertzuwachs erlangt hat. (Dies war bisher nur für Vorausleistungen von Material und die Herstellung in sich abgeschlossener Teile eines Werkes möglich.) Dabei gilt weiter, dass wegen unwesentlicher Mängel Abschlagszahlungen nicht verweigert werden können. Dem Auftraggeber steht jedoch ein Zurückhaltungsrecht in Höhe des in der Regel Doppelten der für die Beseitigung des Mangels erforderlichen Kosten zu. Bisher galt hierfür das Dreifache der zu erwartenden Kosten als Druckmittel.

Die Schlusszahlung wird „alsbald nach Prüfung und Feststellung der vom Auftragnehmer vorgelegten Schlussrechnung, spätestens innerhalb von 2 Monaten nach Zugang“ zur Zahlung fällig. Entgegen der weit verbreiteten Ansicht wird die Schlusszahlung also nicht generell erst „nach 2 Monaten“ fällig. Das in § 16 (3) 1. VOB/B enthaltene Beschleunigungsgebot legt dem Auftraggeber die vertragliche Verpflichtung auf, nach besten Kräften sofort nach Erhalt der Schlussrechnung deren Überprüfung vorzunehmen. Der Auftraggeber muss bedenken, dass der Auftragnehmer seiner Pflicht zur Erbringung der Leistung bereits nachgekommen und in nicht unerheblichem Umfang in Vorleistung gegangen ist. Entsprechend muss der Auftraggeber nach Zugang der Schlussrechnung auch seiner Vergütungspflicht baldigst nachkommen.

Nach Ablauf der 2-Monatsfrist kann sich der Auftraggeber nicht mehr auf die fehlende Prüfbarkeit der Schlussrechnung berufen. Inhaltliche Einwendungen, z. B. dass überhöhte Mengen abgerechnet worden sind, sind dagegen nicht ausgeschlossen.

Im Gegensatz zur VOB kennt das BGB keinen solchen Prüfungszeitraum. Die Werklohnforderungen sind hier grundsätzlich mit der Abnahme fällig (§ 641 Abs. 1 Satz 1 BGB).

§ 16 (3) 2. bis 5. VOB/B enthält Regelungen über die „vorbehaltlose Annahme der Schlusszahlung“. Unter Umständen können diese Regelungen dazu führen, dass der Auftragnehmer mit weiteren Nachforderungen ausgeschlossen ist, wenn er nicht innerhalb der sehr kurzen Frist von 24 Werktagen „nach Zugang der Mitteilung“ seinen Vorbehalt erklärt, also der Schlusszahlung widerspricht und diesen Vorbehalt innerhalb weiterer 24 Werktage begründet. Der Auftragnehmer ist allerdings durch den Auftraggeber ausdrücklich und schriftlich auf die Schlusszahlung und auf die Ausschlusswirkung hinzuweisen.

§ 17 Sicherheitsleistung

(1) 1. Wenn Sicherheitsleistung vereinbart ist, gelten die §§ 232 bis 240 BGB, soweit sich aus den nachstehenden Bestimmungen nichts anderes ergibt.

2. Die Sicherheit dient dazu, die vertragsgemäße Ausführung der Leistung und die Mängelansprüche sicherzustellen.

Kommentar: Die Stellung einer Sicherheit (Vertragserfüllungs-/Gewährleistungsbürgschaft) ist nach dem Grundverständnis der VOB/A nicht der Regelfall, vgl. § 9 (7) und (8) VOB/A. Vielmehr soll die Vereinbarung einer entsprechenden Sicherheit im VOB-Bauvertrag die Ausnahme darstellen. Insbesondere bei Fachunternehmen, die dem Auftraggeber hinreichend bekannt sind (hinsichtlich der betrieblichen sowie die Zuverlässigkeit betreffenden Eigenschaften), die also genügend Gewähr dafür bieten, dass etwa auftretende Mängel auch beseitigt werden, soll grundsätzlich auf die Stellung von Sicherheiten verzichtet werden. Bei beschränkter Ausschreibung sowie Freihändiger Vergabe sollen Sicherheitsleistungen in der Regel nicht verlangt werden.

Entsprechend VOB/A 2006 gilt:

Die Sicherheit für die Erfüllung sämtlicher Verpflichtungen aus dem Vertrag soll 5 % der Abrechnungssumme nicht überschreiten.

Die Sicherheit für die Gewährleistung soll 3 % der Abrechnungssumme nicht überschreiten.

Die VOB/A 2009 regelt jedoch Sicherheitsleistungen neu:

§ 9 Vertragsbedingungen

(7) Auf Sicherheitsleistung soll ganz oder teilweise verzichtet werden, wenn Mängel der Leistung voraussichtlich nicht eintreten., Unterschreitet die Auftragsumme 250 000 Euro ohne Umsatzsteuer, ist auf Sicherheitsleistung für die Vertragserfüllung und in der Regel auf Sicherheitsleistung für Mängelansprüche zu verzichten. Bei Beschränkter Ausschreibung sowie bei Freihändiger Vergabe sollen Sicherheitsleistungen in der Regel nicht verlangt werden.

(8) Die Sicherheit soll nicht höher bemessen und ihre Rückgabe nicht für einen späteren Zeitpunkt vorgesehen werden, als nötig ist, um den Auftraggeber vor Schaden zu bewahren. Die Sicherheit für die Erfüllung sämtlicher Verpflichtungen aus dem Vertrag soll 5 %

der Auftragssumme nicht überschreiten. Die Sicherheit für Mängelansprüche soll 3 % der Auftragssumme nicht überschreiten.

Kommentar: In der Regel beinhaltet die Abrechnungssumme jedoch auch Leistungen, für die keine Gewährleistung anfallen kann, weil es Leistungen gibt, die nicht in das Bauwerk eingehen. Hierfür kann auch keine Gewährleistung übernommen werden. Solche Leistungen sind z. B. Gerüstarbeiten, Abdeckarbeiten, Abschlagen und Entsorgen von nicht tragfähigem Putz beim Anbringen von Trockenputz o. Ä. Auch die Mehrwertsteuer gehört nicht zur Abrechnungssumme für das Bauwerk. Wir empfehlen, bereits bei der Vergabe auf die im Vertrag vorgesehene Höhe für die Gewährleistung zu achten. In vielen Vertragsunterlagen stehen noch die alten Prozentzahlen z. B. 10 % als Erfüllungsbürgschaft und 5 % für Gewährleistungsbürgschaft.

§ 18 Streitigkeiten

Kommentar: Bei Streitigkeiten richtet sich der Gerichtsstand nach dem Sitz der für die Prozessvertretung des Auftraggebers zuständigen Stelle. Sie ist dem Auftragnehmer auf Verlangen mitzuteilen.

3. VOB Teil C – Allgemeine Technische Vertragsbedingungen für Bauleistungen (ATV) – Stand 2009

Die VOB/C umfasst die Allgemeinen Technischen Vertragsbedingungen für Bauleistungen.

ATV DIN 18299 – ATV DIN 18459. Die Allgemeinen Technischen Vertragsbedingungen (ATV) beinhalten neben technischen Regeln für die Ausführung von Bauleistungen auch vertragsrechtlich relevante Bestimmungen, z. B. die Abgrenzung von Nebenleistungen und Besonderen Leistungen sowie die Abrechnungsregeln.

Aus § 1 (1) VOB/B folgt, dass die Allgemeinen Technischen Vertragsbedingungen für Bauleistungen (ATV) als Bestandteil des Vertrages gelten, wenn VOB/B als Vertragsgrundlage vereinbart ist.

Jedes Gewerk hat seine eigenständige Allgemeine Technische Vertragsbedingung (ATV).

VOB/C beinhaltet die ATV DIN 18300 Erdarbeiten bis ATV DIN 18459 Abbruch- und Rückbauarbeiten.

Allen vorangestellt ist die ATV DIN 18299. Sie beinhaltet die Allgemeine Regelung für Bauleistungen jeder Art. In dieser ATV sind alle für jedes einzelne Gewerk gleichlautende Regelungen zusammengefasst.

Dabei gilt speziell vor allgemein, d. h. Regelungen in den einzelnen Gewerke-ATV gelten vorrangig vor den allgemeinen Regelungen der ATV DIN 18299.

Jede ATV ist in 6 Abschnitte aufgeliedert:

Abschnitt 0 Hinweise für das Aufstellen der Leistungsbeschreibung	– Wie beschreibt der Planer die gewünschte Leistung (Bausoll)
Abschnitt 1 Geltungsbereich	– welche ATV ist zuständig
Abschnitt 2 Stoffe und Bauteile	– welche Stoffe und Baustoffe dürfen eingesetzt werden
Abschnitt 3 Ausführung	– wie muss der AN seine Leistung ausführen – Regelausführung
Abschnitt 4 Nebenleistung und Besondere Leistungen	– für welche Leistungen kann der AN eine besondere Vergütung fordern
Abschnitt 5 Abrechnung	– wie wird die erbrachte Leistung aufgemessen

Zusammenfassung:

Werden Ausschreibungsunterlagen für Bauleistungen nach VOB erstellt, so ist die Darstellung der Bauaufgabe in den Vorbedingungen entsprechend einer Allgemeinen Geschäftsbedingung nach §§ 307 ff. BGB zu beschreiben. Dabei schützt BGB § 305 den Auftragnehmer vor überraschenden und mehrdeutigen Klauseln, die nach den Umständen, insbesondere nach dem äußeren Erscheinungsbild des Vertrages, so ungewöhnlich sind, dass der Vertragspartner des Verwenders mit ihnen nicht zu rechnen braucht. Sie werden nicht Vertragsbestandteil.

BGB § 305c regelt, dass Zweifel bei der Auslegung Allgemeiner Geschäftsbedingungen zu Lasten des Verwenders gehen. Der Verwender ist der, der die Bauaufgabe einer Allgemeinen Geschäftsbedingung zu Papier bringt. Der Verwender ist Urheber der Ausschreibung.

Daraus folgt nach § 306 BGB: Sind Allgemeine Geschäftsbedingungen ganz oder teilweise nicht Vertragsbestandteil geworden oder unwirksam, so bleibt der Vertrag im Übrigen wirksam.

Für die Leistungsbeschreibung innerhalb der Ausschreibungsunterlagen, die unbedingt entsprechend den Vorgaben des Abschnittes 0 einer jeden ATV zu beschreiben ist, gilt aber auch, dass der Ausschreibende nicht gezwungen ist, sich danach zu richten. Er kann die von ihm gewünschte Leistung nach seinem Gutdünken beschreiben. Die eigentliche Leistungsbeschreibung ist keine Allgemeine Geschäftsbedingung, die nach §§ 307 ff. BGB geprüft werden muss. Der Ausschreibende überlässt es dem Anbieter, ob die beschriebene Leistung kalkulierbar ist oder nicht. Der Auftragnehmer kann die Leistungsbeschreibung als unkalkulierbar zurückweisen.

Werden dabei jedoch vom Anbieter unkalkulierbare Mischpositionen mit einem Preis bewertet, so ist er bei Auftragserteilung verpflichtet, die vom Ausschreibenden vorgegebene Leistung zu dem Preise auszuführen, die er als Anbieter angeboten an.

Achtung:

Leistungsbeschreibungen sind unbedingt sehr sorgfältig daraufhin zu prüfen, ob sie § 7 VOB/A und Abschnitt 0 der jeweiligen ATV entsprechen. Sollte dies nicht der Fall sein, dann ist die Position nicht eindeutig zu kalkulieren. Dann bitte keinen Preis einsetzen.

Bei öffentlichen Auftraggebern darf ein Leistungsverzeichnis nicht abgeändert werden. Dies kann nur in einem Begleitschreiben erfolgen. Dies empfiehlt sich auch bei Leistungsbeschreibungen für gewerbliche und auch für private Auftraggeber. Wobei in solchen Fällen auch mal innerhalb einer Leistungsposition Änderungen oder Streichungen erfolgen können.

Die Regelungen der VOB/B und der VOB/C sind umfassend. Im Klartext: Es gibt bei Streitfragen praktisch kein Problem, das nicht mit Hilfe der VOB-Regelungen einer sachgerechten Lösung zugeführt werden kann. Deshalb verwundert in der Praxis immer wieder, dass Bauvertragsparteien alle möglichen Bestimmungen „aushebeln", ändern oder ergänzen wollen; meist geht der „Schuss" dann daneben oder nach hinten los. Denn der Eingriff in die Regelungen der VOB lässt so manche positive Bestimmung durch die dann richterliche Überprüfungsmöglichkeit ins Gegenteil umschlagen.

Vertragsinhalte sind mit Rücksicht auf die baugewerbliche Verkehrssitte, die unter anderem in der Gewerkegliederung der VOB/C ihren Ausdruck findet, festzulegen. Von Bedeutung ist demgemäß die Untersuchung, welche VOB/C-Regelung für das vertragsgegenständliche Gewerk – außer der ohnehin gültigen ATV DIN 18299 – gilt.

Zitat Beck'scher Kommentar VOB/C Abschnitt II Auftragsgegenstand und Auftragsumfang RND 82, 83.

Daraus folgt eindeutig, dass VOB/C nicht komplett herangezogen werden kann. Es gelten nur die Regelungen der jeweils einschlägigen VOB/C, einschließlich der immer nachrangig geltenden ATV DIN 18299.

Werden nach der „Rosinentheorie" Aussagen der VOB in einseitigem Interesse verändert, dann gilt diese nicht mehr als AGB mit der Folge, dass sämtliche Vertragsbedingungen innerhalb der VOB erneut auf ihre Wirksamkeit entsprechend §§ 305 ff. BGB überprüft werden müssen (siehe BGH, Urteil vom 22. Januar 2004 – VII ZR 419/02 – OLG Schleswig, LG Kiel: *„Jede vertragliche Abweichung von der VOB/B führt dazu, dass diese nicht als Ganzes vereinbart ist. Es kommt nicht darauf an, welches Gewicht der Eingriff hat."*). Die einseitig veränderten VOB-Vorschriften und weitere Kernaussagen der VOB werden dann automatisch unwirksam. An ihre Stelle treten ggf. für beide Vertragspartner nachteiligere, nicht gewollte Bedingungen gemäß BGB. Zweifel bei der Auslegung gehen dabei zu Lasten des Verwenders (d. h. des Erstellers der Vertragsbedingungen, somit i. d. R. des Auftraggebers).

Wesentliche Schlussfolgerung daraus ist, dass der Beachtung des § 7 VOB/A 2009 und der Abschnitte 0 der jeweiligen ATV DIN 18299 ff. der VOB/C auch für private Auftraggeber besondere Bedeutung zukommt, denn die dort definierten Vorgaben sind Grundlage einer eindeutigen und erschöpfenden Leistungsbeschreibung, Grundlage der Definition des gewünschten Bausolls und der gewünschten Beschaffenheit der auszuführenden Leistung. Sie ist ebenfalls Grundlage dafür, dass dem Auftragnehmer einerseits kein ungewöhnliches Wagnis aufgebürdet werden darf und dadurch auf der anderen Seite dem Auftraggeber bei Nichtbeachtung der Ausschreibungshinweise Mehrkosten durch Nachträge und unnötige Rechtstreitigkeiten vermieden werden. Werden diese Ausschreibungshinweise nicht beachtet, führt dies für den Auftraggeber i. d. R. zu erheblichen Nachträgen, Mehrkosten und im Extremfall zusätzlich zu unnötigen Rechtsstreitigkeiten.

Quellennachweis: Beck'scher Kommentar VOB/C, Technisches Handbuch Ausbau und Fassade des SAF Baden-Württemberg

Einführung in die ATV DIN 18299 „Allgemeine Regelungen für Bauarbeiten jeder Art“

In der ATV DIN 18299 sind diejenigen Regelungen zusammengefasst, die in allen ATV DIN 18300 ff. einheitlich gelten. Sie ist genauso aufgebaut und für Auftraggeber und Auftragnehmer im Trockenbau ebenso wichtig und beachtenswert wie die ATV DIN 18340. Die ATV DIN 18340 enthält nicht zuletzt aus diesem Grund im Abschnitt 1 „Geltungsbereich“ den deutlichen Hinweis: „Ergänzend gilt die ATV DIN 18299 „Allgemeine Regelungen für Bauarbeiten jeder Art“, Abschnitte 0 bis 5. Hier wird auch festgelegt, dass nach dem Grundsatz „Speziell vor Allgemein“ die ATV DIN 18340 „Trockenbauarbeiten“ nur in den Bereichen vorrangig zu behandeln ist, in denen sie von der ATV DIN 18299 abweichende, konkretere Regelungen enthält. Vor diesem Hintergrund ist leider festzustellen, dass die ATV DIN 18299 – gleichwohl sie in nahezu jedem Bauvertrag verankert ist – in der Baupraxis der ausführenden Unternehmen viel zu wenig Beachtung findet.

Sie bietet insbesondere zu den Bereichen:

- Baustelleneinrichtung
- Baustellenlogistik
- Gewerkekoordinierung
- Vorleistungen, Arbeitsunterbrechungen
- Beibringung, Lagerung und Entsorgung von Bau- und Abfallstoffen
- Schutz- und Arbeitssicherheitsmaßnahmen,
- Nutzung von Strom, Wasser und sonstigen gemeinsamen Einrichtungen

wichtige ergänzende Regelungen zur ATV DIN 18340. Es bietet sich deshalb durchaus ein „paralleles Lesen“ beider ATV an.

April 2010

DIN 18299

ICS 91.010.20

Ersatz für
DIN 18299:2006-10

VOB Vergabe- und Vertragsordnung für Bauleistungen – Teil C: Allgemeine Technische Vertragsbedingungen für Bauleistungen (ATV) – Allgemeine Regelungen für Bauarbeiten jeder Art

German construction contract procedures (VOB) –
Part C: General technical specifications in construction contracts (ATV) –
General rules applying to all types of construction work

Cahier des charges allemand pour des travaux de bâtiment (VOB) –
Partie C: Clauses techniques générales pour l'exécution des travaux de bâtiment (ATV) –
Règles générales pour toute sorte des travaux

Gesamtumfang 14 Seiten

Normenausschuss Bauwesen (NABau) im DIN

DIN 18299

Vorwort

Diese Norm wurde vom Deutschen Vergabe- und Vertragsausschuss für Bauleistungen (DVA) aufgestellt.

Änderungen

Gegenüber DIN 18299:2006-10 wurden folgende Änderungen vorgenommen:

a) Das Dokument wurde zur Anpassung an die Entwicklung des Baugeschehens fachtechnisch überarbeitet.

Frühere Ausgaben

DIN 18299: 1988-09, 1992-12, 1996-06, 2000-12, 2002-12, 2006-10

Normative Verweisungen

Die folgenden zitierten Dokumente sind für die Anwendung dieses Dokuments erforderlich. Bei datierten Verweisungen gilt nur die in Bezug genommene Ausgabe. Bei undatierten Verweisungen gilt die letzte Ausgabe des in Bezug genommenen Dokuments (einschließlich aller Änderungen).

DIN 1960, *VOB Vergabe- und Vertragsordnung für Bauleistungen — Teil A: Allgemeine Bestimmungen für die Vergabe von Bauleistungen*

DIN 1961, *VOB Vergabe- und Vertragsordnung für Bauleistungen — Teil B: Allgemeine Vertragsbedingungen für die Ausführung von Bauleistungen*

DIN 18300, *VOB Vergabe- und Vertragsordnung für Bauleistungen — Teil C: Allgemeine Technische Vertragsbedingungen für Bauleistungen (ATV) — Erdarbeiten*

DIN 18301, *VOB Vergabe- und Vertragsordnung für Bauleistungen — Teil C: Allgemeine Technische Vertragsbedingungen für Bauleistungen (ATV) — Bohrarbeiten*

DIN 18302, *VOB Vergabe- und Vertragsordnung für Bauleistungen — Teil C: Allgemeine Technische Vertragsbedingungen für Bauleistungen (ATV) — Arbeiten zum Ausbau von Bohrungen*

DIN 18303, *VOB Vergabe- und Vertragsordnung für Bauleistungen — Teil C: Allgemeine Technische Vertragsbedingungen für Bauleistungen (ATV) — Verbauarbeiten*

DIN 18304, *VOB Vergabe- und Vertragsordnung für Bauleistungen — Teil C: Allgemeine Technische Vertragsbedingungen für Bauleistungen (ATV) — Ramm-, Rüttel- und Pressarbeiten*

DIN 18305, *VOB Vergabe- und Vertragsordnung für Bauleistungen — Teil C: Allgemeine Technische Vertragsbedingungen für Bauleistungen (ATV) — Wasserhaltungsarbeiten*

DIN 18306, *VOB Vergabe- und Vertragsordnung für Bauleistungen — Teil C: Allgemeine Technische Vertragsbedingungen für Bauleistungen (ATV) — Entwässerungskanalarbeiten*

DIN 18307, *VOB Vergabe- und Vertragsordnung für Bauleistungen — Teil C: Allgemeine Technische Vertragsbedingungen für Bauleistungen (ATV) — Druckrohrleitungsarbeiten außerhalb von Gebäuden*

DIN 18308, *VOB Vergabe- und Vertragsordnung für Bauleistungen — Teil C: Allgemeine Technische Vertragsbedingungen für Bauleistungen (ATV) — Drän- und Versickerarbeiten*

DIN 18309, *VOB Vergabe- und Vertragsordnung für Bauleistungen — Teil C: Allgemeine Technische Vertragsbedingungen für Bauleistungen (ATV) — Einpressarbeiten*

DIN 18311, *VOB Vergabe- und Vertragsordnung für Bauleistungen — Teil C: Allgemeine Technische Vertragsbedingungen für Bauleistungen (ATV) — Nassbaggerarbeiten*

DIN 18312, *VOB Vergabe- und Vertragsordnung für Bauleistungen — Teil C: Allgemeine Technische Vertragsbedingungen für Bauleistungen (ATV) — Untertagebauarbeiten*

DIN 18313, *VOB Vergabe- und Vertragsordnung für Bauleistungen — Teil C: Allgemeine Technische Vertragsbedingungen für Bauleistungen (ATV) — Schlitzwandarbeiten mit stützenden Flüssigkeiten*

DIN 18314, *VOB Vergabe- und Vertragsordnung für Bauleistungen — Teil C: Allgemeine Technische Vertragsbedingungen für Bauleistungen (ATV) — Spritzbetonarbeiten*

DIN 18315, *VOB Vergabe- und Vertragsordnung für Bauleistungen — Teil C: Allgemeine Technische Vertragsbedingungen für Bauleistungen (ATV) — Verkehrswegebauarbeiten — Oberbauschichten ohne Bindemittel*

DIN 18316, *VOB Vergabe- und Vertragsordnung für Bauleistungen — Teil C: Allgemeine Technische Vertragsbedingungen für Bauleistungen (ATV) — Verkehrswegebauarbeiten — Oberbauschichten mit hydraulischen Bindemitteln*

DIN 18317, *VOB Vergabe- und Vertragsordnung für Bauleistungen — Teil C: Allgemeine Technische Vertragsbedingungen für Bauleistungen (ATV) — Verkehrswegebauarbeiten — Oberbauschichten aus Asphalt*

DIN 18318, *VOB Vergabe- und Vertragsordnung für Bauleistungen — Teil C: Allgemeine Technische Vertragsbedingungen für Bauleistungen (ATV) — Verkehrswegebauarbeiten — Pflasterdecken und Plattenbeläge in ungebundener Ausführung, Einfassungen*

DIN 18319, *VOB Vergabe- und Vertragsordnung für Bauleistungen — Teil C: Allgemeine Technische Vertragsbedingungen für Bauleistungen (ATV) — Rohrvortriebsarbeiten*

DIN 18320, *VOB Vergabe- und Vertragsordnung für Bauleistungen — Teil C: Allgemeine Technische Vertragsbedingungen für Bauleistungen (ATV) — Landschaftsbauarbeiten*

DIN 18321, *VOB Vergabe- und Vertragsordnung für Bauleistungen — Teil C: Allgemeine Technische Vertragsbedingungen für Bauleistungen (ATV) — Düsenstrahlarbeiten*

DIN 18322, *VOB Vergabe- und Vertragsordnung für Bauleistungen — Teil C: Allgemeine Technische Vertragsbedingungen für Bauleistungen (ATV) — Kabelleitungstiefbauarbeiten*

DIN 18325, *VOB Vergabe- und Vertragsordnung für Bauleistungen — Teil C: Allgemeine Technische Vertragsbedingungen für Bauleistungen (ATV) — Gleisbauarbeiten*

DIN 18330, *VOB Vergabe- und Vertragsordnung für Bauleistungen — Teil C: Allgemeine Technische Vertragsbedingungen für Bauleistungen (ATV) — Mauerarbeiten*

DIN 18331, *VOB Vergabe- und Vertragsordnung für Bauleistungen — Teil C: Allgemeine Technische Vertragsbedingungen für Bauleistungen (ATV) — Betonarbeiten*

DIN 18332, *VOB Vergabe- und Vertragsordnung für Bauleistungen — Teil C: Allgemeine Technische Vertragsbedingungen für Bauleistungen (ATV) — Naturwerksteinarbeiten*

DIN 18333, *VOB Vergabe- und Vertragsordnung für Bauleistungen — Teil C: Allgemeine Technische Vertragsbedingungen für Bauleistungen (ATV) — Betonwerksteinarbeiten*

DIN 18334, *VOB Vergabe- und Vertragsordnung für Bauleistungen — Teil C: Allgemeine Technische Vertragsbedingungen für Bauleistungen (ATV) — Zimmer- und Holzbauarbeiten*

DIN 18335, *VOB Vergabe- und Vertragsordnung für Bauleistungen — Teil C: Allgemeine Technische Vertragsbedingungen für Bauleistungen (ATV) — Stahlbauarbeiten*

DIN 18336, *VOB Vergabe- und Vertragsordnung für Bauleistungen — Teil C: Allgemeine Technische Vertragsbedingungen für Bauleistungen (ATV) — Abdichtungsarbeiten*

DIN 18338, *VOB Vergabe- und Vertragsordnung für Bauleistungen — Teil C: Allgemeine Technische Vertragsbedingungen für Bauleistungen (ATV) — Dachdeckungs- und Dachabdichtungsarbeiten*

DIN 18339, *VOB Vergabe- und Vertragsordnung für Bauleistungen — Teil C: Allgemeine Technische Vertragsbedingungen für Bauleistungen (ATV) — Klempnerarbeiten*

DIN 18340, *VOB Vergabe- und Vertragsordnung für Bauleistungen — Teil C: Allgemeine Technische Vertragsbedingungen für Bauleistungen (ATV) — Trockenbauarbeiten*

DIN 18345, *VOB Vergabe- und Vertragsordnung für Bauleistungen — Teil C: Allgemeine Technische Vertragsbedingungen für Bauleistungen (ATV) — Wärmedämm-Verbundsysteme*

DIN 18349, *VOB Vergabe- und Vertragsordnung für Bauleistungen — Teil C: Allgemeine Technische Vertragsbedingungen für Bauleistungen (ATV) — Betonerhaltungsarbeiten*

DIN 18350, *VOB Vergabe- und Vertragsordnung für Bauleistungen — Teil C: Allgemeine Technische Vertragsbedingungen für Bauleistungen (ATV) — Putz- und Stuckarbeiten*

DIN 18351, *VOB Vergabe- und Vertragsordnung für Bauleistungen — Teil C: Allgemeine Technische Vertragsbedingungen für Bauleistungen (ATV) — Vorgehängte hinterlüftete Fassaden*

DIN 18352, *VOB Vergabe- und Vertragsordnung für Bauleistungen — Teil C: Allgemeine Technische Vertragsbedingungen für Bauleistungen (ATV) — Fliesen- und Plattenarbeiten*

DIN 18353, *VOB Vergabe- und Vertragsordnung für Bauleistungen — Teil C: Allgemeine Technische Vertragsbedingungen für Bauleistungen (ATV) — Estricharbeiten*

DIN 18354, *VOB Vergabe- und Vertragsordnung für Bauleistungen — Teil C: Allgemeine Technische Vertragsbedingungen für Bauleistungen (ATV) — Gussasphaltarbeiten*

DIN 18355, *VOB Vergabe- und Vertragsordnung für Bauleistungen — Teil C: Allgemeine Technische Vertragsbedingungen für Bauleistungen (ATV) — Tischlerarbeiten*

DIN 18356, *VOB Vergabe- und Vertragsordnung für Bauleistungen — Teil C: Allgemeine Technische Vertragsbedingungen für Bauleistungen (ATV) — Parkettarbeiten*

DIN 18357, *VOB Vergabe- und Vertragsordnung für Bauleistungen — Teil C: Allgemeine Technische Vertragsbedingungen für Bauleistungen (ATV) — Beschlagarbeiten*

DIN 18358, *VOB Vergabe- und Vertragsordnung für Bauleistungen — Teil C: Allgemeine Technische Vertragsbedingungen für Bauleistungen (ATV) — Rollladenarbeiten*

DIN 18360, *VOB Vergabe- und Vertragsordnung für Bauleistungen — Teil C: Allgemeine Technische Vertragsbedingungen für Bauleistungen (ATV) — Metallbauarbeiten*

DIN 18361, *VOB Vergabe- und Vertragsordnung für Bauleistungen — Teil C: Allgemeine Technische Vertragsbedingungen für Bauleistungen (ATV) — Verglasungsarbeiten*

DIN 18363, *VOB Vergabe- und Vertragsordnung für Bauleistungen — Teil C: Allgemeine Technische Vertragsbedingungen für Bauleistungen (ATV) — Maler- und Lackiererarbeiten — Beschichtungen*

DIN 18364, *VOB Vergabe- und Vertragsordnung für Bauleistungen — Teil C: Allgemeine Technische Vertragsbedingungen für Bauleistungen (ATV) — Korrosionsschutzarbeiten an Stahlbauten*

DIN 18365, *VOB Vergabe- und Vertragsordnung für Bauleistungen — Teil C: Allgemeine Technische Vertragsbedingungen für Bauleistungen (ATV) — Bodenbelagarbeiten*

DIN 18366, *VOB Vergabe- und Vertragsordnung für Bauleistungen — Teil C: Allgemeine Technische Vertragsbedingungen für Bauleistungen (ATV) — Tapezierarbeiten*

DIN 18367, *VOB Vergabe- und Vertragsordnung für Bauleistungen — Teil C: Allgemeine Technische Vertragsbedingungen für Bauleistungen (ATV) — Holzpflasterarbeiten*

DIN 18379, *VOB Vergabe- und Vertragsordnung für Bauleistungen — Teil C: Allgemeine Technische Vertragsbedingungen für Bauleistungen (ATV) — Raumlufttechnische Anlagen*

DIN 18380, *VOB Vergabe- und Vertragsordnung für Bauleistungen — Teil C: Allgemeine Technische Vertragsbedingungen für Bauleistungen (ATV) — Heizanlagen und zentrale Wassererwärmungsanlagen*

DIN 18381, *VOB Vergabe- und Vertragsordnung für Bauleistungen — Teil C: Allgemeine Technische Vertragsbedingungen für Bauleistungen (ATV) — Gas-, Wasser- und Entwässerungsanlagen innerhalb von Gebäuden*

DIN 18382, *VOB Vergabe- und Vertragsordnung für Bauleistungen — Teil C: Allgemeine Technische Vertragsbedingungen für Bauleistungen (ATV) — Nieder- und Mittelspannungsanlagen mit Nennspannungen bis 36 kV*

DIN 18384, *VOB Vergabe- und Vertragsordnung für Bauleistungen — Teil C: Allgemeine Technische Vertragsbedingungen für Bauleistungen (ATV) — Blitzschutzanlagen*

DIN 18385, *VOB Vergabe- und Vertragsordnung für Bauleistungen — Teil C: Allgemeine Technische Vertragsbedingungen für Bauleistungen (ATV) — Förderanlagen, Aufzugsanlagen, Fahrtreppen und Fahrsteige*

DIN 18386, *VOB Vergabe- und Vertragsordnung für Bauleistungen — Teil C: Allgemeine Technische Vertragsbedingungen für Bauleistungen (ATV) — Gebäudeautomation*

DIN 18421, *VOB Vergabe- und Vertragsordnung für Bauleistungen — Teil C: Allgemeine Technische Vertragsbedingungen für Bauleistungen (ATV) — Dämm- und Brandschutzarbeiten an technischen Anlagen*

DIN 18451, *VOB Vergabe- und Vertragsordnung für Bauleistungen — Teil C: Allgemeine Technische Vertragsbedingungen für Bauleistungen (ATV) — Gerüstarbeiten*

DIN 18459, *VOB Vergabe- und Vertragsordnung für Bauleistungen — Teil C: Allgemeine Technische Vertragsbedingungen für Bauleistungen (ATV) — Abbruch- und Rückbauarbeiten*

Inhalt

0 Hinweise für das Aufstellen der Leistungsbeschreibung

Diese Hinweise für das Aufstellen der Leistungsbeschreibung gelten für Bauarbeiten jeder Art; sie werden ergänzt durch die auf die einzelnen Leistungsbereiche bezogenen Hinweise in den ATV DIN 18300 bis DIN 18459, Abschnitt 0. Die Beachtung dieser Hinweise ist Voraussetzung für eine ordnungsgemäße Leistungsbeschreibung gemäß § 7 VOB/A.

In die Vorbemerkungen zum Leistungsverzeichnis ist aufzunehmen:

„Soweit in der Leistungsbeschreibung auf Technische Spezifikationen (z. B. nationale Normen, mit denen europäische Normen umgesetzt werden, Europäische technische Zulassungen, gemeinsame technische Spezifikationen, Internationale Normen) Bezug genommen wird, werden auch ohne den ausdrücklichen Zusatz: „oder gleichwertig", immer gleichwertige Technische Spezifikationen in Bezug genommen."

Die Hinweise werden nicht Vertragsbestandteil.

In der Leistungsbeschreibung sind nach den Erfordernissen des Einzelfalls insbesondere anzugeben:

0.1 Angaben zur Baustelle

0.1.1 *Lage der Baustelle, Umgebungsbedingungen, Zufahrtsmöglichkeiten und Beschaffenheit der Zufahrt sowie etwaige Einschränkungen bei ihrer Benutzung.*

0.1.2 *Besondere Belastungen aus Immissionen, besondere klimatische oder betriebliche Bedingungen.*

0.1.3 *Art und Lage der baulichen Anlagen, z. B. auch Anzahl und Höhe der Geschosse.*

0.1.4 *Verkehrsverhältnisse auf der Baustelle, insbesondere Verkehrsbeschränkungen.*

0.1.5 *Für den Verkehr freizuhaltende Flächen.*

0.1.6 *Art, Lage, Maße und Nutzbarkeit von Transporteinrichtungen und Transportwegen, z. B. Montageöffnungen.*

0.1.7 *Lage, Art, Anschlusswert und Bedingungen für das Überlassen von Anschlüssen für Wasser, Energie und Abwasser.*

0.1.8 *Lage und Ausmaß der dem Auftragnehmer für die Ausführung seiner Leistungen zur Benutzung oder Mitbenutzung überlassenen Flächen, Räume.*

0.1.9 *Bodenverhältnisse, Baugrund und seine Tragfähigkeit. Ergebnisse von Bodenuntersuchungen.*

0.1.10 *Hydrologische Werte von Grundwasser und Gewässern. Art, Lage, Abfluss, Abflussvermögen und Hochwasserverhältnisse von Vorflutern. Ergebnisse von Wasseranalysen.*

0.1.11 *Besondere umweltrechtliche Vorschriften.*

0.1.12 *Besondere Vorgaben für die Entsorgung, z. B. Beschränkungen für die Beseitigung von Abwasser und Abfall.*

0.1.13 *Schutzgebiete oder Schutzzeiten im Bereich der Baustelle, z. B. wegen Forderungen des Gewässer-, Boden-, Natur-, Landschafts- oder Immissionsschutzes; vorliegende Fachgutachten oder dergleichen.*

0.1.14 *Art und Umfang des Schutzes von Bäumen, Pflanzenbeständen, Vegetationsflächen, Verkehrsflächen, Bauteilen, Bauwerken, Grenzsteinen und dergleichen im Bereich der Baustelle.*

0.1.15 *Im Baugelände vorhandene Anlagen, insbesondere Abwasser- und Versorgungsleitungen.*

0.1.16 *Bekannte oder vermutete Hindernisse im Bereich der Baustelle, z. B. Leitungen, Kabel, Dräne, Kanäle, Bauwerksreste und, soweit bekannt, deren Eigentümer.*

0.1.17 *Vermutete Kampfmittel im Bereich der Baustelle, Ergebnisse von Erkundungs- oder Beräumungsmaßnahmen.*

0.1.18 *Gegebenenfalls gemäß der Baustellenverordnung getroffene Maßnahmen.*

0.1.19 *Besondere Anordnungen, Vorschriften und Maßnahmen der Eigentümer (oder der anderen Weisungsberechtigten) von Leitungen, Kabeln, Dränen, Kanälen, Straßen, Wegen, Gewässern, Gleisen, Zäunen und dergleichen im Bereich der Baustelle.*

0.1.20 *Art und Umfang von Schadstoffbelastungen, z. B. des Bodens, der Gewässer, der Luft, der Stoffe und Bauteile; vorliegende Fachgutachten oder dergleichen.*

0.1.21 *Art und Zeit der vom Auftraggeber veranlassten Vorarbeiten.*

0.1.22 *Arbeiten anderer Unternehmer auf der Baustelle.*

0.2 Angaben zur Ausführung

0.2.1 *Vorgesehene Arbeitsabschnitte, Arbeitsunterbrechungen und -beschränkungen nach Art, Ort und Zeit sowie Abhängigkeit von Leistungen anderer.*

0.2.2 *Besondere Erschwernisse während der Ausführung, z. B. Arbeiten in Räumen, in denen der Betrieb weiterläuft, Arbeiten im Bereich von Verkehrswegen oder bei außergewöhnlichen äußeren Einflüssen.*

0.2.3 *Besondere Anforderungen für Arbeiten in kontaminierten Bereichen, gegebenenfalls besondere Anordnungen für Schutz- und Sicherheitsmaßnahmen.*

0.2.4 *Besondere Anforderungen an die Baustelleneinrichtung und Entsorgungseinrichtungen, z. B. Behälter für die getrennte Erfassung.*

0.2.5 *Besonderheiten der Regelung und Sicherung des Verkehrs, gegebenenfalls auch, wieweit der Auftraggeber die Durchführung der erforderlichen Maßnahmen übernimmt.*

0.2.6 *Besondere Anforderungen an das Auf- und Abbauen sowie Vorhalten von Gerüsten.*

0.2.7 *Mitbenutzung fremder Gerüste, Hebezeuge, Aufzüge, Aufenthalts- und Lagerräume, Einrichtungen und dergleichen durch den Auftragnehmer.*

0.2.8 *Wie lange, für welche Arbeiten und gegebenenfalls für welche Beanspruchung der Auftragnehmer Gerüste, Hebezeuge, Aufzüge, Aufenthalts- und Lagerräume, Einrichtungen und dergleichen für andere Unternehmer vorzuhalten hat.*

0.2.9 *Verwendung oder Mitverwendung von wiederaufbereiteten (Recycling-)Stoffen.*

0.2.10 *Anforderungen an wiederaufbereitete (Recycling-)Stoffe und an nicht genormte Stoffe und Bauteile.*

0.2.11 *Besondere Anforderungen an Art, Güte und Umweltverträglichkeit der Stoffe und Bauteile, auch z. B. an die schnelle biologische Abbaubarkeit von Hilfsstoffen.*

0.2.12 *Art und Umfang der vom Auftraggeber verlangten Eignungs- und Gütenachweise.*

0.2.13 *Unter welchen Bedingungen auf der Baustelle gewonnene Stoffe verwendet werden dürfen bzw. müssen oder einer anderen Verwertung zuzuführen sind.*

0.2.14 *Art, Zusammensetzung und Menge der aus dem Bereich des Auftraggebers zu entsorgenden Böden, Stoffe und Bauteile; Art der Verwertung bzw. bei Abfall die Entsorgungsanlage; Anforderungen an die Nachweise über Transporte, Entsorgung und die vom Auftraggeber zu tragenden Entsorgungskosten.*

0.2.15 *Art, Menge, Masse der Stoffe und Bauteile, die vom Auftraggeber beigestellt werden, sowie Art, Ort (genaue Bezeichnung) und Zeit ihrer Übergabe.*

0.2.16 *In welchem Umfang der Auftraggeber Abladen, Lagern und Transport von Stoffen und Bauteilen übernimmt oder dafür dem Auftragnehmer Geräte oder Arbeitskräfte zur Verfügung stellt.*

0.2.17 *Leistungen für andere Unternehmer.*

0.2.18 *Mitwirken beim Einstellen von Anlageteilen und bei der Inbetriebnahme von Anlagen im Zusammenwirken mit anderen Beteiligten, z. B. mit dem Auftragnehmer für die Gebäudeautomation.*

0.2.19 *Benutzung von Teilen der Leistung vor der Abnahme.*

0.2.20 *Übertragung der Wartung während der Dauer der Verjährungsfrist für die Mängelbeseitigungsansprüche für maschinelle und elektrotechnische/elektronische Anlagen oder Teile davon, bei denen die Wartung Einfluss auf die Sicherheit und die Funktionsfähigkeit hat (vergleiche § 13 Abs. 4 Nr. 2 VOB/B), durch einen besonderen Wartungsvertrag.*

0.2.21 *Abrechnung nach bestimmten Zeichnungen oder Tabellen.*

0.3 Einzelangaben bei Abweichungen von den ATV

0.3.1 *Wenn andere als die in den ATV DIN 18299 bis DIN 18451 vorgesehenen Regelungen getroffen werden sollen, sind diese in der Leistungsbeschreibung eindeutig und im Einzelnen anzugeben.*

0.3.2 *Abweichende Regelungen von der ATV DIN 18299 können insbesondere in Betracht kommen bei*

Abschnitt 2.1.1,	*wenn die Lieferung von Stoffen und Bauteilen nicht zur Leistung gehören soll,*
Abschnitt 2.2,	*wenn nur ungebrauchte Stoffe und Bauteile vorgehalten werden dürfen,*
Abschnitt 2.3.1,	*wenn auch gebrauchte Stoffe und Bauteile geliefert werden dürfen.*

0.4 Einzelangaben zu Nebenleistungen und Besonderen Leistungen

0.4.1 Nebenleistungen

Nebenleistungen (Abschnitt 4.1 aller ATV) sind in der Leistungsbeschreibung nur zu erwähnen, wenn sie ausnahmsweise selbständig vergütet werden sollen. Eine ausdrückliche Erwähnung ist geboten, wenn die Kosten der Nebenleistung von erheblicher Bedeutung für die Preisbildung sind; in diesen Fällen sind besondere Ordnungszahlen (Positionen) vorzusehen.

Dies kommt insbesondere für das Einrichten und Räumen der Baustelle in Betracht.

0.4.2 Besondere Leistungen

Werden Besondere Leistungen (Abschnitt 4.2 aller ATV) verlangt, ist dies in der Leistungsbeschreibung anzugeben; gegebenenfalls sind hierfür besondere Ordnungszahlen (Positionen) vorzusehen.

0.5 Abrechnungseinheiten

Im Leistungsverzeichnis sind die Abrechnungseinheiten für die Teilleistungen (Positionen) gemäß Abschnitt 0.5 der jeweiligen ATV anzugeben.

1 Geltungsbereich

Die ATV DIN 18299 „Allgemeine Regelungen für Bauarbeiten jeder Art" gilt für alle Bauarbeiten, auch für solche, für die keine ATV in VOB/C — DIN 18300 bis DIN 18459 — bestehen.

Abweichende Regelungen in den ATV DIN 18300 bis DIN 18459 haben Vorrang.

2 Stoffe, Bauteile

2.1 Allgemeines

2.1.1 Die Leistungen umfassen auch die Lieferung der dazugehörigen Stoffe und Bauteile einschließlich Abladen und Lagern auf der Baustelle.

2.1.2 Stoffe und Bauteile, die vom Auftraggeber beigestellt werden, hat der Auftragnehmer rechtzeitig beim Auftraggeber anzufordern.

2.1.3 Stoffe und Bauteile müssen für den jeweiligen Verwendungszweck geeignet und aufeinander abgestimmt sein.

2.2 Vorhalten

Stoffe und Bauteile, die der Auftragnehmer nur vorzuhalten hat, die also nicht in das Bauwerk eingehen, dürfen nach Wahl des Auftragnehmers gebraucht oder ungebraucht sein.

2.3 Liefern

2.3.1 Stoffe und Bauteile, die der Auftragnehmer zu liefern und einzubauen hat, die also in das Bauwerk eingehen, müssen ungebraucht sein. Wiederaufbereitete (Recycling-)Stoffe gelten als ungebraucht, wenn sie Abschnitt 2.1.3 entsprechen.

2.3.2 Stoffe und Bauteile, für die DIN-Normen bestehen, müssen den DIN-Güte- und -Maßbestimmungen entsprechen.

2.3.3 Stoffe und Bauteile, die nach den deutschen behördlichen Vorschriften einer Zulassung bedürfen, müssen amtlich zugelassen sein und den Zulassungsbedingungen entsprechen.

2.3.4 Stoffe und Bauteile, für die bestimmte technische Spezifikationen in der Leistungsbeschreibung nicht genannt sind, dürfen auch verwendet werden, wenn sie Normen, technischen Vorschriften oder sonstigen Bestimmungen anderer Staaten entsprechen, sofern das geforderte Schutzniveau in Bezug auf Sicherheit, Gesundheit und Gebrauchstauglichkeit gleichermaßen dauerhaft erreicht wird.

Sofern für Stoffe und Bauteile eine Überwachungs-, Prüfzeichenpflicht oder der Nachweis der Brauchbarkeit, z. B. durch allgemeine bauaufsichtliche Zulassung, allgemein vorgesehen ist, kann von einer Gleichwertigkeit nur ausgegangen werden, wenn die Stoffe und Bauteile ein Überwachungs- oder Prüfzeichen tragen oder für sie der genannte Brauchbarkeitsnachweis erbracht ist.

3 Ausführung

3.1 Wenn Verkehrs-, Versorgungs- und Entsorgungsanlagen im Bereich des Baugeländes liegen, sind die Vorschriften und Anordnungen der zuständigen Stellen zu beachten. Kann die Lage dieser Anlagen nicht angegeben werden, ist sie zu erkunden. Solche Maßnahmen sind Besondere Leistungen (siehe Abschnitt 4.2.1).

3.2 Die für die Aufrechterhaltung des Verkehrs bestimmten Flächen sind freizuhalten. Der Zugang zu Einrichtungen der Versorgungs- und Entsorgungsbetriebe, der Feuerwehr, der Post und Bahn, zu Vermessungspunkten und dergleichen darf nicht mehr als durch die Ausführung unvermeidlich behindert werden.

3.3 Werden Schadstoffe angetroffen, z. B. in Böden, Gewässern oder Bauteilen, ist der Auftraggeber unverzüglich zu unterrichten. Bei Gefahr im Verzug hat der Auftragnehmer unverzüglich die notwendigen Sicherungsmaßnahmen zu treffen. Die weiteren Maßnahmen sind gemeinsam festzulegen. Die getroffenen und die weiteren Maßnahmen sind Besondere Leistungen (siehe Abschnitt 4.2.1).

4 Nebenleistungen, Besondere Leistungen

4.1 Nebenleistungen

Nebenleistungen sind Leistungen, die auch ohne Erwähnung im Vertrag zur vertraglichen Leistung gehören (§ 2 Abs. 1 VOB/B).

Nebenleistungen sind demnach insbesondere:

4.1.1 Einrichten und Räumen der Baustelle einschließlich der Geräte und dergleichen.

4.1.2 Vorhalten der Baustelleneinrichtung einschließlich der Geräte und dergleichen.

4.1.3 Messungen für das Ausführen und Abrechnen der Arbeiten einschließlich des Vorhaltens der Messgeräte, Lehren, Absteckzeichen usw., des Erhaltens der Lehren und Absteckzeichen während der Bauausführung und des Stellens der Arbeitskräfte, jedoch nicht Leistungen nach § 3 Abs. 2 VOB/B.

4.1.4 Schutz- und Sicherheitsmaßnahmen nach den Unfallverhütungsvorschriften und den behördlichen Bestimmungen, ausgenommen Leistungen nach Abschnitt 4.2.5.

4.1.5 Beleuchten, Beheizen und Reinigen der Aufenthalts- und Sanitärräume für die Beschäftigten des Auftragnehmers.

4.1.6 Heranbringen von Wasser und Energie von den vom Auftraggeber auf der Baustelle zur Verfügung gestellten Anschlussstellen zu den Verwendungsstellen.

4.1.7 Liefern der Betriebsstoffe.

4.1.8 Vorhalten der Kleingeräte und Werkzeuge.

4.1.9 Befördern aller Stoffe und Bauteile, auch wenn sie vom Auftraggeber beigestellt sind, von den Lagerstellen auf der Baustelle bzw. von den in der Leistungsbeschreibung angegebenen Übergabestellen zu den Verwendungsstellen und etwaiges Rückbefördern.

4.1.10 Sichern der Arbeiten gegen Niederschlagswasser, mit dem üblicherweise gerechnet werden muss, und seine etwa erforderliche Beseitigung.

4.1.11 Entsorgen von Abfall aus dem Bereich des Auftragnehmers sowie Beseitigen der Verunreinigungen, die von den Arbeiten des Auftragnehmers herrühren.

4.1.12 Entsorgen von Abfall aus dem Bereich des Auftraggebers bis zu einer Menge von 1 m^3, soweit der Abfall nicht schadstoffbelastet ist.

4.2 Besondere Leistungen

Besondere Leistungen sind Leistungen, die nicht Nebenleistungen nach Abschnitt 4.1 sind und nur dann zur vertraglichen Leistung gehören, wenn sie in der Leistungsbeschreibung besonders erwähnt sind. Besondere Leistungen sind z. B.:

4.2.1 Maßnahmen nach Abschnitt 3.1 und Abschnitt 3.3.

4.2.2 Beaufsichtigen der Leistungen anderer Unternehmer.

4.2.3 Erfüllen von Aufgaben des Auftraggebers (Bauherrn) hinsichtlich der Planung der Ausführung des Bauvorhabens oder der Koordinierung gemäß Baustellenverordnung.

4.2.4 Sicherungsmaßnahmen zur Unfallverhütung für Leistungen anderer Unternehmer.

4.2.5 Besondere Schutz- und Sicherheitsmaßnahmen bei Arbeiten in kontaminierten Bereichen, z. B. messtechnische Überwachung, spezifische Zusatzgeräte für Baumaschinen und Anlagen, abgeschottete Arbeitsbereiche.

4.2.6 Besondere Schutzmaßnahmen gegen Witterungsschäden, Hochwasser und Grundwasser, ausgenommen Leistungen nach Abschnitt 4.1.10.

4.2.7 Versicherung der Leistung bis zur Abnahme zugunsten des Auftraggebers oder Versicherung eines außergewöhnlichen Haftpflichtwagnisses.

4.2.8 Besondere Prüfung von Stoffen und Bauteilen, die der Auftraggeber liefert.

4.2.9 Aufstellen, Vorhalten, Betreiben und Beseitigen von Einrichtungen zur Sicherung und Aufrechterhaltung des Verkehrs auf der Baustelle, z. B. Bauzäune, Schutzgerüste, Hilfsbauwerke, Beleuchtungen, Leiteinrichtungen.

4.2.10 Aufstellen, Vorhalten, Betreiben und Beseitigen von Einrichtungen außerhalb der Baustelle zur Umleitung, Regelung und Sicherung des öffentlichen und Anliegerverkehrs sowie das Einholen der hierfür erforderlichen verkehrsrechtlichen Genehmigungen und Anordnungen nach der StVO.

4.2.11 Bereitstellen von Teilen der Baustelleneinrichtung für andere Unternehmer oder den Auftraggeber.

4.2.12 Besondere Maßnahmen aus Gründen des Umweltschutzes, der Landes- und Denkmalpflege.

4.2.13 Entsorgen von Abfall über die Leistungen nach Abschnitt 4.1.11 und Abschnitt 4.1.12 hinaus.

4.2.14 Besonderer Schutz der Leistung, der vom Auftraggeber für eine vorzeitige Benutzung verlangt wird, seine Unterhaltung und spätere Beseitigung.

4.2.15 Beseitigen von Hindernissen.

4.2.16 Zusätzliche Maßnahmen für die Weiterarbeit bei Frost und Schnee, soweit sie dem Auftragnehmer nicht ohnehin obliegen.

4.2.17 Besondere Maßnahmen zum Schutz und zur Sicherung gefährdeter baulicher Anlagen und benachbarter Grundstücke.

4.2.18 Sichern von Leitungen, Kabeln, Dränen, Kanälen, Grenzsteinen, Bäumen, Pflanzen und dergleichen.

5 Abrechnung

Die Leistung ist aus Zeichnungen zu ermitteln, soweit die ausgeführte Leistung diesen Zeichnungen entspricht. Sind solche Zeichnungen nicht vorhanden, ist die Leistung aufzumessen.

Kommentar zu ATV DIN 18299 „Allgemeine Regelungen für Bauarbeiten jeder Art“

0 Hinweise für das Aufstellen der Leistungsbeschreibung

Diese Hinweise für das Aufstellen der Leistungsbeschreibung gelten für Bauarbeiten jeder Art; sie werden ergänzt durch die auf die einzelnen Leistungsbereiche bezogenen Hinweise in den ATV DIN 18300 bis ATV DIN 18459, Abschnitt 0. Die Beachtung dieser Hinweise ist Voraussetzung für eine ordnungsgemäße Leistungsbeschreibung gemäß § 7 VOB/A.

Bezogen auf den Leistungsbereich „Trockenbauarbeiten“ gelten die nachstehenden Hinweise insbesondere ergänzend zum Abschnitt 0 der ATV DIN 18340 Trockenbauarbeiten und dienen insgesamt als „Checkliste“ für eine ordnungsgemäße, vollständige, eindeutige, unmissverständliche Leistungsbeschreibung, wie sie gem. § 7 VOB/A für eine zuverlässige Preiskalkulation gefordert wird, und sollten unbedingt beachtet werden.

Diese Hinweise werden zwar nicht Vertragsbestandteil, gerade nach der Schuldrechtsreform erhält dieser Abschnitt (sowohl in der ATV DIN 18299 als auch der ATV DIN 18340) jedoch eine besondere Bedeutung. Stellt sich nämlich nach Vertragsabschluss heraus, dass in der Leistungsbeschreibung unerwähnt gebliebene, preisrelevante und preisbeeinflussende Besonderheiten vorliegen, kann dies einen gesonderten Vergütungsanspruch für den Auftragnehmer auslösen, der u. a. auch darauf gestützt werden kann, dass der Auftraggeber verpflichtet war, diese Besonderheiten in der Leistungsbeschreibung zu benennen und deutlich zu machen.

In die Vorbemerkungen zum Leistungsverzeichnis ist aufzunehmen: Soweit in der Leistungsbeschreibung auf Technische Spezifikationen, z. B. nationale Normen, mit denen Europäische Normen umgesetzt werden, europäische technische Zulassungen, gemeinsame technische Spezifikationen, internationale Normen, Bezug genommen wird, werden auch ohne den ausdrücklichen Zusatz: „oder gleichwertig“ immer gleichwertige Technische Spezifikationen in Bezug genommen.

Zur Begründung eines derartigen Anspruchs können dann die unter den jeweiligen Abschnitten 0 aufgeführten Sachverhalte herangezogen werden. Erweist es sich z. B. nach Vertragsabschluss als notwendig, eine verstärkte Ständerkonstruktion einzubringen, dies im

Leistungsverzeichnis aber nicht gefordert war, so handelt es sich dabei um eine zusätzliche, gesondert zu vergütende Leistung.

In der Leistungsbeschreibung sind nach den Erfordernissen des Einzelfalls insbesondere anzugeben:

0.1 Angaben zur Baustelle

0.1.1 Lage der Baustelle, Umgebungsbedingungen, Zufahrtsmöglichkeiten und Beschaffenheit der Zufahrt sowie etwaige Einschränkungen bei ihrer Benutzung

0.1.2 Besondere Belastungen aus Immissionen sowie besondere klimatische oder betriebliche Bedingungen

Dieser Abschnitt wurde satzgleich aus der bisherigen ATV DIN 18340 übernommen und gilt nunmehr für alle Gewerke. Eine objektiv vergleichbare Kalkulation ist nur möglich, wenn der Verfasser von Leistungsbeschreibungen genaue Angaben über die äußeren Beeinträchtigungen einer Baustelle angibt. Allgemeine Aussagen in der Leistungsbeschreibung reichen dafür nicht aus.

Besondere Belastungen an der Baustelle, die den Ablauf beeinflussen und die Leistungsfähigkeit der Mitarbeiter des Auftragnehmers durch z. B. Kälte, Hitze, Dämpfe oder Lärm beinträchtigen, müssen in die Beschreibung aufgenommen werden. Dazu gehören auch Lärmschutzauflagen, die dazu führen können, dass Lärm erzeugende Arbeiten nur zu bestimmten Zeiten durchgeführt werden dürfen. Allgemeine Aussagen sind diesbezüglich nicht ausreichend. Genaue Regelungen trifft die ATV DIN 18299 in Abschnitt 0.2.2 (siehe Kommentar zu diesem Abschnitt).

Besondere Belastungen aus betriebsbedingten Anforderungen können auch zu Arbeitseinschränkungen oder Unterbrechungen führen, z. B. dem Verbot lärmintensiver Dübelarbeiten. Entsprechende Einschränkungen sind auch gemäß den Abschnitten 0.1.11 bzw. 0.2.1 der ATV DIN 18299 bereits in der Leistungsbeschreibung anzugeben. Die Verschraubung von Gipskartonplatten kann dabei in der Regel nicht zu Lärm erzeugenden Arbeiten zählen.

Auch die tatsächlichen bauklimatischen Bedingungen entsprechen oftmals nicht den Anforderungen an die Ausführung von Trockenbauleistungen. Fehlende konkrete Hinweise in der Leistungsbeschreibung, die keine Preisfindung ermöglichen, führen nach ATV DIN 18340, Abschnitt 3.1.1 zur Anmeldung von Bedenken durch den Auftragnehmer der Trockenbauarbeiten. Gegebenenfalls müssen dann besondere Maßnahmen ergriffen werden, die dann nach den Abschnitten 4.2 ff. der ATV DIN 18340 zu Besonderen Leistungen führen.

0.1.3 Art und Lage der baulichen Anlagen, z. B. auch Anzahl und Höhe der Geschosse

Insbesondere im Hinblick auf die Logistikplanungen des Auftragnehmers sind solche Angaben, die auch Aufschluss über die Größe der Bauvorhaben und Entfernungen einzelner Arbeitsbereiche bzw. Lose geben können, unerlässlich.

0.1.4 Verkehrsverhältnisse auf der Baustelle, insbesondere Verkehrsbeschränkungen

0.1.5 Für den Verkehr freizuhaltende Flächen

Für eine sachgerechte Preiskalkulation ist es unerlässlich, dass dem Bieter Kenntnis gegeben wird von der Lage der Baustelle, den Zufahrtsmöglichkeiten, der Beschaffenheit der Zufahrt und sonstigen vorhandenen Umgebungsbedingungen. Auch ist es für denjenigen, der die Ausführung von Trockenbauarbeiten anbietet, von Bedeutung, welche Zufahrtsmöglichkeiten zur Baustelle im Zeitpunkt der Ausführung seiner Leistung bestehen werden.

Logistikmöglichkeiten können hiervon wesentlich abhängen. Die Angaben müssen deshalb umfassend sein. Nicht minder wichtig sind Angaben zum Bauwerk selbst: Zur Konstruktion und Form der baulichen Anlagen, Anzahl und Höhe der Geschosse sowie bei mehreren Bauwerken den Abständen untereinander.

Üblicherweise kann der Anbieter davon ausgehen, dass dauerhaft nutzbare, angemessen befestigte und ausreichend breite Zufahrtswege (für Materialtransporte mit LKW) bis zum Gebäude und dort ausreichende Transportöffnungen und bei mehrgeschossigen Gebäuden Transporteinrichtungen (z. B. Krannutzung) vorhanden sind, die eine angemessene Etagenlogistik erlauben, so dass auf Handtransporte weitgehend verzichtet werden kann.

Diesbezügliche Nutzungseinschränkungen außerhalb und innerhalb der Baustelle, ob z. B. aus allgemeinen verkehrs- oder betriebstechnischen Gründen oder bedingt durch die Baustelleneinrichtung oder die Bauablaufplanung, müssen deshalb unbedingt genannt werden. Dies betrifft insbesondere auch Angaben zum eigenen Arbeitsumfeld, da häufig Behinderungen durch Nebengewerke entstehen können.

Neben nutzbaren Flächen (siehe Abschnitt 0.1.6 der ATV DIN 18299) sind natürlich auch freizuhaltende Flächen innerhalb des Baustellenbereiches (bzw. des Werksgeländes) in der Leistungsbeschreibung anzugeben. Abschnitt 3.2 der ATV DIN 18299 ist hierbei ebenfalls zu beachten.

Der Hinweis in der Leistungsbeschreibung „die Baustelle ist zu besichtigen“ als Zusätzliche Vertragsbedingung ist unzulässig. Dieser Hinweis stellt keine verpflichtende Notwendigkeit dar. Er widerspricht § 7 DIN 1960 VOB Teil A. Dieser Hinweis entbindet den Ausschreibenden auch nicht vor seiner Verpflichtung, die Angaben zur Baustelle erschöpfend zu beschreiben.

Auch eine geforderte Planeinsicht beim Architekten ist unzulässig, es sei denn, dass dies für ein besonderes Projekt unbedingt notwendig ist. Dies soll jedoch eine Ausnahme sein.

0.1.6 Art, Lage, Maße und Nutzbarkeit von Transporteinrichtungen und Transportwegen, z. B. Montageöffnungen

Dieser Abschnitt wurde satzgleich aus der bisherigen ATV DIN 18340 übernommen und gilt nunmehr für alle Gewerke. Wichtig ist in diesem Zusammenhang der Verweis auf Abschnitt 0.2.8 der ATV DIN 18299, demnach Leistungsbeschreibungen Hinweise über die mögliche Mitbenutzung fremder Gerüste, Hebezeuge, Aufzüge bzw. sonstiger Transporteinrichtungen enthalten sollten.

Wegen der im Trockenbau verwendeten vorgefertigten teilweise großformatigen Elemente ist es zudem unerlässlich, die Lage und Abmessung von Montageöffnungen sowie Abmessungen von Transporteinrichtungen, einschließlich deren Belastbarkeit zu nennen. Mit den Maßen von Transporteinrichtungen und Transportwegen sind allerdings nicht nur die Abmessungen der nutzbaren Transportbereiche, sondern auch die Entfernungen gemeint, die erhebliche Auswirkung auf die Kalkulation von Logistikkosten haben können, insbesondere bei Antransporten (siehe auch 0.1.2–0.1.4 sowie 0.1.6 der ATV DIN 18299).

Fehlen entsprechende Angaben in der Leistungsbeschreibung – auch zu Möglichkeiten der Mitbenutzung bauseitig vorhandener Transporteinrichtungen –, dann kann der Auftragnehmer die Nebenleistungen diesbezüglicher Materialtransporte nicht eindeutig kalkulieren mit der Folge, dass etwaige Transportleistungen später gesondert abzurechnen sind (siehe auch Kommentierung zur ATV DIN 18299 Abschnitt 4.1.9). Der Hinweis, dass ein Aufzug vorhanden ist, ist insbesondere dann nicht ausreichend, wenn sich herausstellt, dass dieser ungeeignet ist, vorgesehene Materialien zu bewegen. Ungenaue Angaben bei der Beschreibung führen zu falschen Preisansätzen und zu strittigen Auseinandersetzungen bei der Durchführung und Abrechnung der Leistungen.

0.1.7 Lage, Art, Anschlusswert und Bedingungen für das Überlassen von Anschlüssen für Wasser, Energie und Abwasser

Nach VOB/B § 4 Nr. 4 hat der Auftraggeber, wenn nichts anderes vereinbart ist, dem Auftragnehmer unentgeltlich zur Benutzung oder Mitbenutzung zu überlassen:

a) die notwendigen Lager- und Arbeitsplätze auf der Baustelle
b) vorhandene Zufahrtswege und Anschlussgleise
c) vorhandene Anschlüsse für Wasser und Energie. Die Kosten für den Verbrauch und den Messer oder Zähler trägt der Auftragnehmer, mehrere Auftragnehmer tragen sie anteilig.

Entsprechende Angaben über die Lage, Art, Anzahl und Leistungswerte (gerade bezüglich der Stromzufuhr, da es bauablaufbedingt ansonsten zu Überlastungen kommen kann) sind erforderlich. Zu beachten ist hierbei auch Abschnitt 4.1.6 der ATV DIN 18299.

0.1.8 Lage und Ausmaß der dem Auftragnehmer für die Ausführung seiner Leistungen zur Benutzung oder Mitbenutzung überlassenen Flächen, Räume

Für die Ausführung von Trockenbauarbeiten ist es erforderlich, dass geeignete Übergabestellen für Materialanlieferungen als auch (Zwischen-)Lagermöglichkeiten auf der Baustelle vorhanden sind. Dies gilt z. B. für das Aufstellen von Gerüsten, Containern, Aufzügen u. Ä.

Angaben dazu müssen bereits in der Leistungsbeschreibung enthalten sein. Ist dies nicht der Fall, so kann dies für den Auftragnehmer Erschwernisse und Behinderungen bei der Ausführung der Leistung zur Folge haben, die dann möglicherweise als Besondere Leistungen ihren Niederschlag finden müssen. (Siehe hierzu auch Kommentar zur ATV DIN 18299 Abschnitt 4.1.9.)

0.1.9 Bodenverhältnisse, Baugrund und seine Tragfähigkeit, Ergebnisse von Bodenuntersuchungen

Angaben hierzu sind für den Innenausbau eher unerheblich.

0.1.10 Hydrologische Werte von Grundwasser und Gewässern, Art, Lage, Abfluss, Abflussvermögen und Hochwasserverhältnisse von Vorflutern, Ergebnisse von Wasseranalysen

Angaben hierzu sind für den Innenausbau eher unerheblich.

0.1.11 Besondere umweltrechtliche Vorschriften

0.1.12 Besondere Vorgaben für die Entsorgung, z. B. besondere Beschränkungen für die Beseitigung von Abwasser und Abfall

0.1.13 Schutzgebiete oder Schutzzeiten im Bereich der Baustelle, z. B. wegen Forderungen des Gewässer-, Boden-, Natur-, Landschafts- oder Immissionsschutzes; vorliegende Fachgutachten oder dergleichen

Der Baustoff Gips, insbesondere im Verbund als Gipskarton, ist als besonders entsorgungsbedürftiger Bauabfall eingestuft. Im Zusammenhang mit hohen Grundwasserständen/Hochwasser kann es zu Auswaschungen von Sulfaten kommen, die den Härtegrad des Grundwassers erhöhen.

Gelten besondere umweltrechtliche Vorschriften, oder liegt die Baustelle im Bereich von Schutzgebieten, so sind Angaben hierüber in der Leistungsbeschreibung unerlässlich. Letzteres gilt sowohl bei Wasser- und Landschaftsschutzgebieten als auch z. B. für ausgewiesene Lärmschutzzonen, z. B. in Kurgebieten.

0.1.14 Art und Umfang des Schutzes von Bäumen, Pflanzenbeständen, Vegetationsflächen, Verkehrsflächen, Bauteilen, Bauwerken, Grenzsteinen und dergleichen im Bereich der Baustelle

Sind Bäume, Pflanzenbestände oder Bauteile und Bauwerke durch Schutzmaßnahmen des Auftragnehmers vor Beschädigung zu bewahren, so muss dies in der Leistungsbeschreibung unmissverständlich angegeben werden. Nur in Ausnahmefällen dürften Innenausbauarbeiten hiervon betroffen sein, z. B. im Zusammenhang mit Materialanlieferungen.

0.1.15 Im Baugelände vorhandene Anlagen, insbesondere Abwasser- und Versorgungsanlagen

Betrifft in der Regel nicht den Innenausbau. Diese Leitungen können entweder zu den in Abschnitt 0.1.5 erwähnten Anschlüssen oder zu den Hindernissen gemäß Abschnitt 0.1.14 der ATV DIN 18299 zählen.

0.1.16 Bekannte oder vermutete Hindernisse im Bereich der Baustelle, z. B. Leitungen, Kabel, Dräne, Kanäle, Bauwerksreste und, soweit bekannt, deren Eigentümer

Betrifft in der Regel nicht den Innenausbau, soweit sich hieraus im Zusammenhang Abschnitt 0.1 keine Einschränkungen für Materialtransporte ergeben.

0.1.17 Vermutete Kampfmittel im Bereich der Baustelle, Ergebnisse von Erkundungs- und Beräumungsmaßnahmen

Angaben hierzu sind für den Innenausbau eher unerheblich.

0.1.18 Gegebenenfalls gemäß der Baustellenverordnung getroffene Maßnahmen

Die Baustellenverordnung sieht je nach Umfang der Baustelle ggf. die Bestellung eines Sicherheits- und Gesundheitsschutz(SiGe)-Koordinators durch den Bauherrn bzw. durch einen dazu von ihm beauftragten Dritten (z. B. dem Planer oder GU) und die Erstellung eines so genannten SiGe-Planes vor. Aufgabe des SiGe-Koordinators ist die Planung (im SiGe-Plan) und spätere Abstimmung von Arbeitsschutzmaßnahmen zur Vermeidung gegenseitiger Gefährdungen der verschiedenen Arbeitgeber (Gewerke) am Bau. Der SiGe-Koordinator tritt dabei auf der Baustelle in der Regel ohne direkte Weisungsbefugnis gegenüber dem Trockenbauunternehmer auf. Über entsprechende Maßnahmen, die bereits getroffen wurden oder noch zu treffen sind, muss informiert werden.

0.1.19 Besondere Anordnungen, Vorschriften und Maßnahmen der Eigentümer (oder der anderen Weisungsberechtigten) von Leitungen, Kabeln, Dränen, Kanälen, Straßen, Wegen, Gewässern, Gleisen, Zäunen und dergleichen im Bereich der Baustelle

In die Leistungsbeschreibung sind Angaben darüber aufzunehmen, ob besondere Anordnungen, Vorschriften oder Maßnahmen der Eigentümer oder anderer Weisungsberechtigter für den Auftragnehmer Mehraufwendungen verursachen, die über den üblichen Umfang seiner vertraglichen Leistung hinausgehen.

0.1.20 Art und Umfang von Schadstoffbelastungen, z. B. des Bodens, der Gewässer, der Luft, der Stoffe und Bauteile, vorliegende Fachgutachten oder dergleichen

Nach Abschnitt 4.2.12 der DIN 18299 ist die Entsorgung von Sonderabfall aus dem Bereich des Auftraggebers eine Besondere Leistung, die gesondert zu vergüten ist. Deshalb sind bereits in der Leistungsbeschreibung Angaben erforderlich, wenn aus dem Bereich des Auftraggebers stammende schadstoffbelastete Abfälle und Stoffe entsorgt werden müssen. In der Leistungsbeschreibung sind also Hinweise zu geben, welcher Art der schadstoffbelastete Bauschutt ist und wie er entsorgt werden muss einschließlich Angaben zur Deponie. Als Bauschutt und Abfälle gelten im Sinne der Bekanntmachung des Bundesministeriums für Verkehr, Bau- und Wohnungswesen (BMVBW) zur Abfallbeseitigung u. a. Farb- und Anstrichmittel, Holzschutzmittel, Klebe- und Dichtungsmittel, Lösemittel, Abbruchhölzer, Steine und Erden, Kunststoffe und Metalle, Folien, Pappen und Asbestfaserbaustoffe, Gipskarton.

0.1.21 Art und Zeit der vom Auftraggeber veranlassten Vorarbeiten

0.1.22 Arbeiten anderer Unternehmer auf der Baustelle

Neben der Angabe verbindlicher Termine für die eigene Leistungserbringung ist die Angabe von Art und Terminen notwendiger Vorleistungen eminent wichtig für die eigene Planung. Der Auftragnehmer sollte deshalb in jedem Fall darauf achten, bereits frühzeitig entsprechende Informationen zu erhalten, um die Erfüllung der bauseitigen Voraussetzungen zur eigenen Leistungserbringung kontrollieren zu können und bei Behinderungen, z. B. durch fehlende Vorleistungen im eigenen Arbeitsbereich, rechtzeitig reagieren zu können.

Nach VOB/B § 5 Nr. 1 hat der Auftragnehmer die Ausführung seiner Leistung nach den festgelegten Vertragsfristen zu beginnen, „angemessen zu fördern und zu vollenden“. Dies setzt voraus, dass der Auftragnehmer seine Leistungen ohne Behinderungen erbringen kann. Werden zur gleichen Zeit Arbeiten anderer Unternehmer auf der Baustelle ausgeführt, so kann dies zu Behinderungen oder Erschwernissen für den Auftragnehmer führen. Deshalb soll bereits in der Leistungsbeschreibung ein Hinweis darauf gegeben werden, dass zur gleichen Zeit auch Arbeiten anderer Unternehmer auf der Baustelle ausgeführt werden. Der Auftragnehmer sollte in jedem Fall besonderes Augenmerk auf die Erfüllung der bauseitigen Voraussetzungen zur eigenen Leistungserbringung legen, um bei Behinderungen durch die gleichzeitige Tätigkeit anderer Gewerke im eigenen Arbeitsbereich rechtzeitig reagieren zu können.

0.2 Angaben zur Ausführung

0.2.1 Vorgesehene Arbeitsabschnitte, Arbeitsunterbrechungen und -beschränkungen nach Art, Ort und Zeit sowie Abhängigkeit von Leistungen anderer

In VOB/B § 5 Nr. 1 ist dem Auftragnehmer die Verpflichtung auferlegt, mit der Ausführung seiner Leistung nach den verbindlichen Fristen (Vertragsfristen) zu beginnen, die Ausführung angemessen zu fördern und zu vollenden. Deshalb ist es notwendig, Hinweise in die Leistungsbeschreibung aufzunehmen, wenn die Ausführung der Leistung in Arbeitsabschnitten erfolgen soll oder wenn Arbeitsunterbrechungen oder -beschränkungen vorgesehen oder zu erwarten sind, beispielsweise durch örtlich festgelegte Betriebsruhezeiten.

Ist die angeforderte Leistung abhängig von den Leistungen oder Vorleistungen anderer Unternehmer, sind dazu im Leistungsverzeichnis eindeutige Angaben zu machen, z. B. Koordinieren des Einbaus von Leuchten, Luftauslässen oder Ähnlichem in abgehängten Decken im Rahmen der eigenen Leistungserstellung. Wird die Koordinationsleistung dem Auftragnehmer insoweit vom Auftraggeber auferlegt, stellt dies eine zusätzliche zu vergütende Leistung dar. Im Übrigen verbleiben die Weisungsbefugnisse und Koordinationspflichten allein beim Auftraggeber, so dass jegliche Art von Behinderungen nach wie vor anzuzeigen ist.

0.2.2 Besondere Erschwernisse während der Ausführung, z. B. Arbeiten in Räumen, in denen der Betrieb weiterläuft, Arbeiten im Bereich von Verkehrswegen oder bei außergewöhnlichen äußeren Einflüssen

Der Bieter muss in der Lage sein, besondere Erschwernisse während der Ausführung bei der Preiskalkulation zu berücksichtigen. Erschwernisse sind regelmäßig gegeben, wenn Trockenbauarbeiten in Räumen ausgeführt werden müssen, in denen der Betrieb weiterläuft. Dasselbe gilt, wenn Arbeiten z. B. in der Nähe außergewöhnlicher Lärmquellen, Umgebungstemperaturen, Feuchteverhältnisse oder Staubentwicklung auszuführen sind – z. B. bei Maschinenbetrieb, in Kühlhäusern, Bädern oder bei gleichzeitigen Schneid-, Schleif- bzw. Stemmarbeiten. Deshalb ist es erforderlich, dass Hinweise hierüber bereits in der Leistungsbeschreibung gegeben werden. Dies gilt auch für etwa erforderliche Schutzabdeckungen.

Als Erschwernisse im Bereich von Verkehrswegen kommen insbesondere beengte Verhältnisse bei der Ausführung der Leistung in Betracht.

0.2.3 Besondere Anforderungen für Arbeiten in kontaminierten Bereichen, gegebenenfalls besondere Anordnungen für Schutz- und Sicherheitsmaßnahmen

Für Arbeiten in kontaminierten Bereichen sind besondere Anforderungen, u. a. des Personen- bzw. Umweltschutzes, zu beachten, die bereits in der Leistungsbeschreibung durch konkrete Hinweise bezeichnet und deutlich gemacht werden müssen.

0.2.4 Besondere Anforderungen an die Baustelleneinrichtung und Entsorgungseinrichtungen, z. B. Behälter für die getrennte Erfassung

Sind bezüglich der Baustelleneinrichtung besondere Anforderungen zu beachten, z. B. wegen vorhandener Versorgungsleistungen, so sind diese durch entsprechende Hinweise in der Leistungsbeschreibung zu bezeichnen. Dies gilt in gleicher Weise für Entsorgungseinrichtungen, soweit hierfür besondere Anforderungen zu beachten sind, beispielsweise unterschiedliche Schuttcontainer zur Trennung und gesonderten Entsorgung der Baustellenabfälle.

0.2.5 Besonderheiten der Regelung und Sicherung des Verkehrs, gegebenenfalls auch, wieweit der Auftraggeber die Durchführung der erforderlichen Maßnahmen übernimmt

Für die Preiskalkulation des Auftragnehmers ist von Bedeutung, ob im Bereich der Baustelle für die Regelung und Sicherung des Verkehrs Besonderheiten bestehen. Dies kann z. B. dadurch gegeben sein, dass der Materialtransport nicht bis an die Einsatzstelle möglich ist bzw. öffentliche Verkehrsbereiche zur Materialanlieferung gesperrt werden müssen. Wenn im Bereich der Zufahrtswege Begrenzungen der Verkehrslasten zu beachten sind, muss die Leistungsbeschreibung ebenfalls entsprechende Angaben enthalten. Vorgaben in diesem Bereich sind im Zusammenhang mit den Abschnitten 4.2.9 sowie 4.2.10 der ATV DIN 18299 zu sehen.

0.2.6 Besondere Anforderungen an das Auf- und Abbauen sowie Vorhalten von Gerüsten

Mit dieser Regelung wird der Ausschreibende ausdrücklich dazu angehalten, alle Anforderungen an das Auf- und Abbauen sowie Vorhalten von Gerüsten eindeutig, unabhängig von der Höhe der Arbeitsbühne, zu beschreiben. Besondere Hinweispflichten ergeben sich bei erschwerten Gerüstaufbauten, z. B. über Hindernisse, an Schächten, Rampen, Treppenläufen usw., da hier für den Auf- und Abbau der Arbeitsbühne besondere Leistungen erforderlich werden. Diese müssen genauso kalkuliert und abgerechnet werden können, wie Gerüste gemäß ATV DIN 18340 Abschnitt 4.2.2, deren Arbeitsbühne höher als 2 m über dem Fußboden liegen und deren resultierende Arbeitshöhe somit über 3,65 m liegt.

0.2.7 Mitbenutzung fremder Gerüste, Hebezeuge, Aufzüge, Aufenthalts- und Lagerräume, Einrichtungen und dergleichen durch den Auftragnehmer

Kann der Auftragnehmer der Trockenbauarbeiten fremde Gerüste, Aufzüge, Hebebühnen, Transporteinrichtungen usw. mitbenutzen, so sollte hierauf in der Leistungsbeschreibung hingewiesen werden. Es ist dann entbehrlich, dass z. B. die für die Herstellung der Trockenbauleistungen erforderlichen Gerüste, Aufenthalts- und Lagerräume usw. in einer gesonderten Position angeboten werden oder in die Einheitspreise einkalkuliert werden.

Wichtig ist in diesem Zusammenhang auch der Hinweis auf Abschnitt 4.2.1 der ATV DIN 18340, demnach das Vorhalten von Aufenthalts- und Lagerräumen eine Besondere Leistung darstellt, wenn diese vom Auftraggeber nicht zur Verfügung gestellt werden.

0.2.8 Wie lange, für welche Arbeiten und gegebenenfalls für welche Beanspruchung der Auftragnehmer seine Gerüste, Hebezeuge, Aufzüge, Aufenthalts- und Lagerräume, Einrichtungen und dergleichen für andere Unternehmer vorzuhalten hat

Der Auf-, Abbau und die Vorhaltung von Gerüsten mit einer Arbeitsbühne von mehr als 2 m Höhe über Fußboden, d. h. einer Arbeitshöhe von über 3,65 m, aber auch schwierige Gerüstaufbauten (siehe 0.2.6) und deren Vorhaltung stellen gesondert zu vergütende Leistungen nach Abschnitt 4.2.2 der ATV DIN 18340 dar.

Verlangt der Auftraggeber, dass der Auftragnehmer der Trockenbauarbeiten die von ihm erstellten Gerüste, Hebezeuge, Aufzüge, Aufenthalts- und Lagerräume, Einrichtungen und dergleichen zur Benutzung für andere Unternehmer vorzuhalten hat, so sollte hierauf bereits in der Leistungsbeschreibung hingewiesen und für die Vorhaltekosten eine gesonderte Position vorgesehen werden. Dies gilt auch für etwa erforderliche besondere Maßnahmen, die zum Zweck der Benutzung durch andere Unternehmer notwendig werden, z. B. Umbau oder Erweiterung eines Gerüstes. Die dadurch entstehenden Kosten sind dem Unternehmer gesondert zu vergüten.

Wird in Vertragsbedingungen, die als Allgemeine Geschäftsbedingungen zu werten sind, vorgesehen, dass Gerüstvorhaltungen oder der Gerüstumbau als zur Hauptleistung gehörend, d. h. als Nebenleistung, behandelt werden sollen, so ist eine derartige Klausel unwirksam, weil sie mit dem Gesetz zum Recht der Allgemeinen Geschäftsbedingungen (AGBG) nicht übereinstimmt.

Eine derartige Klausel widerspricht nämlich dem Prinzip der Ausgewogenheit und sicheren Vorausberechenbarkeit von Leistung und Gegenleistung (vgl. zutreffend OLG München, Urteil vom 15. 1. 1987 in NJW-RR 1987, S. 661).

0.2.9 Verwendung oder Mitverwendung von wiederaufbereiten (Recycling-)Stoffen

Möchte der Auftraggeber wiederaufbereitete (Recycling-)Stoffe an seinem Bauvorhaben verwenden lassen (z. B. im Bereich der Dämmlagen), so muss er dies vorschreiben, da ihre Beschaffung teuer sein kann. Gemäß Abschnitt 2.3.1 gelten (Recycling-)Stoffe in der Regel ebenfalls als ungebraucht.

0.2.10 Anforderungen an wiederaufbereitete (Recycling-)Stoffe und an nicht genormte Stoffe und Bauteile

Gemäß Abschnitt 2 jeder ATV müssen Baustoffe und Bauteile den jeweiligen DIN-Normen entsprechen. Verlangt der Auftraggeber jedoch ausdrücklich die Verwendung ungenormter bzw. wiederaufbereiteter Stoffe, so müssen die Anforderungen detailliert beschrieben werden. Für nicht geregelte Bauprodukte und Bauarten sollten zumindest allgemeine bauaufsichtliche Zulassungen existieren, die deren Eignung und Verwendbarkeit belegen.

0.2.11 Besondere Anforderungen an Art, Güte und Umweltverträglichkeit der Stoffe und Bauteile, auch z. B. an die schnelle biologische Abbaubarkeit von Hilfsstoffen

Siehe dazu u. a. auch ATV DIN 18340 Abschnitte 0.2 ff. Welche Anforderungen an Art und Güte der vom Auftragnehmer zu liefernden Stoffe und Bauteile zu stellen sind, ist für den Regelfall in Abschnitt 2 ff. der ATV DIN 18340 festgelegt. Will der Auftraggeber abweichend hiervon an Stoffe und Bauteile besondere Anforderungen stellen, muss er dies in der Leistungsbeschreibung angeben.

0.2.12 Art und Umfang der vom Auftraggeber verlangten Eignungs- und Gütenachweise

Die bei Trockenbauarbeiten gebräuchlichsten genormten Stoffe und Bauteile sind im Abschnitt 2 der ATV DIN 18340 aufgeführt. Verlangt der Auftraggeber für bestimmte Stoffe und Bauteile Eignungs- und Gütenachweise, muss er Art und Umfang solcher Nachweise in der Leistungsbeschreibung eindeutig angeben. Inwieweit das Erbringen solcher Nachweise eine Besondere Leistung darstellt, ist in ATV DIN 18340 Abschnitt 4.2.11 geregelt.

0.2.13 Unter welchen Bedingungen auf der Baustelle gewonnene Stoffe verwendet werden dürfen bzw. müssen oder einer anderen Verwertung zuzuführen sind

Auf der Baustelle gewonnene Stoffe, die z. B. aus Abbruch-/Umbauarbeiten bzw. Sanierungen stammen können, gelten nicht als „ungebraucht" (siehe Abschnitt 0.2.9) und sind in jedem Fall Eigentum des Bauherrn. Sie dürfen deshalb nur mit seinem ausdrücklichen Einverständnis wiederverwendet werden, sofern die Verwendung in der Leistungsbeschreibung vorgesehen ist.

0.2.14 Art, Zusammensetzung und Menge der aus dem Bereich des Auftraggebers zu entsorgenden Böden, Stoffe und Bauteile; Art der Verwertung bzw. bei Abfall die Entsorgungsanlage; Anforderungen an die Nachweise über Transporte, Entsorgung und die vom Auftraggeber zu tragenden Entsorgungskosten

Mit dieser Regelung wird der zunehmenden Bedeutung des Umweltschutzes Rechnung getragen. In der Regel kann es sich dabei nur um Stoffe von bestehenden Konstruktionen handeln, die beseitigt werden müssen, damit die geplante Trockenbaumaßnahme erbracht werden kann. Wichtig sind hierzu detaillierte Angaben und die Kostentragungspflicht des Auftraggebers für die mit der Entsorgung verbundenen Aufwendungen und Maßnahmen. Wichtig ist in diesem Zusammenhang auch die Angabe möglicher Schadstoffbelastungen, die im Entsorgungsbereich zu erheblichen Mehrkosten führen können. Zu beachten sind in diesem Zusammenhang auch die Regelungen der Abschnitte 4.1.11, 4.1.12 sowie 4.2.13 der ATV DIN 18299.

0.2.15 Art, Anzahl, Menge oder Masse der Stoffe und Bauteile, die vom Auftraggeber beigestellt werden, sowie Art, genaue Bezeichnung des Ortes und Zeit ihrer Übergabe

Nach Abschnitt 2.1.1 ATV DIN 18299 umfassen alle Leistungen auch die Lieferung der dazugehörigen Stoffe und Bauteile. Will der Auftraggeber von diesem Regelfall abweichen, muss er dies in der Leistungsbeschreibung unmissverständlich angeben. Von Bedeutung sind dabei auch Art, Ort und Zeit der Übergabe, damit etwa anfallende Transportkosten bei der Kalkulation der Angebotspreise berücksichtigt werden können.

Fehlen entsprechende Angaben in der Leistungsbeschreibung, dann kann der Auftragnehmer die Nebenleistung diesbezüglicher Materialtransporte nicht kalkulieren mit der Folge, dass etwaige Transportleistungen später gesondert abzurechnen sind. (Siehe hierzu auch Kommentar zur ATV DIN 18299 Abschnitt 4.1.9.)

0.2.16 In welchem Umfang der Auftraggeber Abladen, Lagern und Transport von Stoffen und Bauteilen übernimmt und dafür dem Auftragnehmer Geräte oder Arbeitskräfte zur Verfügung stellt

Abladen und Transport von Geräten, Stoffen und Bauteilen gehören regelmäßig zum Leistungsbereich des Auftragnehmers. Ist bereits bei der Ausschreibung bekannt, dass diese Leistung der Auftraggeber ganz oder teilweise übernimmt, ist ein entsprechender Hinweis in der Leistungsbeschreibung unerlässlich, damit dies bei der Kalkulation der Angebotspreise berücksichtigt werden kann.

0.2.17 Leistungen für andere Unternehmer

Leistungen, die der Auftragnehmer für andere Unternehmer erbringen soll, bedürfen in jedem Fall eines besonderen Hinweises in der Leistungsbeschreibung, zumal derartige Leistungen in aller Regel gesondert vergütungspflichtig sind. Siehe u. a. auch ATV DIN 18299, Abschnitt 4.2.4, sowie Abschnitte 4.2.3, 4.2.19 der ATV DIN 18340.

0.2.18 Mitwirken beim Einstellen von Anlageteilen und bei der Inbetriebnahme von Anlagen im Zusammenwirken mit anderen Beteiligten, z. B. mit dem Auftragnehmer für die Gebäudeautomation

Aus trockenbaurelevanten Schnittstellen zur Gebäudetechnik entstehende Anforderungen, z. B. bezüglich des Einbaus und Anschlusses von Lüftungseinbauten, Klimadecken, Einbauleuchten etc., sind Besondere Leistungen und müssen in der Leistungsbeschreibung dargelegt werden.

0.2.19 Benutzung von Teilen der Leistung vor der Abnahme

Es ergeben sich regelmäßig Konstellationen, die eine Benutzung von Teilen der eigenen Leistung vor der Abnahme erfordern, z. B. bei der Weiterbearbeitung von Ständerwandflächen durch den Maler. Nach VOB/B § 12, Nr. 5 Abs. 2, Satz 2, gelten entsprechende „Benutzungen" zur Weiterführung der Arbeiten nicht als Abnahme.

Nach VOB/B § 13 Nr. 1 übernimmt der Auftragnehmer die Gewähr, dass seine Leistung zur Zeit der Abnahme die vertraglich zugesicherte Eigenschaft hat, den anerkannten Regeln der Technik entspricht und nicht mit Fehlern behaftet ist, die den Wert oder die Tauglichkeit zu dem gewöhnlichen oder dem nach dem Vertrag vorausgesetzten Gebrauch aufheben oder mindern. Will der Auftraggeber bereits vor der Abnahme der Gesamtleistung bereits Teile davon in Benutzung nehmen, so ist dies durch einen besonderen Hinweis in der Leistungsbeschreibung deutlich zu machen.

Der Auftragnehmer muss in die Lage versetzt werden, für diese Teile seiner Leistung bereits im Vorfeld eine Teilabnahme gemäß VOB/B § 12 herbeizuführen, damit gemäß VOB/B § 12 die Gefahr auf den Auftraggeber übergeht.

Ansonsten müssten die bereits benutzten Leistungsteile gegen Beschädigung versichert werden. Der Auftragnehmer kann eine solche Versicherung als Besondere Leistung gemäß § 7 VOB/B und ATV DIN 18299, Abschnitt 4.2.7 anbieten.

0.2.20 Übertragung der Wartung während der Dauer der Verjährungsfrist für die Gewährleistungsansprüche für maschinelle und elektrotechnische sowie elektronische Anlagen oder Teile davon, bei denen die Wartung Einfluss auf die Sicherheit und die Funktionsfähigkeit hat (vergleiche B § 13 Nr. 4, Abs. 2), durch einen besonderen Wartungsvertrag

Bei technischen Anlagen – im Trockenbau z. B. bei Klimadecken – kann der Auftragnehmer die Gewährleistung nach VOB/B § 13, Nr. 4 nur für die Dauer von 2 Jahren übernehmen, es sei denn, ihm wurde ebenfalls die entsprechende Wartung vertraglich übertragen.

0.2.21 Abrechnung nach bestimmten Zeichnungen oder Tabellen

Der Auftraggeber muss in seinen Vertragsunterlagen bereits angeben, wenn er bestimmte zeichnerische oder schriftliche Unterlagen zur Abrechnung heranziehen will. Eine diesbezügliche Verständigung zwischen Auftraggeber und Auftragnehmer macht in jedem Fall Sinn.

0.3 Einzelangaben bei Abweichungen von den ATV

0.3.1 Wenn andere als die in den ATV DIN 18299 ff. vorgesehenen Regelungen getroffen werden sollen, sind diese in der Leistungsbeschreibung eindeutig und im Einzelnen anzugeben.

0.3.2 Abweichende Regelungen von der ATV DIN 18299 können insbesondere in Betracht kommen bei

- Abschnitt 2.1.1 – wenn die Lieferung von Stoffen und Bauteilen nicht zur Leistung gehören soll,
- Abschnitt 2.2 – wenn nur ungebrauchte Stoffe und Bauteile vorgehalten werden dürfen,
- Abschnitt 2.3.1 – wenn auch gebrauchte Stoffe und Bauteile geliefert werden dürfen.

Wer im Ausschreibungstext die allgemeinen technischen Regelungen der ATV DIN 18299 und im Speziellen der ATV DIN 18340 an bestimmten Stellen verlassen will, der muss diese Stellen unmissverständlich und nicht nur „zwischen den Zeilen" (bzw. nur in den Vorbemerkungen versteckt) darstellen.

ATV sollten grundsätzlich unverändert bleiben. Dies gilt insbesondere nach VOB/A § 10 Nr. 3 für öffentliche Auftraggeber. Für die Erfordernisse des Einzelfalles sind jedoch Ergänzungen und Änderungen in der Leistungsbeschreibung möglich; dies ist sinnvoll, weil Alternativen zu den in den ATV beschriebenen Ausführungen im Einzelfall zweckmäßig sein können. Dabei wird allerdings insbesondere vor dem Hintergrund der Schuldrechtsreform nach § 241, Abs. 2 BGB ein sehr strenger Maßstab angelegt.

0.4 Einzelangaben zu Nebenleistungen und Besonderen Leistungen

0.4.1 Nebenleistungen

Nebenleistungen (Abschnitt 4.1 aller ATV) sind in der Leistungsbeschreibung nur zu erwähnen, wenn sie ausnahmsweise selbständig vergütet werden sollen. Eine ausdrückliche Erwähnung ist geboten, wenn die Kosten der Nebenleistung von erheblicher Bedeutung für die Preisbildung sind; in diesen Fällen sind besondere Ordnungszahlen (Positionen) vorzusehen.

Dies kommt insbesondere in Betracht für das Einrichten und Räumen der Baustelle.

Abschnitt 0.4 stellt den Grundgedanken der VOB heraus, dass Nebenleistungen zwar grundsätzlich nicht zu erwähnen sind, eine ausdrückliche Erwähnung aber geboten ist, wenn die Kosten einer Nebenleistung die Preisbildung erheblich beeinflussen.

Das Einrichten und Räumen der Baustelle werden als Hauptfälle in Abschnitt 0.4.1 ausdrücklich erwähnt.

Die Fassung des Abschnitts 0.4.1 lässt aber auch zu, dass bei anderen Nebenleistungen, die die vorgenannten Kriterien erfüllen, entsprechend zu verfahren ist – beispielsweise beim Vorhandensein überlanger Installationsdosen (vgl. OLG Stuttgart, Urteil vom 22.6.1990 – 2U 296/89).

Merke: Die Bezeichnung „insbesondere" weist darauf hin, dass die Aufzählung nicht abschließend ist. Mit dem letzten Satz wird klargestellt, dass besondere Ordnungszahlen (Positionen) vor allem dann aufzunehmen sind, wenn die Nebenleistung in erheblichem Maß die Preisbildung beeinflusst, d. h. ggf. außergewöhnlichen und üblicherweise nicht zu erwartenden Umfang annimmt.

Der bisher in diesem Abschnitt enthaltene Hinweis auf Gerüste wurde aus formalen Gründen gestrichen, da Gerüste nicht grundsätzlich eine Nebenleistung darstellen. So ist z. B. bei erschwerten Gerüstaufbauten immer eine Ausschreibung mit gesonderter Ordnungszahl zu empfehlen, auch wenn die Gerüsthöhen unter 2 m bleiben. Gleichwohl bleibt der Hinweis für Gerüste als Nebenleistung (unter 2 m Aufbauhöhe) richtig.

0.4.2 Besondere Leistungen

Werden Besondere Leistungen (Abschnitt 4.2 aller ATV) verlangt, ist dies in der Leistungsbeschreibung anzugeben; gegebenenfalls sind hierfür besondere Ordnungszahlen (Positionen) vorzusehen.

Besondere Leistungen, die trockenbauspezifisch in Abschnitt 4.2 der ATV DIN 18340 beispielhaft (und nicht erschöpfend) genannt sind und im Rahmen des Bauvorhabens notwendig werden, sollten grundsätzlich im Leistungsverzeichnis in besonderen Positionen (Ordnungszahlen) als Hauptleistungen mit Angabe von Einheiten und Mengen ausgeschrieben werden. Dies gebietet die in VOB/A § 9 geforderte Eindeutigkeit und Vollständigkeit der Leistungsbeschreibung sowie die gemäß § 14 VOB/B geforderte spätere Abrechnungsklarheit.

0.5 Abrechnungseinheiten

Im Leistungsverzeichnis sind die Abrechnungseinheiten für die Teilleistungen (Positionen) gemäß Abschnitt 0.5 der jeweiligen ATV anzugeben.

Der Abschnitt 0.5 korrespondiert jeweils mit dem Abrechnungsabschnitt 5. Dies gilt sowohl für die ATV DIN 18299 als auch die ATV DIN 18340. Obgleich es sich auch hier – wie im ganzen

Abschnitt 0 – nur um Empfehlungen handelt, sollten Auftraggeber diesen Abschnitt als Checkliste für eine ordnungsgemäße Ausschreibung unbedingt beherzigen. Abweichungen in dem komplexen Ausschreibungsgewerk Trockenbau können zur Folge haben, dass einzelne Leistungen nur noch mit Schwierigkeiten bestimmt werden können, ggf. sogar unkalkulierbare bzw. nicht mehr nachvollziehbare „Mischpositionen“ entstehen, so dass die Ausschreibung letztendlich nicht mehr VOB/A § 9 entspricht.

1 Geltungsbereich

Die ATV DIN 18299 „Allgemeine Regelungen für Bauarbeiten jeder Art“ gilt für alle Bauarbeiten, auch für solche, für die keine ATV in VOB/C – DIN 18300 bis ATV DIN 18459 – bestehen. Abweichende Regelungen in den ATV DIN 18300 bis ATV DIN 18459 haben Vorrang.

Die ATV DIN 18299 ist so gefasst, dass sie für alle Bauarbeiten zur Anwendung gebracht werden kann, also auch für solche, für die keine ATV besteht. Sie wird, wie auch die Allgemeinen Technischen Vertragsbedingungen für Trockenbauarbeiten – ATV DIN 18340 – Bestandteil des Bauvertrags, wenn Teil B der VOB vereinbart wird (VOB/B § 1 Nr. 1 Satz 2).

Dabei gilt immer „Speziell“ vor „Allgemein“, d. h., weicht eine Regelung in der ATV DIN 18340 von derjenigen in der ATV DIN 18299 ab, so hat die Regelung in der trockenbauspezifischen ATV DIN 18340 immer Vorrang.

2 Stoffe, Bauteile

2.1 Allgemeines

2.1.1 Die Leistungen umfassen auch die Lieferung der dazugehörigen Stoffe und Bauteile einschließlich Abladen und Lagern auf der Baustelle.

Als Regelfall gilt, dass zum vertraglichen Leistungsumfang auch die Lieferung der dazugehörigen Stoffe und Bauteile gehört. Damit sind Stoffe, Bauteile und ihre Lieferung in die jeweiligen Positionen mit einzukalkulieren. Dies entspricht auch der Grundsatzbestimmung nach VOB/A § 4 Nr. 1, die besagt, dass Bauleistungen so vergeben werden sollen, dass eine einheitliche Ausführung und zweifelsfreie umfassende Gewährleistung erreicht wird; sie sollen daher in der Regel mit den zur Leistung gehörenden Lieferungen vergeben werden. Dazu muss der Auftraggeber jedoch unentgeltlich Lagerflächen zur Verfügung stellen (VOB/B § 4 Nr. 4 a). Die Lieferung der

Stoffe und Bauteile umfasst auch das Abladen und die sachgemäße Lagerung sowie den Transport von der Lagerstelle zu den Verwendungsstellen auf der Baustelle. Will der Auftraggeber dies selbst ausführen, so hat er gemäß Abschnitt 0.2.16 der ATV DIN 18299 in der Leistungsbeschreibung darauf hinzuweisen.

2.1.2 Stoffe und Bauteile, die vom Auftraggeber beigestellt werden, hat der Auftragnehmer rechtzeitig beim Auftraggeber anzufordern.

Wird abweichend von der Regelung gemäß Abschnitt 2.1.1 der ATV DIN 18299 vereinbart, dass Stoffe und Bauteile vom Auftraggeber beigestellt werden, so hat der Auftragnehmer zusätzlich die Verpflichtung,

- die Stoffe und Bauteile rechtzeitig beim Auftraggeber anzufordern und
- die vom Auftraggeber beigestellten Stoffe und Bauteile auf ihre Eignung zu überprüfen und etwaige Bedenken unverzüglich gegenüber dem Auftraggeber schriftlich vorzubringen (vgl. VOB/B § 4 Nr. 3).

Wichtig ist die rechtzeitige schriftliche Anforderung, um später nicht in Beweisnot zu geraten. Kommt der Auftraggeber mit der Bereitstellung rechtzeitig angeforderter Stoffe und Bauteile in Rückstand, oder liefert der Auftraggeber ungeeignete Stoffe und Bauteile, so kann für den Auftragnehmer dadurch eine Leistungsbehinderung im Sinne von VOB/B § 6 Nr. 2 (1) gegeben sein mit der Folge, dass sich z. B. vertraglich festgelegte Ausführungsfristen entsprechend verlängern. Die nicht rechtzeitige Bereitstellung von Stoffen und Bauteilen durch den Auftraggeber oder die Bereitstellung ungeeigneter Stoffe und Bauteile kann den Auftragnehmer auch zur Kündigung des Vertrages gem. VOB/B § 9 Nr. 1a unter den dort genannten Voraussetzungen berechtigen oder die Grundlage für die Geltendmachung von Schadensersatzansprüchen für Ausfall- oder Wartezeiten sein. Es bedarf in diesem Zusammenhang jedoch des Hinweises, dass eine Vertragskündigung, die im Übrigen schriftlich erklärt werden müsste, erst zulässig ist, wenn der Auftragnehmer dem Auftraggeber ohne Erfolg eine angemessene Frist zur Vertragserfüllung gesetzt und weiter erklärt hat, dass er nach fruchtlosem Ablauf dieser Frist den Vertrag kündigen werde.

2.1.3 Stoffe und Bauteile müssen für den jeweiligen Verwendungszweck geeignet und aufeinander abgestimmt sein.

Als Fachunternehmer hat der Auftagnehmer zu prüfen, ob die zu verwendenden Stoffe und Bauteile für die von ihm zu erbringende Leistung geeignet und jeweils aufeinander abgestimmt sind. Dabei geht es nicht nur um Materialverträglichkeit, sondern beispielsweise auch um die gewünschte optische Gestaltung. Soweit es sich gemäß Abschnitt 2.1.2 der ATV DIN 18299 um bauseits gestellte oder explizit geforderte (aber nicht geeignete) Stoffe und Bauteile handelt, ist hier auch der Auftraggeber in der Pflicht. Voraussetzung ist allerdings, dass der Auftragnehmer seiner Verpflichtung nach VOB/B § 4 Nr. 3 nachkommt und Bedenken gegen die vorgesehene Art der Ausführung (auch wegen der Sicherung gegen Unfallgefahren), gegen die Güte der vom Auftraggeber gelieferten Stoffe oder Bauteile oder gegen die Leistungen anderer Unternehmer unverzüglich schriftlich dem Auftraggeber mitteilt.

2.2 Vorhalten

Stoffe und Bauteile, die der Auftragnehmer nur vorzuhalten hat, die also nicht in das Bauwerk eingehen, dürfen nach Wahl des Auftragnehmers gebraucht oder ungebraucht sein.

Stoffe und Bauteile, die der Auftragnehmer nur vorzuhalten, aber nicht einzubauen hat, die also nicht in das Bauwerk eingehen, können gebraucht oder ungebraucht sein. Dabei liegt das Wahlrecht, solche Stoffe und Bauteile gebraucht vorzuhalten gemäß VOB beim Auftragnehmer, es sei denn, in der Leistungsbeschreibung wird explizit etwas anderes gefordert. Gerüste und Gerüstteile, Schutzabdeckungen, Staubschutzwände, die der Auftragnehmer als „Stoffe und Bauteile" vorhält, dürfen gebraucht sein bzw. wieder verwendet werden. Wichtig allein ist, dass auch bei Wiederverwendung die Funktionalität gegeben ist. Fordert der Auftraggeber dennoch explizit ungebrauchte „Stoffe und Bauteile", so hat er hierfür auch die Kosten zu tragen.

2.3 Liefern

2.3.1 Stoffe und Bauteile, die der Auftragnehmer zu liefern und einzubauen hat, die also in das Bauwerk eingehen, müssen ungebraucht sein. Wiederaufbereitete (Recycling-)Stoffe gelten als ungebraucht, wenn sie Abschnitt 2.1.3 entsprechen.

Grundsätzlich gilt, dass Stoffe und Bauteile, die der Auftragnehmer einzubauen hat, in ungebrauchtem Zustand zu liefern sind. Siehe hierzu auch die jeweilige Kommentierung zu den Abschnitten 0.2.9 und 0.3.2 der ATV DIN 18299. Für den in der Norm nicht erwähnten Ausnahmefall, dass der Auftragnehmer gebrauchte Stoffe oder Bauteile liefern und einbauen will, ist das ausdrückliche vorherige Einverständnis des Auftraggebers einzuholen. Durch ein solches Einverständnis des Auftraggebers wird jedoch die Gewährleistungspflicht des Auftragnehmers nicht berührt und auch nicht eingeschränkt. Werden mit dem ausdrücklichen Einverständnis des Auftraggebers gebrauchte Stoffe oder Bauteile verwendet, so müssen diese selbstverständlich für den jeweiligen Verwendungszweck geeignet sein.

2.3.2 Stoffe und Bauteile, für die DIN-Normen bestehen, müssen den DIN-Güte- und -Maßbestimmungen entsprechen.

Soweit für gelieferte Stoffe und Bauteile DIN-Normen bestehen, müssen sie diesen entsprechen. Dies hat der Auftragnehmer eigenverantwortlich zu prüfen.

2.3.3 Stoffe und Bauteile, die nach den deutschen behördlichen Vorschriften einer Zulassung bedürfen, müssen amtlich zugelassen sein und den Bestimmungen ihrer Zulassung entsprechen.

2.3.4 Stoffe und Bauteile, für die bestimmte technische Spezifikationen in der Leistungsbeschreibung nicht genannt sind, dürfen auch verwendet werden, wenn sie Normen, technischen Vorschriften oder sonstigen Bestimmungen anderer Staaten entsprechen, sofern das geforderte Schutzniveau in Bezug auf Sicherheit, Gesundheit und Gebrauchstauglichkeit gleichermaßen dauerhaft erreicht wird.

Sofern für Stoffe und Bauteile eine Überwachungs-, Prüfzeichenpflicht oder der Nachweis der Brauchbarkeit, z. B. durch allgemeine bauaufsichtliche Zulassung, allgemein vorgesehen ist, kann von einer Gleichwertigkeit nur ausgegangen werden, wenn die Stoffe und Bauteile ein Überwachungs- oder Prüfzeichen tragen oder für sie der genannte Brauchbarkeitsnachweis erbracht ist.

Bauprodukte und Bauarten, die zur Erfüllung von Anforderungen an das Bauwerk beitragen (z. B. Standsicherheit, Brandschutz, Schallschutz usw.), müssen grundsätzlich immer den in der Bauregelliste zum Produkt enthaltenen Bestimmungen bzw. den bauaufsichtlich zu beachtenden technischen Baubestimmungen entsprechen.

Wird ein Produkt in der Bauregelliste geführt, so ist dessen Übereinstimmung mit den Anforderungen in Form des CE-Zeichens auf der

Verpackung, bestenfalls verbunden mit einer Übereinstimmungserklärung des Herstellers oder eines Ü-Zeichens dokumentiert.

Für (noch) nicht in der Bauregelliste „geregelte" Bauprodukte kann die Verwendbarkeit durch Übereinstimmungsnachweis mit der allgemeinen bauaufsichtlichen Zulassung des Deutschen Institutes für Bautechnik nachgewiesen werden, z. B. durch Einzelnachweis mittels bauaufsichtlicher Prüfzeugnisse, die durch autorisierte Materialprüfanstalten ausgestellt werden.

In der Regel sind die für den Trockenbau in Deutschland angebotenen Produkte nach einem der vorgenannten Verfahren zugelassen. Vorsicht ist geboten, wenn Produkte unbekannter Herkunft und Bauart ausgeschrieben werden bzw. auf Angebote unbekannter Produkthersteller zurückgegriffen werden soll.

Entsprechende Nachweise können mitunter schwierig zu beschaffen sein, insbesondere wenn es sich um Bauteile aus dem europäischen Ausland handelt. Falls Stoffe und Bauteile zur Verwendung kommen sollen, für die weder DIN-Normen bestehen noch eine amtliche Zulassung vorgeschrieben ist, sollte in jedem Fall das Einverständnis des Auftraggebers eingeholt werden, bevor mit der Verwendung begonnen wird.

3 Ausführung

3.1 Wenn Verkehrs-, Versorgungs- und Entsorgungsanlagen im Bereich des Baugeländes liegen, sind die Vorschriften und Anordnungen der zuständigen Stellen zu beachten. Kann die Lage dieser Anlagen nicht angegeben werden, ist sie zu erkunden. Solche Maßnahmen sind Besondere Leistungen (siehe Abschnitt 4.2.1).

Dieser Standardsatz gilt für die Ausführung von Bauleistungen jeder Art, dürfte jedoch in erster Linie für Tiefbauarbeiten relevant sein.

Nach VOB/B § 3 Nr. 1 ist es Sache des Auftraggebers, dem Auftragnehmer die für die Ausführung erforderlichen Unterlagen unentgeltlich und rechtzeitig zu übergeben. Zu den „für die Ausführung nötigen Unterlagen" gehören im weiteren Sinne auch entsprechende Angaben, wenn im Bereich des Baugeländes derartige Anlagen vorhanden sind. Fehlen solche Angaben, erkennt der Auftragnehmer aber aufgrund seiner Erfahrung und Sachkunde, dass möglicherweise Verkehrs-, Versorgungs- und Entsorgungsanlagen im Bereich des Baugeländes vorhanden sind, dann ist der Auftragnehmer gehalten, sich bei den zuständigen Stellen Gewissheit zu verschaffen und ggf. behördliche Erkundigungen einzuholen. Diesbezüglicher Aufwand ist gesondert zu vergüten.

3.2 Die für die Aufrechterhaltung des Verkehrs bestimmten Flächen sind freizuhalten. Der Zugang zu Einrichtungen der Versorgungs- und Entsorgungsbetriebe, der Feuerwehr, der Post und Bahn, zu Vermessungspunkten und dergleichen darf nicht mehr als durch die Ausführung unvermeidlich behindert werden.

Gemäß Abschnitt 0.1.4 ATV DIN 18299 ist je nach Lage des Einzelfalles in der Leistungsbeschreibung besonders anzugeben, ob und gegebenenfalls welche Flächen für den Verkehr freizuhalten sind. Müssen für die Aufrechterhaltung des Verkehrs bestimmte Flächen freigehalten oder z. B. auch Sperrzeiten beachtet werden, so können sich daraus für den Auftragnehmer bei der Ausführung der Arbeiten möglicherweise Erschwernisse ergeben, deren Berücksichtigung dem Auftragnehmer bereits bei der Kalkulation seiner Preise möglich sein muss. In jedem Fall sollte der Auftragnehmer die von ihm beabsichtigte Flächennutzung, z. B. vor dem Aufstellen von Containern, Gerüsten oder bestimmter Verkehrsflächen für Materialanlieferungen, vorab mit dem Auftraggeber (ggf. auch terminlich) abstimmen.

Dasselbe gilt, wenn auf den Zugang zu Einrichtungen der Versorgungs- und Entsorgungsbetriebe, der Feuerwehr, Post und Bahn oder zu Vermessungspunkten und dergleichen Rücksicht genommen werden muss, weil derartige Zugänge durch die Ausführung nicht mehr als „unvermeidlich" behindert werden dürfen. Allerdings kann nur nach Lage des Einzelfalls beurteilt werden, was unter unvermeidlicher Behinderung zu verstehen ist.

3.3 Werden Schadstoffe angetroffen, z. B. in Böden, Gewässern oder Bauteilen, ist der Auftraggeber unverzüglich zu unterrichten. Bei Gefahr im Verzug hat der Auftragnehmer unverzüglich die notwendigen Sicherungsmaßnahmen zu treffen. Die weiteren Maßnahmen sind gemeinsam festzulegen. Die getroffenen und die weiteren Maßnahmen sind Besondere Leistungen (siehe Abschnitt 4.2.1).

Gemäß Abschnitt 0.1.18 der ATV DIN 18299 sollte der Auftraggeber bereits in der Leistungsbeschreibung auf mögliche Schadstoffe hinweisen. Gerade bei Sanierungsmaßnahmen in Altbauten dürften aber entsprechende Erkenntnisse nicht immer vorliegen oder entsprechend sorgfältige Vorermittlungen durchgeführt worden sein.

Sollten Schadstoffbelastungen erkannt werden (z. B. durch Asbest bzw. ältere künstliche Mineralfaserdämmungen aus Glas, Gesteinen wie Basalt oder Oxidkeramiken), dann hat der Auftragnehmer schon aus Gründen der Gefahrenabwehr (§ 121 BGB) umgehend

Sicherungsmaßnahmen zu ergreifen, d. h. den Bereich zu sichern und dort die Arbeiten einzustellen. Der Auftraggeber ist nicht zuletzt im Rahmen der Bedenkenmitteilung nach § 4 Nr. 3 VOB/B unverzüglich zu informieren. Die Maßnahmen der Gefahrensicherung und gegebenenfalls bereits entstandene Behinderungen sollten dabei bereits als kostenwirksam angezeigt werden. Die weiteren Maßnahmen sind dann gemeinsam festzulegen und als Besondere Leistungen gemäß Abschnitt 4.2.1 ATV DIN 18299 gesondert abzurechnen.

4 Nebenleistungen, Besondere Leistungen

4.1 Nebenleistungen

Nebenleistungen sind Leistungen, die auch ohne Erwähnung im Vertrag zur vertraglichen Leistung gehören (§ 2 Nr. 1 VOB/B).

Nebenleistungen im Sinne des Abschnitts 4.1 brauchen in der Leistungsbeschreibung nicht besonders erwähnt zu werden, da sie üblicherweise im Rahmen der Ausführung der Leistungspositionen (wenn für die vertragliche Leistung erforderlich), d. h. gewerbeüblich, mit erbracht werden und dort einzukalkulieren sind. In diesem Sinne müssen Nebenleistungen immer in unmittelbarem Zusammenhang mit einer eigentlich zu erbringenden (Besonderen) Leistung stehen und in diesem Zusammenhang zur gewerblichen Verkehrssitte gehören (siehe VOB/B § 2 Nr. 1). Ist dies nicht der Fall, so handelt es sich ebenfalls um Besondere Leistungen.

Eine Nebenleistung im Sinne des Abschnitts 0.4.1 bleibt auch dann Nebenleistung, wenn sie besonders umfangreich ist. So ist z. B. das Einrichten und Räumen der Baustelle unabhängig vom Umfang eine Nebenleistung, weil die für die Ausführung erforderlichen Geräte und Einrichtungen stets zur vertraglichen Leistung gehören. Sind allerdings die Kosten von Nebenleistungen erheblich, ist es zur Erleichterung einer ordnungsgemäßen Preisermittlung und -prüfung geboten, diese Kosten nicht in die Einheitspreise einrechnen zu lassen, sondern eine selbständige Vergütung zu vereinbaren und dafür eine gesonderte Position vorzusehen (vgl. Kommentar zu ATV DIN 18299, Abschnitt 0.4.1).

Da die ATV DIN 18299 Bauarbeiten jeder Art betrachtet, dürften einige der dort genannten Nebenleistungen kaum für den Trockenbauer relevant sein. Es handelt sich auch nicht um eine abschließende Aufzählung, weil der Umfang der gewerblichen Verkehrssitte nicht für alle Einzelfälle umfassend und verbindlich bestimmt werden kann. Im Zusammenhang mit der ATV DIN 18340 dürften jedoch die wesentlichen Nebenleistungen gewerkespezifisch erfasst worden sein.

Nebenleistungen sind demnach insbesondere:

4.1.1 Einrichten und Räumen der Baustelle einschließlich der Geräte und dergleichen

4.1.2 Vorhalten der Baustelleneinrichtung einschließlich der Geräte und dergleichen

Unter Einrichten und Räumen der Baustelle sowie Vorhalten der Baustelleneinrichtung fällt gewerbeüblich nicht die Vorhaltung von Aufenthalts- und Lagerräumen. Hierfür hat gemäß Abschnitt 4.2.1 der ATV DIN 18340 der Auftraggeber Sorge zu tragen. Tut er dies nicht, stellt die Vorhaltung durch den Auftragnehmer eine Besondere Leistung dar.

Vor diesem Hintergrund sollte frühzeitig geklärt werden, ob vom Auftraggeber abschließbare Räume zur Verfügung gestellt werden können. Die Abschnitte 0.1.1, 0.1.6 und 0.2.4 der ATV DIN 18299 sehen deshalb bereits in der Leistungsbeschreibung ausführliche Angaben hierzu vor.

4.1.3 Messungen für das Ausführen und Abrechnen der Arbeiten einschließlich des Vorhaltens der Messgeräte, Lehren, Absteckzeichen und dergleichen, des Erhaltens der Lehren und Absteckzeichen während der Bauausführung und des Stellens der Arbeitskräfte, jedoch nicht Leistungen nach § 3 Nr. 2 VOB/B

In VOB/B § 3 Nr. 2 ist vertragsrechtlich geregelt: Das Abstecken der Hauptachsen der baulichen Anlagen, ebenso der Grenzen des Geländes, das dem Auftragnehmer zur Verfügung gestellt wird, und das Schaffen der notwendigen Höhenfestpunkte in unmittelbarer Nähe der baulichen Anlagen (z. B. Meterrisse in jeder Etage) sind Sache des Auftraggebers. In diesem Sinne stellt das Einmessen diesbezüglich vom Auftraggeber nicht zur Verfügung gestellter Bezugspunkte nach ATV DIN 18340 Abschnitt 4.2.37 eine Besondere Leistung dar.

Die an den Bezugspunkten orientierte örtliche Einmessung der eigenen Leistung zum Zwecke ihrer Ausführung oder Abrechnung ist einschließlich der Vorhaltung der diesbezüglichen Messgeräte eine Nebenleistung, die nicht gesondert vergütet wird. Dies folgt zwangsläufig auch aus VOB/B § 14 Nr. 1, wonach der Auftragnehmer seine Leistungen prüfbar abzurechnen hat und gemäß VOB/B § 2 die für die Abrechnung notwendigen Feststellungen dem Fortgang der Leistung entsprechend möglichst gemeinsam vorzunehmen sind.

Messungen zum Zwecke der Ausführung der Leistung sind z. B.

- das Einmessen und Einnivellieren von abgehängten Decken auf die vom Auftraggeber angegebene Höhe,
- das Einmessen von Einbauwänden.

4.1.4 Schutz- und Sicherheitsmaßnahmen nach den Unfallverhütungsvorschriften und den behördlichen Bestimmungen, ausgenommen Leistungen nach Abschnitt 4.2.5

4.1.5 Beleuchten, Beheizen und Reinigen der Aufenthalts- und Sanitärräume für die Beschäftigten des Auftragnehmers

Diese Vorschrift ist für den Auftragnehmer deshalb von besonderer Bedeutung, weil sie ihm als Nebenleistung im Rahmen seines eigenen Leistungsbereiches die Einhaltung und Erfüllung von Schutz- und Sicherheitsmaßnahmen für die eigenen Arbeitnehmer (z. B. Sicherung eigener Materialtransporte), aber, falls notwendig, auch für Dritte (z. B. Absicherung der Transportbereiche auf öffentlichen Verkehrswegen) auferlegt, deren Nichteinhaltung ggf. große Gefahren und Risiken mit erheblichen Haftungen zur Folge haben kann. Dazu gehören z. B. Sicherheitsüberprüfungen an Geräten, Gerüsten, persönlicher Schutzausrüstung sowie die Anlage notwendiger Sicherheitsabstände im Arbeitsbereich etc.

Neben der Bereitstellung geeigneter, den Vorschriften der Arbeitsstättenverordnung entsprechender Aufenthalts- und Sanitärräume stellen auch das Beleuchten, Beheizen und Reinigen der Räume eine Nebenleistung dar, die der Auftragnehmer der Trockenbauleistung für seine Arbeitnehmer zu erbringen hat. Üblicherweise werden bei der Ausführung von Trockenbauarbeiten bauseits bereits Räume im Bau als Aufenthaltsräume oder Tagesunterkünfte in Baustellenwagen – unter Umständen gegen Verrechnung – zur Verfügung gestellt. Dasselbe gilt für Sanitärräume.

Auch aus arbeitsrechtlicher Sicht gilt das in VOB/B § 4 Nr. 2 verankerte Prinzip der „eigenverantwortlichen Ausführung der eigenen Bauleistung". Für jeden Arbeitgeber ist es deshalb wichtig, sich mit den geltenden Bestimmungen und Vorschriften vertraut zu machen. Als wichtigste Vorschriften sind zu nennen:

- Bestimmungen des Arbeitsschutzes u. a.
- Berufsgenossenschaftliche Regeln und Vorschriften, wie z. B. Unfallverhütungsvorschriften (UVV)
- Technische Regeln für Betriebssicherheit (TRBS) auf Basis der Betriebssicherheitsverordnung
- Technische Regeln für Gefahrstoffe (TRGS) auf Basis der Gefahrstoffverordnung
- Arbeitsstättenverordnung etc.
- Bestimmungen über den Immissionsschutz (Umweltschutz, Lärmschutz)
- Bestimmungen der Gewerbeaufsicht

- Bestimmungen des Jugendschutzes
- Vorschriften des vorbeugenden Brandschutzes
- Vorschriften für die Verkehrssicherung
- Baurechtliche Vorschriften der örtlich zuständigen Bauaufsicht.

Hiervon abzugrenzen sind die Übernahme von Pflichten aus der Baustellenverordnung (siehe ATV DIN 18299, Abschnitt 4.2.3) sowie die Durchführung von Sicherungsmaßnahmen für Leistungen anderer Unternehmer (ATV DIN 18299, Abschnitt 4.2.4), die Besondere Leistungen darstellen.

4.1.6 Heranbringen von Wasser und Energie von den vom Auftraggeber auf der Baustelle zur Verfügung gestellten Anschlussstellen zu den Verwendungsstellen

Anschlussstellen für Wasser, Gas und Strom hat der Auftraggeber auf der Baustelle einzurichten und dem Auftragnehmer kostenlos zur Verfügung zu stellen (unter Baustelle ist in der Regel die Grundstücksparzelle zu verstehen, auf der das Gebäude errichtet wird). Er trägt insoweit auch anfallende Anschlusskosten (vgl. VOB/B § 4). Die Lage der Anschlussstellen und die Bedingungen zur Überlassung (Entnahmepreise vor Nutzung vereinbaren) sollen gemäß 0.1.5 der ATV DIN 18299 bereits in der Leistungsbeschreibung angegeben werden, damit der Auftragnehmer den zusätzlichen Aufwand – Wasser-/Energiekosten und ggf. Transporte bzw. Zuleitungskabel – kalkulieren kann (vgl. VOB/A § 9 Nr. 4), denn deren Erstellung und Unterhaltung von der jeweiligen Anschlussstelle zur Verwendungsstelle ist Nebenleistung des Auftragnehmers.

Entnahme von Wasser:

In der Regel wird kaum Wasser für die Erstellung der Trockenbauleistung benötigt. Im Sanitärbereich haben Arbeitnehmer jedoch Anspruch darauf. Die Kosten für das verbrauchte Wasser werden durch den für die Hauptleistung vereinbarten Preis abgegolten und sollten angesichts der üblicherweise geringen Verbrauchsmenge möglichst als Pauschale vereinbart werden. Sie müssen daher vom Auftragnehmer getragen werden und, wenn der Wasserverbrauch zu Lasten eines anderen Gewerkes oder des Bauherrn geht, diesem erstattet werden (vgl. VOB/B § 4 Nr. 4c). Zur Nebenleistung gehört die Unterhaltung der Zuleitung von der Anschlussstelle zur Verwendungsstelle. Der Auftragnehmer ist haftbar für alle Schäden, die durch mangelhafte Ausführung und Instandhaltung der Zuleitung entstehen, wenn sie auf sein Verschulden zurückzuführen sind (vgl. VOB/B § 10 Nr. 1). Aus diesem Grunde ist die Verwendung schadhafter Rohre, Verbindungsstücke, Wasserschläuche und Behälter usw.

zu vermeiden. Es empfiehlt sich, nach Arbeitsschluss die Hauptleitung jeweils abzustellen und Schlauchleitungen zu entfernen. Bei Winterarbeiten (Frostgefahr) sind sämtliche Zuleitungen entsprechend zu schützen und ebenso wie die verwendeten Wasserbehälter nach Arbeitsschluss zu entleeren.

Entnahme von Gas:

Im Allgemeinen kommt die Verwendung von Gas zur Ausführung von Trockenbauarbeiten nicht in Betracht. Wird jedoch, z. B. zum Zwecke der Bauheizung, Gas verwendet, so sind die Vorschriften des Gaswerks sorgfältig zu beachten. Wenn die Bauheizung dem Auftragnehmer nach dem Vertrag nicht obliegt, sie vom Auftraggeber aber gefordert wird, hat der Auftragnehmer einen Anspruch auf Erstattung der Verbrauchskosten, wobei dieser Anspruch nach VOB/B § 2 Nr. 6 rechtzeitig vor Ausführung dem Auftraggeber anzukündigen ist.

Entnahme von Strom:

Bei Entnahme von Strom sind Zuleitungen nach den Vorschriften der Elektrizitätswerke herzustellen. Dem Auftragnehmer von Trockenbauarbeiten obliegt es, bei Verwendung von Strom die einschlägigen Vorschriften einzuhalten. Die Installation von Zwischenzählern ist empfehlenswert, gleichwohl dies ebenfalls eine Nebenleistung des Auftragnehmers darstellt.

4.1.7 Liefern der Betriebsstoffe

4.1.8 Vorhalten der Kleingeräte und Werkzeuge

Betriebsstoffe sind Stoffe, die für den Betrieb der Maschinen, Geräte und Fahrzeuge benötigt werden, z. B. Benzin, Öl, Kohle, Gas usw. Betriebsstoffe gehen nicht in das Bauwerk ein, sie sind keine Baustoffe.

Die Lieferung der Betriebsstoffe ist eine Nebenleistung. Die Kosten hierfür hat der Auftragnehmer zu tragen, natürlich nur für die vereinbarte Bauzeit. Gleiches gilt für das Vorhalten von Kleingerät und Werkzeugen, d. h. Bohrern, Lasern, Trockenbauschraubern usw., die als Hilfsmittel für die Herstellung der vertraglichen Leistungen benötigt werden. Nicht davon erfasst sind allerdings Gerüste oder größere Geräte bzw. Baumaschinen oder anderes, gewerbeüblich nicht zum Einsatz kommendes, nicht einkalkuliertes Gerät, wie z. B. Heizlüfter.

Werden Kleingeräte, Werkzeuge, Maschinen und die dazu nötigen Betriebsstoffe auch von anderen Unternehmern benutzt oder z. B. Strom auch von anderen Unternehmern entnommen, so ist dem Auftragnehmer dringend zu empfehlen, zuvor mit den anderen Unternehmern eine Regelung über die Kosten zu treffen. Die Überlassung an Dritte auf Anforderung des Auftraggebers ist dementsprechend eine Besondere Leistung. Ebenso hat der Auftragnehmer, wenn er Maschinen und Betriebsstoffe anderer Unternehmer benutzen will, zuvor die Einwilligung dieser Unternehmer einzuholen und mit ihnen auch über die Kosten eine Vereinbarung herbeizuführen.

4.1.9 Befördern aller Stoffe und Bauteile, auch wenn sie vom Auftraggeber beigestellt sind, von den Lagerstellen auf der Baustelle bzw. von den in der Leistungsbeschreibung angegebenen Übergabestellen zu den Verwendungsstellen und etwaiges Rückbefördern

Der Auftragnehmer hat alle Stoffe und Bauteile, die er zur Ausführung seiner Leistung benötigt, grundsätzlich bis zur Verwendungsstelle zu befördern und übrig bleibende Stoffe und Bauteile zurückzubefördern. Werden Stoffe oder Bauteile vom Auftraggeber (siehe ATV DIN 18299 Abschnitt 2.1.2) gestellt, so obliegt es nach der vorstehenden Vorschrift auch in diesem Falle dem Auftragnehmer, diese Stoffe und Bauteile von der Lagerstelle auf der Baustelle bis zur Verwendungsstelle zu befördern. Grundsätzlich gilt: Alle angelieferten bzw. bauseits gestellten Materialien sollten vorher auf Güte und Menge kontrolliert werden, Letztere müssen nach Übernahme des Auftragnehmers von diesem gemäß VOB/B § Nr. 5 auch geschützt werden.

Wichtig: Voraussetzung ist in jedem Fall, dass der Auftraggeber bereits in der Leistungsbeschreibung Übergabestellen definiert hat (siehe Kommentar zur ATV DIN 18299 Abschnitte 0.1.6 und 0.2.15). Ansonsten können die anfallenden Transportleistungen vom Auftragnehmer nicht als Nebenleistung im Angebot einkalkuliert werden. Dies mit der Folge, dass entsprechende Leistungen später gesondert abzurechnen sind und nicht mehr als Nebenleistung erbracht werden können.

Wichtig ist auch: Eine Nebenleistung im Sinne dieser Bestimmung ist nicht das Abladen der bauseits gestellten Stoffe und Bauteile bei der Anlieferung an der Lagerstelle. Denn das Abladen bauseits gestellter Stoffe und Bauteile an der Lagerstelle fällt in den Aufgabenbereich des Auftraggebers. Gleiches gilt, wenn Änderungen im Bauablauf Materialverlagerungen, ggf. neue Transporte zwischen unterschiedlichen Geschossebenen erforderlich machen.

4.1.10 Sichern der Arbeiten gegen Niederschlagswasser, mit dem normalerweise gerechnet werden muss, und seine etwa erforderliche Beseitigung

Diese Vorschrift betrifft in erster Linie Arbeiten im Außenbereich, z. B. Rohbau- bzw. Fassadenarbeiten, und beinhaltet für den Auftragnehmer die Verpflichtung, Vorkehrungen zu treffen, dass Beschädigungen an seiner Bauleistung durch Niederschlagswasser nicht entstehen. Unter Niederschlagswasser im Sinne dieser Vorschrift ist Regen- und Schneewasser zu verstehen, nicht aber z. B. Grundwasser, Sicker- und Abwasser, Leitungs- und Bauwasser.

Der Auftragnehmer im Trockenbau muss entsprechende Schutzmaßnahmen gegen Niederschlagswasser, mit dem man im Innenausbau normalerweise nicht rechnet, auch nicht als Nebenleistung einkalkulieren. Stattdessen wird in Abschnitt 3.1.2 der ATV DIN 18340 geregelt, dass bei ungeeigneten klimatischen Bedingungen in Abstimmung mit dem Auftraggeber besondere Maßnahmen zu ergreifen sind, die gemäß ATV DIN 18340, Abschnitt 4.2.4 als Besondere Leistungen gelten, soweit sie vom Auftragnehmer zu erbringen sind. Wichtig ist in diesem Zusammenhang, nach ATV DIN 18340 Abschnitt 3.1.1 sowie VOB/B § 4 Nr. 3 umgehend Bedenken anzumelden.

Wird die Leistung des Auftragnehmers noch vor der Abnahme infolge von Wasser aus Niederschlag beschädigt, so behält er unter der Voraussetzung von VOB/B § 7 Nr. 1 seinen Anspruch auf die Vergütung für die bisher erbrachten Leistungen.

4.1.11 Entsorgen von Abfall aus dem Bereich des Auftragnehmers sowie Beseitigen der Verunreinigungen, die von den Arbeiten des Auftragnehmers herrühren.

4.1.12 Entsorgen von Abfall aus dem Bereich des Auftraggebers bis zu einer Menge von 1 m^3, soweit der Abfall nicht schadstoffbelastet ist.

Für jedes Gewerk am Bau sollte es eigentlich selbstverständlich sein, den eigenen Bauschutt nach Fertigstellung der Arbeiten zu entfernen. Dementsprechend gilt bei der Entsorgung von Bauabfällen bzw. Beseitigung von Verunreinigungen auch grundsätzlich das Verursacherprinzip, mit einer Ausnahme: Eine „Kleinmenge“ von bis zu 1 m^3 unbelasteten Abfall aus dem Bereich des Auftraggebers muss der Auftragnehmer ohne besondere Vergütung mit entsorgen. In der Regel handelt es sich dabei um Bauschutt, der aus Demontage-, Umbauarbeiten entsteht, z. B. beim Abschlagen von Putz, der Demontage von Trockenbaukonstruktionen, Ausbau von Estrichen, Entfernen von Fliesen o. a. Materialien. Nach ATV DIN 18299 Abschnitt 0.2.14 ist der Auftraggeber allerdings angehalten, bereits in der Leistungsbeschreibung Angaben über bauseits zu erwartende Abfälle und Entsorgungswege zu machen. Ist für die Abfallentsorgung in der Leistungsbeschreibung eine besondere Position vorgesehen, ist die entsorgungsbedürftige Gesamtmenge zu vergüten; es entfällt dann die Bagatellregelung von 1 m^3.

> Bei Trockenbauarbeiten entstehen in der Regel Verunreinigungen oder Abfälle nur durch Verpackungsmaterial bzw. Zuschnitte oder bei Spachtelarbeiten. Gewerbeüblich fallen deshalb in der Regel keine Schutzmaßnahmen an, weshalb auch in den Abschnitten 4.1 ff. der ATV DIN 18340 auf die Beschreibung als Nebenleistung zu erbringender Schutzmaßnahmen verzichtet wurde. Der Schutz von Bau- und Anlagenteilen sowie Einrichtungsgegenständen wurde ausschließlich als Besondere Leistung gemäß Abschnitt 4.2.5 ATV DIN 18340 definiert. Dies gilt auch für den Schutz der eigenen Leistung, der für den Trockenbauunternehmer zumeist unmöglich oder nur mit erheblichem Aufwand erfüllt werden kann. In den meisten Fällen könnte ein wirksamer Schutz nur durch Absperren bzw. Verschließen ganzer Arbeitsbereiche gewährleistet werden. Denn nur so wäre ein unkontrollierter Zugang zu vermeiden.

Von anderen Gewerken zurückgelassener Bauschutt/Abfall sollte für den Auftragnehmer der Trockenbauleistung Anlass sein, Bedenken (hinsichtlich der Vorleistung) nach VOB/B § 4 Nr. 3 beim Auftraggeber anzumelden. Nicht selten produzieren aber auch nachfolgende Gewerke, die ihre Bauleistung nach Fertigstellung des Trockenbaus auszuführen haben, im Zuge der eigenen Leistungserstellung Schäden und dadurch Bauschutt bzw. Verunreinigungen an den bereits fertigen Trockenbaukonstruktionen, z. B. im Zuge der nachträglichen Verlegung von Anschlüssen, Leitungssträngen und dergleichen. Dadurch entstehender Bauschutt bzw. Verunreinigungen rühren nicht von den Arbeiten des Trockenbauers her. Ihre Beseitigung (im Rahmen der Kleinmengenregelung) ist deshalb für den Trockenbauer wie auch die Reparatur der Beschädigungen keine vertragliche Nebenleistung, sondern eine zusätzliche Leistung, die gesondert vergütet werden muss.

4.2 Besondere Leistungen

Besondere Leistungen sind Leistungen, die nicht Nebenleistungen nach Abschnitt 4.1 sind und nur dann zur vertraglichen Leistung gehören, wenn sie in der Leistungsbeschreibung besonders erwähnt sind.

Der Vorspann zu diesem Abschnitt macht deutlich: Bei den nachfolgend genannten „Besonderen Leistungen" – sowohl in der ATV DIN 18299 als auch der ATV DIN 18340 – handelt es sich nur um Beispiele „Besonderer Leistungen". Die Liste kann und darf demzufolge sinngemäß jederzeit ergänzt werden.

Die Formulierung „... Leistungen, die nicht Nebenleistungen gemäß Abschnitt 4.1 sind ..." weist zudem darauf hin, dass Leistungen, die nicht als Nebenleistungen im Abschnitt 4.1 der ATV DIN 18299 und ATV DIN 18340 beschrieben sind, nur Besondere Leistungen sein können (siehe dazu auch Kommentar zu Abschnitt 4.1 der ATV DIN 18299).

Besondere Leistungen sind gesondert zu vergüten. Sie sollten bestenfalls bereits als Hauptleistungen mit separater Position (Ordnungsziffer) im Leistungsverzeichnis aufgeführt und dabei so eindeutig und erschöpfend beschrieben sein, dass sie klar kalkulierbar sind. Ist dies nicht der Fall, so sind Bedenken und ggf. Nachträge im Baufortschritt vorprogrammiert. Die Bedenken sind gemäß § 4 Nr. VOB/B dem Auftraggeber umgehend schriftlich mitzuteilen. (Siehe hierzu auch die Kommentierung der Abschnitte 3.1.1 sowie 4.2 der ATV DIN 18340.)

Besondere Leistungen sind z. B.

4.2.1 Maßnahmen nach den Abschnitten 3.1 und 3.3

Erkundungsmaßnahmen für die Lage von Anlagen gemäß ATV DIN 18299 Abschnitt 3.1 sowie alle nach ATV DIN 18299 Abschnitt 3.3 notwendigen Maßnahmen im Zusammenhang mit angetroffenen Schadstoffen sind Besondere Leistungen (siehe auch Kommentare zu den korrespondierenden Abschnitten der ATV DIN 18299).

4.2.2 Beaufsichtigen der Leistungen anderer Unternehmer

Die Beaufsichtigung von Leistungen anderer auf der Baustelle tätiger Unternehmer und deren Koordinierung obliegen grundsätzlich dem Auftraggeber. Ohne besondere vertragliche Vereinbarung hat der Auftragnehmer der Trockenbauarbeiten nur die Durchführung seiner Leistung zu beaufsichtigen und zu überwachen. Dies folgt aus der Regelung in VOB/B § 4 Nr. 2 Abs. 1, wonach der Auftragnehmer „die Leistung unter eigener Verantwortung nach dem Vertrag auszuführen" hat. Zur Eigenverantwortlichkeit der Leistungserbringung gehört nach VOB/B § 4 Nr. 3 auch die Verpflichtung des Auftragnehmers, Bedenken gegen die Leistungen anderer Unternehmer gegenüber dem Auftraggeber unverzüglich schriftlich anzumelden.

Verlangt der Auftraggeber vom Auftragnehmer nach VOB/B § 1 Nr. 4, dass dieser Leistungen anderer Unternehmer beaufsichtigt, so hat der Auftraggeber diese zusätzliche Leistung gesondert zu vergüten.

Dies gilt jedoch nicht für den Fall, dass der Auftragnehmer der Trockenbauarbeiten seine Leistung ganz oder teilweise von einem Nachunternehmer (Subunternehmer) ausführen lässt. Der Subunternehmer ist nämlich in diesem Fall Erfüllungsgehilfe des Trockenbauauftragnehmers mit der rechtlichen Folge, dass der Auftragnehmer für die Leistung seines Subunternehmers gegenüber dem Auftraggeber einzustehen und deshalb diese wie eigene Leistungen zu beaufsichtigen und zu überwachen hat.

4.2.3 Erfüllen von Aufgaben des Auftraggebers (Bauherrn) hinsichtlich der Planung der Ausführung des Bauvorhabens oder der Koordinierung gemäß Baustellenverordnung

Sinngemäß gilt Abschnitt 4.2.2 der ATV DIN 18299 auch für Planungs- und Koordinierungsleistungen im Zusammenhang mit der Baustellenverordnung (siehe dazu auch Kommentar zur ATV DIN 18299 Abschnitt 0.1.16). Alle aus der Baustellenverordnung resultierenden Aufgaben obliegen grundsätzlich dem Bauherrn (Auftraggeber). Übertragt dieser die Wahrnehmung auf den Auftragnehmer der Trockenbauleistungen, stellt dies eine Besondere – unter Umständen sehr umfängliche – Leistung dar, die gesondert zu vergüten ist.

4.2.4 Sicherungsmaßnahmen zur Unfallverhütung für Leistungen anderer Unternehmer

Im Gegensatz zu den gemäß ATV DIN 18299 Abschnitt 4.1.4 als Nebenleistung zu erbringenden Schutz- und Sicherungsmaßnahmen für die im eigenen Leistungsbereich tätigen Arbeitnehmer handelt es sich bei entsprechenden Maßnahmen für andere Gewerke grundsätzlich um Besondere Leistungen. Dies gilt z. B. bei der Überlassung und/oder dem Umbau der eigenen Arbeitsgerüste für Leistungen des Malers oder Installateurs. Entsprechende Angaben werden gemäß Abschnitt 0.2.17 der ATV DIN 18299 schon in der Leistungsbeschreibung vom Auftraggeber verlangt.

4.2.5 Besondere Schutz- und Sicherheitsmaßnahmen bei Arbeiten in kontaminierten Bereichen, z. B. messtechnische Überwachung, spezifische Zusatzgeräte für Baumaschinen und Anlagen, abgeschottete Arbeitsbereiche

Gemäß ATV DIN 18299 Abschnitt 0.2.3 ist der Auftraggeber angehalten, entsprechende Leistungen bereits in der Leistungsbeschreibung anzufordern und genau zu spezifizieren, da die Realisierung im Allgemeinen weder kurzfristig noch jedem potenziellen Auftragnehmer überhaupt möglich sein dürfte.

4.2.6 Besondere Schutzmaßnahmen gegen Witterungsschäden, Hochwasser und Grundwasser, ausgenommen Leistungen nach Abschnitt 4.1.10

Im Allgemeinen kann der Auftragnehmer der Trockenbauleistung davon ausgehen, dass sein Arbeitsbereich im Inneren des Gebäudes zum Zeitpunkt der geforderten Leistungserstellung bereits ausreichend gegen alle negativen bauklimatischen Bedingungen geschützt ist. Grundsätzlich notwendige Schutzmaßnahmen, die ggf. als Nebenleistung einzukalkulieren wären, sind im Akustik- und Trockenbau nicht üblich, weshalb auch auf eine entsprechende Regelung im Abschnitt 4.1 der ATV DIN 18340 verzichtet wurde.

Sind diesbezüglich jedoch Maßnahmen vom Auftragnehmer zu treffen (wie z. B. Abdichten von Bauöffnungen, Einsetzen von Notfenstern, Beheizen der Räume, in denen Trockenbauarbeiten durchgeführt oder fertige Leistungen geschützt werden sollen), so sind dies immer Besondere Leistungen, die auch gesondert vergütet werden müssen. Nach Abschnitt 4.2.4 der ATV DIN 18340 umfasst dies grundsätzlich den Schutz gegen alle nachteiligen klimatischen Bedingungen.

Sind diese Voraussetzungen bauseits nicht gegeben, ist der Auftragnehmer gemäß ATV DIN 18340 Abschnitt 3.1.1 bzw. VOB/B § 4 Nr. 3 angehalten, Bedenken anzumelden.

4.2.7 Versicherung der Leistung bis zur Abnahme zugunsten des Auftraggebers oder Versicherung eines außergewöhnlichen Haftpflichtwagnisses

Gemeint ist hier in erster Linie der Abschluss von Versicherungen, z. B. gegen unvorhersehbare Beschädigungen der Leistung bzw. zur

Erfüllung der Verpflichtungen des Auftragnehmers im Falle seines Unvermögens oder der Absicherung besonderer Haftungsrisiken (z. B. bei der Ausführung neuer, noch nicht ausreichend erprobter Bauweisen), die nicht von der allgemeinen Betriebshaftpflicht des Auftragnehmers abgedeckt werden. Weder das gesetzliche Werkvertragsrecht der §§ 631 ff. BGB, noch die Bestimmungen der VOB/B sehen den Abschluss solcher Versicherungen vor. Verlangt der Auftraggeber dies dennoch, so hat er diese Leistung besonders zu vergüten.

4.2.8 Besondere Prüfung von Stoffen und Bauteilen, die der Auftraggeber liefert

Im Rahmen seiner Fachkenntnis wird vom Auftragnehmer (als Nebenleistung) regelmäßig verlangt, dass er Stoffe oder Bauteile aus dem Bereich des Auftraggebers einer allgemeinen Prüfung unterzieht (durch Inaugenscheinnahme z. B. hinsichtlich Menge, Eignung, Qualität, Prüfzeichen auf der Verpackung).

Hier liegt die Betonung dagegen auf besondere Prüfung, die mitunter ein sehr aufwändiges Verfahren darstellen kann (z. B. bei fehlendem Prüfzeichen, Notwendigkeit zur Laborprüfung, Hinzuziehung externer Sachverständiger bzw. von Spezialgerät). Solche Prüfungen stellen besondere, gesondert zu vergütende Leistungen dar, die gemäß ATV DIN 18299 Abschnitt 0.2.15 auch schon in der Leistungsbeschreibung gefordert sein sollten.

Hat der Auftragnehmer Bedenken gegen die Güte der vom Auftraggeber gelieferten Stoffe oder Bauteile, so muss er nach VOB/B § 4 Nr. 3 diese Bedenken dem Auftraggeber unverzüglich schriftlich mitteilen und erforderlichenfalls die Annahme verweigern. Ordnet der Auftraggeber dennoch an, dass trotz der Bedenken die bauseits gestellten Stoffe und Bauteile zur Verarbeitung kommen müssen, so wird dadurch der Auftragnehmer von der Gewährleistung für die Eignung und Güte dieser Stoffe befreit.

Während die Prüfung der bauseits gestellten Stoffe im Rahmen des im Gewerbe am Ort üblichen Umfangs eine Nebenleistung ist, sind besondere Kosten verursachende (z. B. chemische) Prüfungen eine Besondere Leistung, deren Kosten stets der Auftraggeber zu übernehmen hat.

4.2.9 Aufstellen, Vorhalten, Betreiben und Beseitigen von Einrichtungen zur Sicherung und Aufrechterhaltung des Verkehrs auf der Baustelle, z. B. Bauzäune, Schutzgerüste, Hilfsbauwerke, Beleuchtungen, Leiteinrichtungen

4.2.10 Aufstellen, Vorhalten, Betreiben und Beseitigen von Einrichtungen außerhalb der Baustelle zur Umleitung, Regelung und Sicherung des öffentlichen und Anliegerverkehrs sowie das Einholen der hierfür erforderlichen verkehrsrechtlichen Genehmigungen und Anordnungen nach der StVO

Die beiden Abschnitte richten sich in erster Linie an General- bzw. Hauptunternehmer für Rohbauleistungen. Werden dennoch Sicherungsmaßnahmen vom Auftragnehmer der Trockenbauleistungen verlangt, z. B. Absperrung von Gehwegen, Straßenbereichen im Bereich von Anlieferstellen und Baustellenausfahrten oder zur Aufstellung von eigenen Materialaufzügen, dann sind alle damit verbundenen Aufwendungen für das Einholen behördlicher Genehmigungen, die Einrichtung, den Betrieb und die Kontrolle Besondere Leistungen.

4.2.11 Bereitstellen von Teilen der Baustelleneinrichtung für andere Unternehmer oder den Auftraggeber

Im Allgemeinen wird der Auftragnehmer von Trockenbauleistungen kaum in die Situation kommen, seine – gemäß ATV DIN 18299 Abschnitt 4.1.1 für eigene Zwecke als Nebenleistung angelegte – Baustelleneinrichtung anderen auf der Baustelle tätigen Gewerken gänzlich oder in Teilen zur Verfügung zu stellen. Sollte dies dennoch der Fall sein, so stellt die Bereitstellung eine Besondere Leistung dar, bei der u. a. auch verlängerte Vorhaltekosten eine Rolle spielen können. Erforderliche Änderungen und/oder Ergänzungen zum Zwecke der Weiternutzung durch andere Unternehmer sind darüber hinaus als zusätzliche Leistung anzusehen.

4.2.12 Besondere Maßnahmen aus Gründen des Umweltschutzes sowie der Landes- und Denkmalpflege

Besondere Maßnahmen dieser Art können notwendig werden aufgrund gesetzlicher Bestimmungen oder behördlicher Auflagen im Einzelfall. Hierauf sollte der Auftraggeber gemäß den Abschnitten 0.1.11–0.1.14 der ATV DIN 18299 bereits in der Leistungsbeschreibung hinweisen.

4.2.13 Entsorgen von Abfall über die Leistungen nach den Abschnitten 4.1.11 und 4.1.12 hinaus

Öfters kommt es vor, das der Auftraggeber den Trockenbauunternehmer bzw. auf der Baustelle dessen Arbeitnehmer direkt auffordert, den Schutt anderer – ggf. momentan nicht anwesender

Gewerke – mit zu entfernen. Die Abschnitte 4.1.11 sowie 4.1.12 der ATV DIN 18299 beziehen sich jedoch konkret nur auf den eigenen bzw. den Abfall aus dem Bereich des Auftraggebers und nicht den Abfall „Dritter"!

Die Entsorgung von Abfällen „Dritter", also auch anderer Gewerke, stellt deshalb genauso wie die Entsorgung von schadstoffbelasteten Abfällen grundsätzlich eine Besondere Leistung dar, die vorher explizit – z. B. auf Stundenlohnbasis – beauftragt werden muss. Der Auftraggeber ist gut beraten, immer zuerst den Verursacher aufzufordern, seinen Schutt im Rahmen der Nebenleistungspflichten nach Abschnitt 4.1.11 zu entfernen.

Handelt es sich um nicht schadstoffbelastete Abfälle aus dem Bereich des Auftraggebers, d. h. Abfälle, die tatsächlich dem Auftraggeber gehören bzw. direkt seiner eigenen Leistung (z. B. bei einem Hauptunternehmer als Auftraggeber) zugeordnet werden können, so muss der Auftraggeber den beim Auftragnehmer entstehenden Entsorgungsaufwand erst als Besondere Leistung vergüten, wenn die Menge in der Summe 1 m^3 überschreitet (frühere Entsorgungsleistungen im Bauverlauf eingerechnet).

4.2.14 Besonderer Schutz der Leistung, der vom Auftraggeber für eine vorzeitige Benutzung verlangt wird, seine Unterhaltung und spätere Beseitigung

Gemäß VOB/B § 4 Nr. 5 sowie §§ 644, 645 BGB hat der Auftragnehmer seine Leistung bis zur Abnahme vor „Beschädigung und Diebstahl" zu schützen. In der Baupraxis stellt dies oft ein Problem dar, wenn z. B. Folgegewerke – z. B. Maler, Fliesenleger, Installateure – nicht mit der gebotenen Sorgfalt an bzw. neben den an sich fertigen Leistungen des Trockenbauers weiterarbeiten. Bei zunehmend baubegleitender Planung und späteren Ausbauten nach Mieter- bzw. Nutzerwünschen ist eine „vorzeitige Benutzung" (vor Abnahme) der Trockenbauleistung in vielen Fällen üblich. Dabei entstehender Termindruck erhöht noch die Gefahr, dass – beispielsweise bei nachträglichen Wandinstallationen, Malerarbeiten – Schäden an der Trockenbauleistung entstehen.

In der Regel hat der Auftragnehmer der Trockenbauleistung dabei weder auf die Koordination der Bauarbeiten parallel laufender bzw. nachfolgender Gewerke, noch auf deren Gestaltung der Bauabläufe Einfluss. Eine frühzeitige (Teil-)Abnahme der bereits fertigen Leistungsbereiche gemäß VOB/B § 12 ist deshalb anzustreben. Andernfalls sollte der Auftragnehmer Bedenken anmelden und dem Auftraggeber ggf. eine Versicherung der eingebauten

Leistung gemäß § 7 VOB/B und ATV DIN 18299 Abschnitt 4.2.7 und/oder (soweit überhaupt möglich) besondere Schutzmaßnahmen gemäß ATV DIN 18299 Abschnitt 4.2.14 bzw. ATV DIN 18340 Abschnitt 4.2.5 anbieten, z. B. zum Schutz von Türblättern, Staubschutz fertiger Oberflächen bzw. Lichtschutz noch nicht endbeschichteten Gipsplattenoberflächen (Flächen, die längere Zeit ungeschützt waren, können durch Lichteinfall vergilben oder durch Restfeuchte im Material ausbleichen. In solchen Fällen müssen die entsprechenden Bereiche mit einem gesonderten Absperrmittel und dergleichen überstrichen werden.). Sollten dennoch nachträglich erneut Arbeiten erforderlich sein, können diese nach vorheriger Absprache als Besondere Leistung gesondert abgerechnet werden (u. a. gemäß ATV DIN 18340 Abschnitte 4.2.16 bzw. 4.2.19).

4.2.15 Beseitigen von Hindernissen

Kann der Auftragnehmer mit der Ausführung der ihm übertragenen Trockenbauarbeiten nur beginnen, wenn er zuvor Hindernisse, Leitungen und dergleichen beseitigt, so hat ihm der Auftraggeber die hierdurch anfallenden Kosten gesondert zu vergüten. Dies trifft z. B. zu, wenn die Baustelle nicht angefahren werden kann, weil noch offene Leitungsgräben durch besondere Maßnahmen zu überbrücken sind, damit Maschinen und Baustoffe angeliefert bzw. herbeigeschafft werden können. Soweit möglich, sollte der Auftraggeber gemäß ATV DIN 18299 Abschnitt 0.1.16 dazu bereits konkrete Hinweise in die Leistungsbeschreibung aufnehmen. Anders verhält es sich, wenn vor- oder parallel laufende Gewerke ihr Material so lagern, dass der eigene Baufortschritt behindert wird. Dies betrifft auch die Lagerung von Bauschutt (siehe Kommentare zu ATV DIN 18299, Abschnitte 4.1.12, 4.2.13).

Eine frühzeitige Begehung der künftigen Arbeitsbereiche ist in jedem Fall für die rechtzeitige (schon vor Beginn der Arbeiten) Bedenkenmitteilung an den Auftraggeber gemäß VOB/B § 4 Nr. 3 unumgänglich, denn Letzterer muss die Möglichkeit haben, einen Verursacher unter Fristsetzung zur Beseitigung anzuhalten bzw. die Beseitigung als Besondere Leistung zu beauftragen.

4.2.16 Zusätzliche Maßnahmen für die Weiterarbeit bei Frost und Schnee, soweit sie dem Auftragnehmer nicht ohnehin obliegen

Trockenbauarbeiten bedürfen bestimmter Rahmenbedingungen, insbesondere hinsichtlich Temperatur und Feuchte. Im Innenausbau ist davon auszugehen, das ausreichender Schutz vor entsprechenden Witterungseinflüssen bauseits gegeben ist. Diesbezüglich sei auch auf ATV DIN 18299 Abschnitt 4.2.6 und ATV DIN 18340 Abschnitt 4.2.4 sowie zugehörige Kommentierungen verwiesen.

Bei Trockenbaumaßnahmen im Außenbereich, z. B. der Herstellung von Unterdecken unter Vordächern, muss der Auftragnehmer mit einer der Jahreszeit entsprechenden Witterung jedoch rechnen. Er kann sich dann nicht darauf berufen, in der Ausführung seiner Arbeiten witterungsbedingt behindert zu sein. In VOB/B § 6 Nr. 2 Abs. 2 ist nämlich bestimmt: *„Witterungseinflüsse während der Ausführungszeit, mit denen bei Abgabe des Angebots normalerweise gerechnet werden muss, gelten nicht als Behinderung."*

Zusätzliche Maßnahmen, die eine Weiterarbeit ermöglichen, sind nur bei extremen Witterungsbedingungen als Besondere Leistungen zu berechnen. Frost und Schnee werden hier explizit genannt, jedoch können z. B. auch extreme Windverhältnisse zusätzliche Maßnahmen bzw. Unterbrechungen und Fristverlängerungen begründen. Zwar sind geschlossene Unterdecken im Freien für die Aufnahme von Winddruck- und Sogbeanspruchung zu bemessen, jedoch gilt dies nicht für die noch nicht fertig gestellten Bauzustände dieser Konstruktionen.

4.2.17 Besondere Maßnahmen zum Schutz und zur Sicherung gefährdeter baulicher Anlagen und benachbarter Grundstücke

Hierbei handelt es sich nicht um den besonderen Schutz der eigenen Leistung (siehe ATV DIN 18299 Abschnitt 4.2.14 bzw. ATV DIN 18340 Abschnitt 4.2.5), sondern den Schutz von bereits vorhandenen baulichen Anlagen und benachbarten Grundstücken Dritter (beispielsweise Schutz vorhandener Fundamente bei Gründungsarbeiten). In der Regel dürfte ein Auftragnehmer im Innenausbau davon nicht betroffen sein.

Vorstellbar wäre allenfalls, dass vorübergehend das angrenzende Grundstück, z. B. für den Materialtransport, in Anspruch genommen werden muss. Dabei ist es Sache des Auftraggebers, die Zustimmung des Grundstücksnachbarn zur vorübergehenden Inanspruchnahme seines Grundstückes herbeizuführen. Aus der Duldungspflicht, die insoweit in aller Regel den Grundstücksnachbarn trifft, leitet sich aber auch dessen Recht ab, dass ihm jedweder Schaden, der durch die Inanspruchnahme seines Grundstückes entsteht, ersetzt wird. Werden diesbezüglich Schutzmaßnahmen seitens des Auftragnehmers der Trockenbauleistungen erforderlich, so hat dieser, wenn hierfür Positionen in der Leistungsbeschreibung nicht vorgesehen sind, den Anspruch gemäß VOB/B § 2 Nr. 6 vor Ausführung der Leistung dem Auftraggeber anzukündigen.

4.2.18 Sichern von Leitungen, Kabeln, Dränen, Kanälen, Grenzsteinen, Bäumen, Pflanzen und dergleichen

Muss der Auftragnehmer Leitungen im Bereich der Baustelle sichern, so sind die hierfür erforderlichen Maßnahmen als zusätzliche Leistungen gesondert zu vergüten. Bereits deren Erkundung ist nach ATV DIN 18299 Abschnitt 4.2.1 eine Besondere Leistung. In der Regel dürfte ein Auftragnehmer im Innenausbau davon nicht betroffen sein.

5 Abrechnung

Die Leistung ist aus Zeichnungen zu ermitteln, soweit die ausgeführte Leistung diesen Zeichnungen entspricht. Sind solche Zeichnungen nicht vorhanden, ist die Leistung aufzumessen.

Dieser Grundregel haben sich die spezielleren Abrechnungsregeln der ATV DIN 18340 – im Gegensatz zu den früher üblichen Abrechnungsvorgaben der ATV DIN 18350 – erheblich angenähert. Soweit die ausgeführte Leistung den Zeichnungen entspricht, kann in der Praxis auch weiterhin auf ein örtliches Aufmaß verzichtet werden. Die Aufmaßfeststellung ist ansonsten möglichst gemeinsam und zeitnah nach Fertigstellung der Leistung zu treffen. Letzteres gilt insbesondere für später nicht mehr zugängliche Teile der Leistung. Generell sind dem Aufmaß und der Abrechnung der ausgeführten Leistungen die Abrechnungsregeln der ATV DIN 18340 zugrunde zu legen, wenn keine anderen Regelungen vertraglich vereinbart wurden.

Einführung in die ATV DIN 18340 „Trockenbauarbeiten"

Nicht zuletzt aufgrund der sehr rasanten Weiterentwicklung seiner Bausysteme und Baustoffe hat sich der schnelle, flexible und vergleichsweise kostengünstige Akustik- und Trockenbau in den letzten Jahren immer mehr als maßgebliche Bauweise im modernen Innenausbau etablieren können. Entsprechend dynamisch gefasst wurde auch der Geltungsbereich der ATV DIN 18340 „Trockenbauarbeiten", denn sie *„gilt für Raum bildende Bauteile des Ausbaus, die in trockener Bauweise hergestellt werden"*.

Neben umfangreichen Hinweisen als Checkliste zur Ausschreibung wurden mit der neuen ATV DIN 18340 „Trockenbauarbeiten" erstmals auch für alle Bereiche des Trockenbaus unterschiedliche Ausführungsvarianten und -qualitäten in ihrem jeweiligen Standard definiert, an dem sich Planer und Ausführende künftig orientieren können. Besondere Aufmerksamkeit wurde dabei unter anderem bauklimatischen Bedingungen, Oberflächenqualitäten flächiger Bauteile sowie der Ausbildung von Fugen und Anschlüssen gewidmet.

Hinsichtlich der Nebenleistungen und der Besonderen Leistungen im Abschnitt 4 wurden insbesondere die zusätzlichen Leistungen mit insgesamt 37 Regelungspunkten so konkret gefasst wie in fast keiner anderen ATV. Neben der Zuordnung von zahlreichen Einzel- und Teilleistungen, unter anderem der Definition von Kleinflächen, wurden z. B. auch Schutzmaßnahmen, Arbeitsunterbrechungen bzw. nachträgliche Arbeiten grundsätzlich beschrieben.

Wesentliche Regelungspunkte enthält der gesamte Abschnitt 5 „Abrechnung". Entscheidend ist, dass nach diversen früheren Unklarheiten und unterschiedlichen Festlegungen in den verschiedenen ATV gerade in Bezug auf die bisher zum Teil zugrunde gelegten Rohbaumaße nunmehr – wo sinnvoll – auch die Maße der fertigen Flächen für die Abrechnung von flächenhaften Trockenbausystemen gelten. Gleichzeitig wurden auch die Übermessungsregeln konkretisiert.

Insgesamt wurde für den gesamten Ausbaubereich durch die wegweisende Systemänderung in der Leistungsabrechnung ein beispielhafter Durchbruch erreicht.

Im Ergebnis wird mit der ATV DIN 18340 „Trockenbauarbeiten" für Auftraggeber und Auftragnehmer eine ausgewogene technische Vertragsgrundlage präsentiert, die den komplexen Charakter dieses so wichtigen Leitgewerkes für den modernen Innenausbau angemessen würdigt. Dazu gegebenenfalls noch offene Auslegungsfragen werden in nachfolgender Kommentierung intensiv behandelt und geregelt.

In diesem Zusammenhang sei jedoch nochmals auch auf die ATV DIN 18299 und ihre zugehörige Kommentierung verwiesen, die für alle am Trockenbau Beteiligten wichtige ergänzende Regelungen zu Nebenleistungen und Besonderen Leistungen zur ATV DIN 18340 enthält.

Dies gilt insbesondere für die Bereiche

- Baustelleneinrichtung
- Fragen der Baustellenlogistik
- Fragen der Gewerkekoordinierung
- Vorleistungen, Arbeitsunterbrechungen
- Beibringung, Lagerung und Entsorgung von Bau- und Abfallstoffen
- Schutz- und Arbeitssicherheitsmaßnahmen
- Nutzung von Strom, Wasser und sonstigen gemeinsamen Einrichtungen.

April 2010

DIN 18340

ICS 91.010.20; 91.180

Ersatz für
DIN 18340:2006-10

VOB Vergabe- und Vertragsordnung für Bauleistungen – Teil C: Allgemeine Technische Vertragsbedingungen für Bauleistungen (ATV) – Trockenbauarbeiten

German construction contract procedures (VOB) –
Part C: General technical specifications in construction contracts (ATV) –
Dry lining and partitioning work

Cahier des charges allemand pour des travaux de bâtiment (VOB) –
Partie C: Clauses techniques générales pour l'exécution des travaux de bâtiment (ATV) –
Travaux de construction à sec

Gesamtumfang 23 Seiten

Normenausschuss Bauwesen (NABau) im DIN

DIN 18340

Vorwort

Diese Norm wurde vom Deutschen Vergabe- und Vertragsausschuss für Bauleistungen (DVA) aufgestellt.

Änderungen

Gegenüber DIN 18340:2006-10 wurden folgende Änderungen vorgenommen:

a) Das Dokument wurde zur Anpassung an die Entwicklung des Baugeschehens fachtechnisch überarbeitet.

b) Die Normenverweise wurden aktualisiert — Stand 2009-12.

Frühere Ausgaben

DIN 18340: 2005-01, 2006-10

Normative Verweisungen

Die folgenden zitierten Dokumente sind für die Anwendung dieses Dokuments erforderlich. Bei datierten Verweisungen gilt nur die in Bezug genommene Ausgabe. Bei undatierten Verweisungen gilt die letzte Ausgabe des in Bezug genommenen Dokuments (einschließlich aller Änderungen).

DIN 1960, *VOB Vergabe- und Vertragsordnung für Bauleistungen — Teil A: Allgemeine Bestimmungen für die Vergabe von Bauleistungen*

DIN 1961, *VOB Vergabe- und Vertragsordnung für Bauleistungen — Teil B: Allgemeine Vertragsbedingungen für die Ausführung von Bauleistungen*

Normen der Reihe
DIN 4102, *Brandverhalten von Baustoffen und Bauteilen*

DIN 4103-4, *Nichttragende innere Trennwände — Unterkonstruktion in Holzbauart*

DIN 4108-7, *Wärmeschutz und Energie-Einsparung in Gebäuden — Teil 7: Luftdichtheit von Gebäuden, Anforderungen, Planungs- und Ausführungsempfehlungen sowie -beispiele*

DIN 4108-10, *Wärmeschutz- und Energie-Einsparung in Gebäuden — Teil 10: Anwendungsbezogene Anforderungen an Wärmedämmstoffe — Werkmäßig hergestellte Wärmedämmstoffe*

DIN 4109, *Schallschutz im Hochbau — Anforderungen und Nachweise*

DIN 18101, *Türen — Türen für den Wohnungsbau — Türblattgrößen, Bandsitz und Schlosssitz — Gegenseitige Abhängigkeit der Maße*

Normen der Reihe
DIN 18111, *Türzargen — Stahlzargen*

DIN 18168-1, *Gipsplatten-Deckenbekleidungen und Unterdecken — Teil 1: Anforderungen an die Ausführung*

DIN 18168-2, *Gipsplatten-Deckenbekleidungen und Unterdecken — Teil 2: Nachweis der Tragfähigkeit von Unterkonstruktionen und Abhängern aus Metall*

DIN 18180, *Gipsplatten — Arten und Anforderungen*

DIN 18181, *Gipsplatten im Hochbau — Verarbeitung*

Normen der Reihe
DIN 18182, *Zubehör für die Verarbeitung von Gipsplatten*

DIN 18182-1, *Zubehör für die Verarbeitung von Gipsplatten — Teil 1: Profile aus Stahlblech*

DIN 18183-1, *Trennwände und Vorsatzschalen aus Gipsplatten mit Metallunterkonstruktionen — Teil 1: Beplankung mit Gipsplatten*

DIN 18184, *Gipsplatten-Verbundelemente mit Polystyrol- oder Polyurethan-Hartschaum als Dämmstoff*

DIN 18202, *Toleranzen im Hochbau — Bauwerke*

DIN 18203-1, *Toleranzen im Hochbau — Teil 1: Vorgefertigte Teile aus Beton, Stahlbeton und Spannbeton*

DIN 18203-2, *Toleranzen im Hochbau — Teil 2: Vorgefertigte Teile aus Stahl*

DIN 18203-3, *Toleranzen im Hochbau — Teil 3: Bauteile aus Holz und Holzwerkstoffen*

DIN 18299, *VOB Vergabe- und Vertragsordnung für Bauleistungen — Teil C: Allgemeine Technische Vertragsbedingungen für Bauleistungen (ATV) — Allgemeine Regelungen für Bauarbeiten jeder Art*

DIN 18344, *VOB Vergabe- und Vertragsordnung für Bauleistungen — Teil C: Allgemeine Technische Vertragsbedingungen für Bauleistungen (ATV) — Zimmer- und Holzbauarbeiten*

DIN 18350, *VOB Vergabe- und Vertragsordnung für Bauleistungen — Teil C: Allgemeine Technische Vertragsbedingungen für Bauleistungen (ATV) — Putz- und Stuckarbeiten*

DIN 18353, *VOB Vergabe- und Vertragsordnung für Bauleistungen — Teil C: Allgemeine Technische Vertragsbedingungen für Bauleistungen (ATV) — Estricharbeiten*

DIN 18355, *VOB Vergabe- und Vertragsordnung für Bauleistungen — Teil C: Allgemeine Technische Vertragsbedingungen für Bauleistungen (ATV) — Tischlerarbeiten*

DIN 18360, *VOB Vergabe- und Vertragsordnung für Bauleistungen — Teil C: Allgemeine Technische Vertragsbedingungen für Bauleistungen (ATV) — Metallbauarbeiten*

DIN 18365, *VOB Vergabe- und Vertragsordnung für Bauleistungen — Teil C: Allgemeine Technische Vertragsbedingungen für Bauleistungen (ATV) — Bodenbelagarbeiten*

DIN 55928-8, *Korrosionsschutz von Stahlbauten durch Beschichtungen und Überzüge — Teil 8: Korrosionsschutz von tragenden dünnwandigen Bauteilen*

Normen der Reihe
DIN 68706, *Innentüren aus Holz und Holzwerkstoffen*

Normen der Reihe
DIN EN 438, *Dekorative Hochdruck-Schichtpressstoffplatten (HPL) — Platten auf Basis härtbarer Harze (Schichtpressstoffe)*

DIN EN 520, *Gipsplatten — Begriffe, Anforderungen und Prüfverfahren*

DIN EN 12431, *Wärmedämmstoffe für das Bauwesen — Bestimmung der Dicke von Dämmstoffen unter schwimmendem Estrich*

DIN EN 12825, *Doppelböden*

DIN EN 13162, *Wärmedämmstoffe für Gebäude — Werkmäßig hergestellte Produkte aus Mineralwolle (MW) — Spezifikation*

DIN EN 13163, *Wärmedämmstoffe für Gebäude — Werkmäßig hergestellte Produkte aus expandiertem Polystyrol (EPS) — Spezifikation*

DIN EN 13164, *Wärmedämmstoffe für Gebäude — Werkmäßig hergestellte Produkte aus extrudiertem Polystyrolschaum (XPS) — Spezifikation*

DIN EN 13168, *Wärmedämmstoffe für Gebäude — Werkmäßig hergestellte Produkte aus Holzwolle (WW) — Spezifikation*

DIN EN 13213, *Hohlböden*

DIN EN 13810-1, *Holzwerkstoffe — Schwimmend verlegte Fußböden — Teil 1: Leistungsspezifikationen und Anforderungen*

DIN EN 13813, *Estrichmörtel, Estrichmassen und Estriche — Estrichmörtel und Estrichmassen — Eigenschaften und Anforderungen*

DIN EN 13950, *Gips-Verbundplatten zur Wärme- und Schalldämmung — Begriffe, Anforderungen und Prüfverfahren*

DIN EN 13963, *Materialien für das Verspachteln von Gipsplatten-Fugen — Begriffe, Anforderungen und Prüfverfahren*

DIN EN 13964, *Unterdecken — Anforderungen und Prüfverfahren*

DIN EN 14190, *Gipsplattenprodukte aus der Weiterverarbeitung — Begriffe, Anforderungen und Prüfverfahren*

DIN EN 14195, *Metallprofile für Unterkonstruktionen von Gipsplattensystemen — Begriffe, Anforderungen und Prüfverfahren*

DIN EN 14322, *Holzwerkstoffe — Melaminbeschichtete Platten zur Verwendung im Innenbereich — Definition, Anforderungen und Klassifizierung*

DIN EN 14496, *Kleber auf Gipsbasis für Verbundplatten zur Wärme- und Schalldämmung und Gipsplatten — Begriffe, Anforderungen und Prüfverfahren*

DIN EN 14566, *Mechanische Befestigungselemente für Gipsplattensysteme — Begriffe, Anforderungen und Prüfverfahren*

Normen der Reihe
DIN EN 15283, *Faserverstärkte Gipsplatten — Begriffe, Anforderungen und Prüfverfahren*

DIN EN ISO 12944-5, *Beschichtungsstoffe — Korrosionsschutz von Stahlbauten durch Beschichtungssysteme — Teil 5: Beschichtungssysteme*

Inhalt

0 Hinweise für das Aufstellen der Leistungsbeschreibung

Diese Hinweise ergänzen die ATV DIN 18299 „Allgemeine Regelungen für Bauarbeiten jeder Art", Abschnitt 0. Die Beachtung dieser Hinweise ist Voraussetzung für eine ordnungsgemäße Leistungsbeschreibung gemäß § 7 VOB/A.

Die Hinweise werden nicht Vertragsbestandteil.

In der Leistungsbeschreibung sind nach den Erfordernissen des Einzelfalls insbesondere anzugeben:

0.1 Angaben zur Baustelle

Art, Lage, Maße und konstruktive Ausbildung sowie Termine des Auf- und Abbaus von bauseitigen Gerüsten.

0.2 Angaben zur Ausführung

0.2.1 *Anzahl, Art, Maße, Tragfähigkeit, Stoffe und Ausführung der Bauteile.*

0.2.2 *Gestaltung und Einteilung von Flächen. Raster- und Fugenausbildung. Besondere Verlegart.*

DIN 18340

0.2.3 *Maße, Sonderformate, Formen und Profile, z. B. Tafeln, Paneele, Kassetten. Oberflächenart, Struktur und Oberflächenbehandlung sowie Farben der Bauteile. Ausbildung der Kanten und Ecken.*

0.2.4 *Anzahl, Art, Lage, Maße und Beschaffenheit von Einzelflächen, von geneigten, gebogenen oder andersartig geformten Flächen sowie von Formteilen. Bekleidung besonderer Bauteile.*

0.2.5 *Anzahl, Art, Güte und Farbe der Befestigungselemente, z. B. Nägel, Klammern, Klipse, Niete, sichtbar oder nicht sichtbar, gestaltet mit oder ohne Abdeckkappen. Befestigung in Randbereichen. Ausführung der Befestigung der Bauteile.*

0.2.6 *Art, Ausführung und Maße von Trag- und Unterkonstruktionen, u. a. Abhänge- und Aufbauhöhen.*

0.2.7 *Art und Ausbildung der Verankerung der Trag- und Unterkonstruktionen, z. B. Dübel, Schrauben.*

0.2.8 *Art, Beschaffenheit und Festigkeit des Untergrundes, z. B. verputztes oder unverputztes Mauerwerk, Beton, Porenbeton, Hohlkörper- oder Holzbalkendecke, Verbundestrich, Estrich auf Trenn- oder Dämmstoffschicht mit oder ohne Fußbodenheizung, Hohlboden, Doppelboden.*

0.2.9 *Bauteilfertigung nach Ausführungsplan oder nach örtlichem Aufmaß.*

0.2.10 *Art, Maße und Ausbildung des Hinterlüftungsraumes sowie Abdeckung seiner Öffnungen.*

0.2.11 *Anzahl, Art, Lage, Maße und Ausbildung von herzustellenden oder zu schließenden Aussparungen, z. B. Öffnungen, Durchdringungen, Ausklinkungen, Nischen.*

0.2.12 *Vorleistungen anderer Unternehmer, insbesondere hinsichtlich der Ausführung der An- und Abschlüsse.*

0.2.13 *Art, Maße, Profilierung und Bodeneinstand von Zargen. Anschlagsart und Öffnungsrichtung der Türen, Art der Falzdichtungen und Dämpfungsmittel. Art der Türblätter, Beschläge und Verglasungen sowie Zeitpunkt der jeweiligen Montage.*

0.2.14 *Anzahl, Art, Lage, Maße und Massen von Installations- und Einbauteilen.*

0.2.15 *Anzahl, Art und Maße von Profilen, z. B. Kantenprofilen, An- und Abschlussprofilen, Umfassungsschienen.*

0.2.16 *Art und Länge der Verstärkungen für Einbauten, z. B. für Türzargen, Sanitärelemente.*

0.2.17 *Art, Lage, Maße und Ausbildung von Bewegungs-, Bauwerks- und Bauteilfugen.*

0.2.18 *Art und Farbe von Fugenabdichtungen, Fugenabdeckungen und Fugenhinterlegungen.*

0.2.19 *Anforderungen an den Brand-, Schall-, Wärme-, Feuchte- und Strahlenschutz sowie an die Luftdichtheit und elektrische Leitfähigkeit. Akustische sowie licht- und lüftungstechnische Anforderungen. Feuerwiderstandsklasse nach Normen der Reihe DIN 4102 „Brandverhalten von Baustoffen und Bauteilen“.*

0.2.20 Anzahl, Art, Lage, Maße und Ausbildung von Abschlüssen und von Anschlüssen an angrenzende Bauteile, z. B. mit Anschlussprofilen, Trennfugen, Trennstreifen, luftdicht.

0.2.21 Art, Dicke, Beschaffenheit und physikalische Eigenschaften von Dämmstoffen, Dampfbremsen, Vliesen und dergleichen.

0.2.22 Art und Ausbildung bauseitiger Abdichtungen.

0.2.23 Besondere physikalische Eigenschaften der Stoffe.

0.2.24 Art, Ausbildung und Eigenschaften des Feuchte- und Korrosionsschutzes für Befestigungen, Unterkonstruktionen und Bekleidungen.

0.2.25 Besondere physikalische und chemische Beanspruchungen, denen Stoffe und Bauteile nach dem Einbau ausgesetzt sind, z. B. aggressive Dämpfe, Stoßbelastungen, Feuchte.

0.2.26 Art und Umfang der vom Auftragnehmer zu liefernden Verlege- oder Montagepläne, Stofflisten und sonstiger Dokumentationen.

0.2.27 Anzahl, Art und Maße von Mustern, z. B. Oberflächen- und Farbmustern, Musterflächen, Musterkonstruktionen von Modellen. Ort der Anbringung oder Aufstellung.

0.2.28 Grenzmuster für Farbe und Glanz endbehandelter Oberflächen und Oberbeläge.

0.2.29 Vorbehandeln des Untergrundes, z. B. Reinigen, Aufrauen, Aufpicken, Abschlagen von Altuntergründen, Auftragen von Haftbrücken, Grundierungen, Vorbehandeln stark saugender Untergründe.

0.2.30 Anzahl, Art, Maße sowie Zeitpunkt der Montage von vorgezogen oder nachträglich herzustellenden Teilflächen.

0.2.31 Art des Bodenbelags und der Verspachtelung sowie Art und Zeitpunkt der Oberflächenbehandlung, der Imprägnierung sowie des Aufbringens des Bodenbelags. Bodenaufbau im Übergangsbereich von unterschiedlichen Bodenflächen.

0.2.32 Besonderer Schutz der Leistungen, z. B. Verpackung, Kantenschutz, Abdeckungen, insbesondere bei fertigen und endbehandelten Oberflächen.

0.2.33 Schutz von Bau- oder Anlagenteilen, Einrichtungsgegenständen und dergleichen.

0.2.34 Besondere Maßnahmen zur Aufnahme von Bauwerksbewegungen und Durchbiegungen.

0.3 Einzelangaben bei Abweichung von den ATV

0.3.1 Wenn andere als die in dieser ATV vorgesehenen Regelungen getroffen werden sollen, sind diese in der Leistungsbeschreibung eindeutig und im Einzelnen anzugeben.

0.3.2 *Abweichende Regelungen können insbesondere in Betracht kommen, bei*

Abschnitt 3.1.3, *wenn andere als die dort aufgeführten Toleranzen gelten sollen,*

Abschnitt 3.3.7, *wenn andere als sichtbare Wandwinkel ausgeführt werden sollen,*

Abschnitt 3.4.1, *wenn Trennwände nicht mit Gipsplatten, sondern mit anderen Bekleidungen, z. B. Gipsfaserplatten, hergestellt werden sollen.*

0.4 Einzelangaben zu Nebenleistungen und Besonderen Leistungen

Keine ergänzende Regelung zur ATV DIN 18299, Abschnitt 0.4.

0.5 Abrechnungseinheiten

Im Leistungsverzeichnis sind die Abrechnungseinheiten wie folgt vorzusehen:

0.5.1 *Flächenmaß (m^2), getrennt nach Bauart und Maßen, für*

- *Reinigung und Vorbehandlung des Untergrundes,*
- *flächige Unterkonstruktionen für Decken, Wände und Böden mit einer Fläche über 5 m^2,*
- *Dämmstoffschichten und Vliese mit einer Fläche über 5 m^2,*
- *Deckenbekleidungen und Unterdecken mit einer Fläche über 5 m^2,*
- *nichttragende Trennwände mit einer Fläche über 5 m^2,*
- *Wandbekleidungen mit einer Fläche über 5 m^2,*
- *Vorsatzschalen mit einer Fläche über 5 m^2,*
- *Leibungsbekleidungen von Öffnungen und Nischen mit einer Tiefe über 1 m, z. B. für Fenster, Türen, Lichtkuppeln,*
- *Schürzen, Abschottungen, Ablagen, Abdeckungen und seitliche Bekleidungen, Friese, Abtreppungen und dergleichen mit einer Breite über 1 m je Ansichtsfläche,*
- *Verkofferungen und Bekleidungen mit einer Abwicklung über 1 m, z. B. an Lisenen, Pfeilern, Stützen, Trägern, Unterzügen sowie um Rohre, Leitungen und dergleichen,*
- *Schwert- und Reduzierelemente mit einer Breite über 1 m,*
- *Trenn- und Schutzschichten, Schutzbeläge, Folien, Bahnen, Dampfbremsen und dergleichen mit einer Breite über 1 m,*
- *Auffüllungen und Schüttungen,*
- *Doppel-, Hohlraum- und Trockenunterböden und sonstige Systemböden, Fertigteilestriche mit einer Fläche über 5 m^2,*
- *Schließen von Aussparungen mit einer Fläche über 5 m^2.*

0.5.2 *Längenmaß (m), getrennt nach Bauart und Maßen, für*

- *Leibungsbekleidungen von Öffnungen und Nischen mit einer Tiefe bis 1 m, z. B. für Fenster, Türen, Lichtkuppeln,*
- *Schürzen, Abschottungen, Ablagen, Abdeckungen und seitliche Bekleidungen, Friese, Abtreppungen und dergleichen mit einer Breite bis 1 m je Ansichtsfläche,*

— *Verkofferungen und Bekleidungen mit einer Abwicklung bis 1 m, z. B. an Lisenen, Pfeilern, Stützen, Trägern, Unterzügen sowie um Rohre, Leitungen und dergleichen,*
— *Trenn- und Schutzschichten, Schutzbeläge, Folien, Bahnen, Dampfbremsen und dergleichen mit einer Breite bis 1 m,*
— *luftdichte Anschlüsse an Bauteile,*
— *Zuschnitte von Bekleidungen und Bodenelementen, z. B. gerade, schräg, gebogen, andersartig geformt,*
— *Fensterbänke, Fenster- und Türumrahmungen und dergleichen,*
— *Schattenfugen, Nuten und dergleichen,*
— *Aussparungen mit einem Seitenverhältnis größer als 4 : 1 und einer größten Länge über 2 m, z. B. Öffnungen für Lichtbänder, Oberlichtbänder, Lüftungsauslässe, Kabelkanäle, Führungsschienen, Einbauteile,*
— *Unterkonstruktionen, Verstärkungen, Aussteifungen, Auswechselungen und Überbrückungen mit einer Länge über 2 m für Auf- und Einbauteile, z. B. für Türen, Oberlichter, Trag- und Führungsschienen, Beleuchtungsbänder, Revisionsöffnungen, Hängeschränke, Bodenaufbauten, Ausklinkungen, angeschnittene Kassetten und Paneele,*
— *Schwert- und Reduzierelemente mit einer Breite bis 1 m,*
— *gleitende Decken-, Wand- und Bodenanschlüsse,*
— *Weitspannträger mit einer Länge über 2 m,*
— *Wandabzweigungen, Bekleidungen der Stirnseiten bei freien Wandenden und freien Deckenabschlüssen,*
— *Einbindungen von Wand- und Deckenkonstruktionen in Decklagen von begrenzenden Bauteilen,*
— *Anarbeiten an vorhandene Bauteile und Einarbeiten von Einbauteilen mit einer Länge über 1 m je einzuarbeitende Seite in Decken und Wandflächen, z. B. bei Stützen, Pfeilervorlagen, Unterzügen, Rohren, Installationskanälen, Tür- und Fensterelementen, Dachflächenfenstern,*
— *Ausbildung von Innen- und Außenecken,*
— *Anschluss-, Bewegungs- und Gebäudetrennfugen,*
— *Dichtungsbänder, Dichtungsprofile, Verfugungen,*
— *Trennstreifen bei Anschlüssen an Bauteile und Einbauteile,*
— *Profile, Leisten, Randwinkel, Wandwinkel, Sockelleisten, Randstreifen und dergleichen sowie zurückgesetzte und hinterlegte Sockelanschlüsse über 2 m Einzellänge.*

0.5.3 *Anzahl (Stück), getrennt nach Bauart und Maßen, für*
— *Flächen bis 5 m^2,*
— *Aussparungen mit einem Seitenverhältnis bis zu 4 : 1 oder einer größten Länge unter 2 m, z. B. für Türen, Fenster, Nischen, Stützen, Pfeilervorlagen, Rohre, Einzelleuchten, Lichtkuppeln, Lüftungsauslässe, Schalter, Steckdosen, Kabel, Einbauteile,*
— *Schließen von Aussparungen bis 5 m^2,*

— *Unterkonstruktionen, Verstärkungen, Aussteifungen, Auswechselungen und Überbrückungen mit einer Länge bis 2 m für Auf- und Einbauteile, z. B. für Türen, Oberlichter, Trag- und Führungsschienen, Beleuchtungsbänder, Revisionsöffnungen, Hängeschränke, Bodenaufbauten, Ausklinkungen, angeschnittene Kassetten und Paneele,*

— *Weitspannträger mit einer Länge bis 2 m,*

— *Einbau von Revisionsklappen, Einzelleuchten, Lüftungsgittern, Luftauslässen, Tragständern, Zargen, Türen und dergleichen,*

— *Anarbeiten an vorhandene Bauteile und Einarbeiten von Einbauteilen mit einer Länge bis 1 m je einzuarbeitende Seite in Decken und Wandflächen, z. B. bei Stützen, Pfeilervorlagen, Unterzügen, Rohren, Installationskanälen, Tür- und Fensterelementen, Dachflächenfenstern,*

— *luftdichte Anschlüsse an Einbauteile und Installationen,*

— *zurückgesetzte und hinterlegte Sockelanschlüsse bis 2 m Einzellänge, z. B. an Stützen, Pfeiler, Nischen,*

— *Sonderformate, z. B. Passplatten,*

— *Revisionswerkzeug, Reserveelemente und dergleichen,*

— *Richtungswechsel von Wänden und Friesen. Gehrungen von Profilen und dergleichen, z. B. im Fugenbereich, bei Nuten.*

1 Geltungsbereich

1.1 Die ATV DIN 18340 „Trockenbauarbeiten“ gilt für raumbildende Bauteile des Ausbaus, die in trockener Bauweise hergestellt werden.

Sie umfasst insbesondere das Herstellen von offenen und geschlossenen Deckenbekleidungen und Unterdecken, Wandbekleidungen, Trockenputz und Vorsatzschalen, Brandschutzbekleidungen, Trenn-, Montage- und Systemwänden, Fertigteilestrichen, Trockenunterböden und Systemböden sowie die Montage von Zargen, Türen und anderen Einbauteilen in vorgenannte Konstruktionen.

1.2 Die ATV DIN 18340 „Trockenbauarbeiten“ gilt nicht für

— Konstruktionen des Holzbaues (siehe ATV DIN 18334 „Zimmer- und Holzbauarbeiten“),

— Putz- und Stuckarbeiten (siehe ATV DIN 18350 „Putz- und Stuckarbeiten“),

— Estricharbeiten (siehe ATV DIN 18353 „Estricharbeiten“),

— Tischlerarbeiten (siehe ATV DIN 18355 „Tischlerarbeiten“),

— Metallbauarbeiten (siehe ATV DIN 18360 „Metallbauarbeiten“),

— Maler- und Lackierarbeiten (siehe ATV DIN 18363 „Maler- und Lackierarbeiten — Beschichtungen“) sowie

— Bodenbelagarbeiten (siehe ATV DIN 18365 „Bodenbelagarbeiten“).

1.3 Ergänzend gilt die ATV DIN 18299 „Allgemeine Regelungen für Bauarbeiten jeder Art“, Abschnitte 1 bis 5. Bei Widersprüchen gehen die Regelungen der ATV DIN 18340 vor.

2 Stoffe, Bauteile

Ergänzend zur ATV DIN 18299, Abschnitt 2, gilt:

Für die gebräuchlichsten genormten Stoffe und Bauteile sind die DIN-Normen nachstehend aufgeführt.

2.1 Decken- und Wandbauplatten

DIN 18180 Gipsplatten — Arten und Anforderungen

DIN 18184 Gipsplatten-Verbundelemente mit Polystyrol- oder Polyurethan-Hartschaum als Dämmstoff

Normen der Reihe
DIN EN 438 Dekorative Hochdruck-Schichtpressstoffplatten (HPL) — Platten auf Basis härtbarer Harze (Schichtpressstoffe)

DIN EN 520 Gipsplatten — Definitionen, Anforderungen und Prüfverfahren

DIN EN 13963 Materialien für das Verspachteln von Gipsplatten-Fugen — Begriffe, Anforderungen und Prüfverfahren

DIN EN 14190 Gipsplattenprodukte aus der Weiterverarbeitung — Begriffe, Anforderungen und Prüfverfahren

DIN EN 14322 Holzwerkstoffe — Melaminbeschichtete Platten zur Verwendung im Innenbereich — Definition, Anforderungen und Klassifizierung

DIN EN 14496 Kleber auf Gipsbasis für Verbundplatten zur Wärme- und Schalldämmung und Gipsplatten — Begriffe, Anforderungen und Prüfverfahren

Normen der Reihe
DIN EN 15283 Faserverstärkte Gipsplatten — Begriffe, Anforderungen und Prüfverfahren

2.2 Fertigteilestriche, Trockenunterböden und Systemböden

DIN EN 12825 Doppelböden

DIN EN 13213 Hohlböden

DIN EN 13810-1 Holzwerkstoffe — Schwimmend verlegte Fußböden — Teil 1: Leistungsspezifikationen und Anforderungen

DIN EN 13813	Estrichmörtel, Estrichmassen und Estriche — Estrichmörtel und Estrichmassen — Eigenschaften und Anforderungen

2.3 Unterkonstruktionen

DIN 4103-4	Nichttragende innere Trennwände — Unterkonstruktion in Holzbauart
DIN 18168-2	Gipsplatten-Deckenbekleidungen und Unterdecken — Teil 2: Nachweis der Tragfähigkeit von Unterkonstruktionen und Abhängern aus Metall
DIN 18182-1	Zubehör für die Verarbeitung von Gipsplatten — Teil 1: Profile aus Stahlblech
DIN EN 13964	Unterdecken — Anforderungen und Prüfverfahren
DIN EN 14195	Metallprofile für Unterkonstruktionen von Gipsplattensystemen — Begriffe, Anforderungen und Prüfverfahren

2.4 Dämmstoffe

DIN 4108-10	Wärmeschutz- und Energie-Einsparung in Gebäuden — Teil 10: Anwendungsbezogene Anforderungen an Wärmedämmstoffe — Werkmäßig hergestellte Wärmedämmstoffe
DIN EN 12431	Wärmedämmstoffe für das Bauwesen — Bestimmung der Dicke von Dämmstoffen unter schwimmendem Estrich
DIN EN 13162	Wärmedämmstoffe für Gebäude — Werkmäßig hergestellte Produkte aus Mineralwolle (MW) — Spezifikation
DIN EN 13163	Wärmedämmstoffe für Gebäude — Werkmäßig hergestellte Produkte aus expandiertem Polystyrol (EPS) — Spezifikation
DIN EN 13164	Wärmedämmstoffe für Gebäude — Werkmäßig hergestellte Produkte aus extrudiertem Polystyrolschaum (XPS) — Spezifikation
DIN EN 13168	Wärmedämmstoffe für Gebäude — Werkmäßig hergestellte Produkte aus Holzwolle (WW) — Spezifikation
DIN EN 13950	Gips-Verbundplatten zur Wärme- und Schalldämmung — Begriffe, Anforderungen und Prüfverfahren

2.5 Zargen und Türen

DIN 18101	Türen — Türen für den Wohnungsbau, Türblattgrößen, Bandsitz und Schlosssitz — Gegenseitige Abhängigkeit der Maße
Normen der Reihe DIN 18111	Türzargen — Stahlzargen

Normen der Reihe

DIN 68706	Innentüren aus Holz und Holzwerkstoffen

2.6 Verbindungs- und Befestigungselemente

Normen der Reihe

DIN 18182	Zubehör für die Verarbeitung von Gipsplatten
DIN EN 14566	Mechanische Befestigungselemente für Gipsplattensysteme — Begriffe, Anforderungen und Prüfverfahren

2.7 Korrosionsschutz

DIN 55928-8	Korrosionsschutz von Stahlbauten durch Beschichtungen und Überzüge — Teil 8: Korrosionsschutz von tragenden dünnwandigen Bauteilen

2.8 Brand-, Schall-, Wärme- und Feuchteschutz

Normen der Reihe

DIN 4102	Brandverhalten von Baustoffen und Bauteilen
DIN 4108-7	Wärmeschutz und Energie-Einsparung in Gebäuden — Teil 7: Luftdichtheit von Gebäuden, Anforderungen, Planungs- und Ausführungsempfehlungen sowie -beispiele
DIN 4109	Schallschutz im Hochbau — Anforderungen und Nachweise

3 Ausführung

Ergänzend zur ATV DIN 18299, Abschnitt 3, gilt:

3.1 Allgemeines

3.1.1 Der Auftragnehmer hat bei seiner Prüfung Bedenken (siehe § 4 Abs. 3 VOB/B) insbesondere geltend zu machen bei

- Abweichungen des Bestandes gegenüber den Vorgaben, z. B. bei fehlendem oder ungenügendem Gefälle bei Trockenunterböden mit Bodenabläufen,
- unrichtiger Lage und Höhe des Untergrundes,
- ungenügender Tragfähigkeit des Untergrundes,
- ungeeigneter Beschaffenheit des Untergrundes, z. B. Ausblühungen, zu glatte, staubige, nasse oder gefrorene Flächen, verschiedenartige Stoffe des Untergrundes,
- größeren Unebenheiten des Untergrundes als nach DIN 18202 zulässig,
- ungeeigneten klimatischen Bedingungen (siehe Abschnitt 3.1.2),

— Schwächungen der Unterkonstruktion, z. B. durch Einbauten und Kreuzungen von Leitungen und dergleichen,

— fehlenden Bezugspunkten, insbesondere fehlenden Angaben zu Bezugsachsen in nicht rechtwinkligen Räumen,

— fehlenden Angaben zum Bodenaufbau im Übergangsbereich von unterschiedlichen Bodenflächen.

3.1.2 Bei ungeeigneten klimatischen Bedingungen, z. B. bei Spachtelarbeiten Temperaturen unter 10 °C, sind in Abstimmung mit dem Auftraggeber besondere Maßnahmen zu ergreifen. Die zu treffenden Maßnahmen sind Besondere Leistungen (siehe Abschnitt 4.2.4).

3.1.3 Abweichungen von vorgeschriebenen Maßen sind in den durch

DIN 18202 Toleranzen im Hochbau — Bauwerke

DIN 18203-1 Toleranzen im Hochbau — Teil 1: Vorgefertigte Teile aus Beton, Stahlbeton und Spannbeton,

DIN 18203-2 Toleranzen im Hochbau — Teil 2: Vorgefertigte Teile aus Stahl

DIN 18203-3 Toleranzen im Hochbau — Teil 3: Bauteile aus Holz und Holzwerkstoffen

bestimmten Grenzen zulässig.

Bei Streiflicht sichtbar werdende Unebenheiten in den Oberflächen sind zulässig, wenn diese die Grenzwerte nach DIN 18202 nicht überschreiten.

Werden an die Ebenheit erhöhte Anforderungen nach DIN 18202, Tabelle 3, Zeile 4 und 7, oder sonstige erhöhte Anforderungen an die Maßhaltigkeit gegenüber den in den oben genannten Normen aufgeführten Werten gestellt, so sind die zu treffenden Maßnahmen Besondere Leistungen (siehe Abschnitt 4.2.7).

Bei Doppelböden ist am Stoß benachbarter Platten ein Höhenversatz bis 1 mm zulässig.

3.1.4 Bewegungsfugen des Bauwerks müssen konstruktiv mit gleicher Bewegungsmöglichkeit übernommen werden.

3.1.5 In Gipsplattenflächen sind im Abstand von maximal 15 m Bewegungsfugen anzuordnen, in Flächen aus Gipsfaserplatten im Abstand von maximal 10 m.

Bewegungsfugen sind auch bei Einengungen im Deckenbereich anzuordnen, z. B. bei Einschnürungen durch Wandvorsprünge, bei schmalen Fluren und Friesen, bei Schwächungen der Gesamtkonstruktion durch Einbauteile.

Bei Doppel- und Hohlböden sind entsprechend deren Konstruktion Bewegungsfugen vorzusehen.

Die Ausbildung von Bewegungsfugen ist Besondere Leistung (siehe Abschnitt 4.2.32).

3.1.6 Gipsplatten sind nach DIN 18181 „Gipsplatten im Hochbau — Verarbeitung“ zu verarbeiten. Die Dicke der einlagigen Bekleidung muss mindestens 12,5 mm betragen, bei Gipslochplatten und Gipsputzträgerplatten mindestens 9,5 mm.

3.1.7 Gipsfaserplatten sind gemäß ihrer Zulassung zu verarbeiten. Die Dicke der Bekleidung muss mindestens 10 mm betragen.

3.1.8 Anschlüsse an angrenzende Bauteile sind stumpf auszuführen. Haarfugen zum angrenzenden Bauteil sind zulässig.

Anschlüsse von Gips- und Gipsfaserplatten an thermisch beanspruchte Bauteile, z. B. an Einbauleuchten und an Bauteile aus anderen Baustoffen, sind beweglich auszubilden.

Starre Anschlüsse an Durchdringungen, Sanitärinstallation und dergleichen sind schalltechnisch zu entkoppeln.

Fugen zwischen Bodenkonstruktionen und begrenzenden Bauteilen sind mit Randdämmstreifen auszubilden. Bei Doppelböden ist auf eine ausreichende horizontale Abstützung zum begrenzenden Bauteil zu achten.

3.1.9 Kreuzstöße sind nur bei Gips- und Gipsfaserplatten mit gelochter oder geschlitzter Oberfläche zulässig.

3.1.10 Konstruktionen und Bekleidungen aus Elementen, die ein regelmäßiges Raster ergeben, sind fluchtrecht in den vorgegebenen Bezugsachsen herzustellen.

3.2 Verspachtelungen

3.2.1 Bei Decken- und Wandoberflächen aus Gipsplatten nach DIN 18181 und DIN EN 520, an die keine optischen oder dekorativen Anforderungen gestellt werden, z. B. unter Belägen aus Fliesen und Platten, ist eine Grundverspachtelung auszuführen, die das Füllen der Stoßfugen sowie das Überziehen der sichtbaren Teile der Befestigungselemente umfasst. Überstehende Spachtelmasse ist abzustoßen. Werkzeugbedingte Grate sind zulässig. In Abhängigkeit vom gewählten Verspachtelungssystem sind gegebenenfalls Fugendeckstreifen als Bewehrung einzuarbeiten.

3.2.2 Bei Decken- und Wandoberflächen aus Gipsplatten nach DIN 18181 und DIN EN 520, die z. B. als Untergrund für matte, füllende Anstriche und Beschichtungen, für mittel- und grobstrukturierte Wandbekleidungen sowie für

Oberputze mit Größtkorn über 1 mm dienen, sind eine Grundverspachtelung gemäß Abschnitt 3.2.1 sowie eine Nachverspachtelung bis zum Erreichen eines stufenlosen Übergangs der Spachtelung zur Plattenoberfläche auszuführen. Es dürfen keine Bearbeitungsabdrücke oder Spachtelgrate sichtbar bleiben.

3.2.3 Leistungen, die über die in Abschnitt 3.2.2 beschriebenen hinausgehen, wie das Herstellen von Oberflächen

— durch breiteres Ausspachteln der Fugen sowie scharfes Abziehen der Kartonoberfläche mit Spachtelmasse zum Porenverschluss, z. B. bei Decken- und Wandoberflächen, die als Untergrund für matte, nicht strukturierte Anstriche, feinstrukturierte Wandbekleidungen sowie für Oberputze mit Größtkorn bis 1 mm dienen, oder

— durch vollflächiges Überziehen und Glätten der gesamten Oberfläche, z. B. als Untergrund für glatte oder strukturierte Wandbekleidungen, Lasuren, hochwertige Glättetechniken,

sind Besondere Leistungen (siehe Abschnitt 4.2.8).

3.2.4 Bei mehrlagigen Beplankungen sind die Stoß- und Anschlussfugen der unteren Plattenlagen zu füllen.

3.3 Deckenbekleidungen und Unterdecken

3.3.1 Für die Ausführung von leichten Deckenbekleidungen und Unterdecken gelten DIN 18168-1 „Gipsplatten-Deckenbekleidungen und Unterdecken — Teil 1: Anforderungen an die Ausführung" und DIN EN 13964.

3.3.2 Unterkonstruktionen und Abhänger aus Metall für Gipsplattendecken sind nach DIN 18168-1 auszuführen, für Metall- und Mineralfaserdecken und dergleichen nach DIN EN 13964. Die Unterkonstruktion muss auf die Plattensysteme abgestimmt sein.

3.3.3 Bei Einbauteilen mit einer höheren Einbaumasse als für die Deckenkonstruktion zugelassen sind geeignete Maßnahmen gemeinsam festzulegen, z. B. zusätzliche Abhänger, Einzelabhänger, Konstruktionsverstärkungen. Die zu treffenden Maßnahmen sind Besondere Leistungen (siehe Abschnitt 4.2.24).

3.3.4 Decklagen aus Mineralfaserplatten sind in einer Mindestdicke von 13 mm auszuführen.

3.3.5 Einzelne, offene oder geschlossene Deckenelemente, z. B. Baffeln, Lamellen, Deckensegel, sind gesondert zu befestigen.

3.3.6 Angeschnittene Metall- und Kunststoffkassetten sowie Metallpaneele sind an ihren Rändern so auszusteifen, dass der Schnittrand sich nicht wellt und die Fläche nicht mehr als nach DIN EN 13964 zulässig durchhängt.

3.3.7 Anschlüsse an angrenzende Bauteile sind bei Mineralfaser- und Metalldeckenkonstruktionen und dergleichen mit einem einfach rechtwinkelig abgekanteten sichtbaren Wandwinkel aus Metall auszubilden, der in den Ecken stumpf zu stoßen ist.

3.4 Trenn- und Montagewände

3.4.1 Trenn- und Montagewände sind als Einfachständerwände mit einer beidseitig einlagigen vollflächigen Bekleidung aus Gipsplatten mit einer Dicke von mindestens 12,5 mm nach DIN 18183-1 „Trennwände und Vorsatzschalen aus Gipsplatten mit Metallunterkonstruktionen — Teil 1: Beplankung mit Gipsplatten", einer Metallunterkonstruktion nach DIN 18182-1 mit einem Ständerabstand von 625 mm, einer Mineralfaserdämmstoffschicht von mindestens 40 mm Dicke sowie einer Verspachtelung nach Abschnitt 3.2.2 herzustellen.

3.4.2 Trennwände mit Holzunterkonstruktionen sind nach DIN 4103-4 auszuführen.

3.4.3 Die Befestigung der Unterkonstruktion von Trennwänden ist als starrer Anschluss am Boden, z. B. Estrich, Rohboden, und an der Decke auszuführen. Der Anschluss an begrenzende Bauteile ist mit einer Anschlussdichtung auszuführen.

3.4.4 Außenecken sind mit einem Kantenprofil oder mit V-Fräsung nach Wahl des Auftragnehmers auszuführen.

3.4.5 Vorsatzschalen sind mit einer Metallunterkonstruktion nach DIN 18183 und einer vollflächigen Beplankung aus Gipsplatten mit einer Dicke von mindestens 12,5 mm herzustellen.

3.5 Fertigteilestriche, Trockenunterböden und Systemböden

3.5.1 Trennfolien und Dampfbremsen sind an den angrenzenden Wandflächen bis Oberseite Fertigfußboden hochzuziehen. Trennfolien sind an den Stößen mindestens 20 cm zu überlappen.

3.5.2 Trockenunterböden

3.5.2.1 Trockenunterböden aus Gips- oder Gipsfaserplatten, Verbundelementen oder Spanplatten sind mit Fugenversatz zu verlegen. Stöße sind zu verkleben. Ein durch eine Feder entstehender Überstand am Wandabschluss ist abzuschneiden. Am Wandanschluss ist ein Randdämmstreifen von mindestens 10 mm Dicke einzulegen.

3.5.2.2 Trockenschüttungen sind mindestens 15 mm dick auszuführen. Rohrleitungen, Kabel und dergleichen sind dabei mindestens 10 mm zu überdecken. Die Schüttung ist so einzubringen, dass ein seitliches Ausweichen oder Wegrieseln nicht möglich ist. Bei Schütthöhen über 40 mm ist eine Verdichtung vorzunehmen oder die Schüttung dauerhaft in sich zu binden.

3.5.2.3 Bewegungsfugen in der Fläche und in Türdurchgängen sind mit einer Unterfütterungsplatte, z. B. Holzwerkstoffplatte, Vollholzplatte, sowie einer steifen Dämmstreifenunterlage zu unterlegen.

3.5.3 Doppelböden

3.5.3.1 Doppelböden sind so herzustellen, dass sie jederzeit an jeder Stelle den freien Zugang zum Hohlraum ermöglichen. Die Unterkonstruktion ist auf dem Rohboden dauerhaft zu verkleben.

3.5.3.2 Bei Aufbauhöhen über 50 cm sind zusätzliche Sicherungsmaßnahmen erforderlich, z. B. eine horizontale Sicherung der Unterkonstruktion durch Rasterstäbe oder eine Verdübelung der Stützen am Untergrund.

3.5.3.3 Doppelbodenplatten sind lose aufzulegen. Schnittkanten von feuchteempfindlichen Baustoffen sind gegen Nässe zu schützen.

3.5.3.4 Die Spaltenbreite im Kantenbereich darf 2 mm, der horizontale Versatz am Kreuzungspunkt der Plattenecken zueinander 4 mm nicht überschreiten.

3.5.3.5 Eine Flächenspachtelung von Doppelbodenflächen ist unzulässig.

3.5.4 Einbauteile in Doppel- und Hohlböden müssen statisch geeignet sein und dürfen keine Unterschreitung der geforderten Tragfähigkeit der Gesamtkonstruktion verursachen.

3.6 Dämmung

3.6.1 Einzubauende Dämmstoffe sind über der gesamten Fläche dicht gestoßen und abrutschsicher zu verlegen und an begrenzende Bauteile anzuschließen. Hohlräume zwischen Tür- oder Fensterzargen und den flankierenden Ständerprofilen sind mit Faserdämmstoffen auszustopfen.

3.7 Zargen und Einbauteile

3.7.1 Zargen aus kaltgeformtem Stahlblech müssen eine Blechdicke von mindestens 1,5 mm aufweisen und nach DIN EN ISO 12944-5 „Beschichtungsstoffe — Korrosionsschutz von Stahlbauten durch Beschichtungssysteme — Teil 5: Beschichtungssysteme“ grundbeschichtet sein.

3.7.2 Bei Wänden mit Konstruktionshöhen über 2,6 m, Türbreiten über 0,885 m oder Türblattmassen über 25 kg sind im Türöffnungsbereich verstärkte Ständerwerksprofile mit einer Mindestdicke von 2 mm einzubauen. Kopf- bzw. Fußanschlussbereiche sind mit Anschlusswinkeln mit einer Mindestdicke von 2 mm zu befestigen. Als Türsturz ist ein Unterkonstruktionswandprofil einzubauen und an den vertikalen Profilen kraftschlüssig zu befestigen.

3.7.3 Plattenstöße auf Tür- und Fensterständerprofilen und sonstigen mechanisch beanspruchten Einbauelementen sind nicht zulässig.

3.7.4 Bei Wandhängeschränken und Einbauteilen sind konstruktiv zusätzliche Unterkonstruktionsprofile als Verstärkungen einzubauen. Konsollasten sind nach DIN 18183 zu berücksichtigen. Sanitärtragständer für wandhängende WC und Bidets sind beidseitig mit verstärkten Ständerwerksprofilen mit einer Mindestdicke von 2 mm auszubilden und am Kopf- und Fußanschluss mit Winkeleisen zu befestigen.

4 Nebenleistungen, Besondere Leistungen

4.1 Nebenleistungen sind ergänzend zur ATV DIN 18299, Abschnitt 4.1, insbesondere:

4.1.1 Auf- und Abbauen sowie Vorhalten der Gerüste, deren Arbeitsbühnen nicht höher als 2 m über Gelände oder Fußboden liegen.

4.1.2 Reinigen des Untergrundes, ausgenommen Leistungen nach Abschnitt 4.2.6.

4.1.3 Vorlegen vorgefertigter Oberflächen- und Farbmuster.

4.1.4 Fertigstellen von Trenn- und Montagewänden und Vorsatzschalen in zwei Arbeitsgängen zur Ermöglichung der Montage von Installationen durch andere Unternehmer, soweit die Leistungen im Zuge gleichartiger Trockenbauarbeiten kontinuierlich erbracht werden können. Sind diese Voraussetzungen nicht gegeben, handelt es sich um Besondere Leistungen nach Abschnitt 4.2.17.

4.2 Besondere Leistungen sind ergänzend zur ATV DIN 18299, Abschnitt 4.2, z. B.:

4.2.1 Vorhalten von Aufenthalts- und Lagerräumen, wenn der Auftraggeber Räume, die leicht verschließbar gemacht werden können, nicht zur Verfügung stellt.

4.2.2 Auf- und Abbauen und Vorhalten der Gerüste, deren Arbeitsbühnen höher als 2 m über Gelände oder Fußboden liegen.

4.2.3 Umbau von Gerüsten für Zwecke anderer Unternehmer.

4.2.4 Maßnahmen zum Schutz vor ungeeigneten klimatischen Bedingungen nach Abschnitt 3.1.2, z. B. Beheizen.

4.2.5 Besondere Maßnahmen zum Schutz von Bau- und Anlagenteilen sowie Einrichtungsgegenständen, z. B. durch Abkleben von Fenstern, Türen, Böden und oberflächenfertigen Teilen, staubdichtes Abkleben von empfindlichen Einrichtungen und technischen Geräten, Staubschutzwände, Auslegen von Hartfaserplatten oder Bautenschutzfolien.

4.2.6 Reinigen des Untergrundes von grober Verschmutzung, z. B. Gipsreste, Mörtelreste, Farbreste, Öl, soweit diese nicht durch den Auftragnehmer verursacht wurde.

4.2.7 Maßnahmen zum Erfüllen erhöhter Anforderungen an die Ebenheit oder Maßhaltigkeit (siehe Abschnitt 3.1.3).

4.2.8 Leistungen für das Herstellen höherer Oberflächenqualitäten (siehe Abschnitt 3.2.3),

4.2.9 Herstellen und Anbringen von Musterflächen, Musterkonstruktionen und Modellen.

4.2.10 Herstellen vollflächiger Bewehrungen.

4.2.11 Liefern bauphysikalischer Nachweise sowie statischer Berechnungen und der für diese Nachweise erforderlichen Zeichnungen.

4.2.12 Versuche zum Nachweis der Standsicherheit am Bauwerk, z. B. Kugelschlagprüfung, Dübelauszugsversuche, Probebelastungen.

4.2.13 Erstellen von Verlege- und Montageplänen sowie Überarbeiten vorgegebener Verlege- und Montagepläne.

4.2.14 Herstellen, Anarbeiten und Anpassen sowie Schließen von Aussparungen für Türen, Fenster, Dachflächenfenster, Nischen, Stützen, Pfeilervorlagen, Rohre, Einzelleuchten, Lichtkuppeln, Lüftungsauslässe, Schalter, Steckdosen, Kabel, Oberlichtbänder, Kabelkanäle, Führungsschienen, Einbauteile, Revisionselemente, Profile, Leisten, Sockelleisten, Randstreifen und dergleichen. Provisorisches Schließen und Öffnen von Aussparungen in Systemböden, z. B. für Steckdosen, Lüftungsauslässe.

4.2.15 Einbau von Zargen, Türen, Fenstern, Einzelleuchten, Lichtkuppeln, Lüftungsauslässen, Lüftungsgittern, Oberlichtbändern, Führungsschienen, Revisionselementen, Profilen, Leisten, Sockelleisten, Randstreifen, Dichtungsbändern, Dichtungsprofilen und dergleichen.

4.2.16 Nachträgliches Anarbeiten an Einbauten und Installationen.

4.2.17 Fertigstellen von Trenn- und Montagewänden und Vorsatzschalen, soweit die Leistungen nicht im Zuge gleichartiger Trockenbauarbeiten kontinuierlich erbracht werden können (siehe Abschnitt 4.1.4).

4.2.18 Schließen von Decken- und Bodenkonstruktionen, wenn Unterkonstruktionen und Bekleidungen im Arbeitsbereich nicht in einem Arbeitsgang ausgeführt werden können.

4.2.19 Arbeiten für Leistungen anderer Unternehmer, z. B. Einmessarbeiten, Ein-, Aus- und Wiedereinbau von Bekleidungselementen und Einbauten, teilweise Bekleidung von Wänden für Bodenverlegung, Ausbildung von Heizkörpernischen.

4.2.20 Entfernen des Überstandes von Randdämmstreifen und Einstellen des Oberbelagabschlussprofils nach Verlegen der Bodenbeläge.

4.2.21 Zuschnitte von Bekleidungen oder werkmäßig vorgefertigten Elementen zur Anpassung an Schrägen, gebogene oder nicht rechtwinklige Bauteile, z. B. an Trapezprofile.

4.2.22 Liefern von werkseitig zu fertigenden Sonderformaten.

4.2.23 Verstärken von angeschnittenen Elementen im Bereich von Anschlüssen und Aussparungen.

4.2.24 Herstellen von besonderen Unterkonstruktionen als Verstärkung zur Aufnahme von Lasten oder Überbauung von Installationsteilen, Aufbau- und Einbauelementen, Beleuchtungskörpern, Revisionsklappen, Türelementen, Unterzügen und dergleichen.

4.2.25 Nachbehandeln angeschnittener Elemente, z. B. Entgraten, Schutz der Schnittkanten durch Versiegelung oder Beschichtung.

4.2.26 Herstellen von Stelen und Gesimsen, Auskragungen, Abstufungen und Aufkantungen.

4.2.27 Herstellen von Abschottungen, Brandschutzummantelungen, Schürzen, Scheinunterzügen und seitlichen Bekleidungen.

4.2.28 Herstellen von Gehrungen, z. B. bei Friesen und Rundungen im Bereich von Kehlen, Schürzen, Abschottungen, Abtreppungen.

4.2.29 Herstellen von Sohlbänken, Fenster- und Türumrahmungen, hinterschnittenen oder hinterlegten Sockelanschlüssen, Faschen, Leibungen, Stufen und Rampen sowie Herstellen von freien Wand- und Deckenenden.

4.2.30 Einbauen von An- und Abschlussprofilen, z. B. Wand- und Randwinkel, von Kantenprofilen und dergleichen sowie Herstellen und Einbauen von Formteilen.

4.2.31 Herstellen von Anschlüssen an Bauteile als elastische, dicht angearbeitete, gleitende, mit Trennstreifen angespachtelte oder offene Anschlüsse, Nuten oder Schattenfugen.

4.2.32 Herstellen von Bewegungs- und Scheinfugen sowie Fugendichtungen (siehe Abschnitte 3.1.4 und 3.1.5). Ausfugungen hinter Randwinkeln zum Ausgleich von Unebenheiten im Wandbereich.

4.2.33 Herstellen von Schwert- und Reduzieranschlüssen bei Trenn- und Montagewänden und freien Wand- und Deckenabschlüssen.

4.2.34 Herstellen von luftdichten Anschlüssen an angrenzende Bauteile, Einbauteile, Durchdringungen und dergleichen.

4.2.35 Grundierungen und Imprägnierungen von Oberflächen, z. B. in Feuchträumen. Aufbringen von Haftbrücken und dergleichen.

4.2.36 Maßnahmen für den Brand-, Schall-, Wärme-, Feuchte- und Strahlenschutz, soweit diese über die Leistungen nach Abschnitt 3 hinausgehen, sowie zur Erfüllung akustischer und lichttechnischer Anforderungen.

4.2.37 Einmessen fehlender Bezugspunkte zur Durchführung notwendiger Messungen nach ATV DIN 18299, Abschnitt 4.1.3.

5 Abrechnung

Ergänzend zur ATV DIN 18299, Abschnitt 5, gilt:

5.1 Allgemeines

5.1.1 Der Ermittlung der Leistung — gleichgültig, ob sie nach Zeichnung oder nach Aufmaß erfolgt — sind für Bekleidungen, Unterkonstruktionen, Dampfbremsen, Dämmstoff-, Trenn- und Schutzschichten, Schüttungen, Oberflächenbehandlungen, Schutzfolien, Haftbrücken und dergleichen die Maße der Bekleidung zugrunde zu legen.

5.1.2 Bei Flächen mit begrenzenden Bauteilen werden die Maße bis zu den sie begrenzenden ungeputzten, ungedämmten, unbekleideten Bauteilen zugrunde gelegt.

Systemböden, Trockenunterböden, Estriche, leichte Trennwände sowie Unterdecken und abgehängte Decken gelten als begrenzende Bauteile, sofern ihre Oberflächen nicht durchdrungen werden.

5.1.3 Bei der Ermittlung der Maße wird jeweils das größte, gegebenenfalls abgewickelte Bauteilmaß zugrunde gelegt, z. B. bei Gewölben, Teilbeplankungen, Wandanschlüssen, Wandecken, Wandeinbindungen und Wandabzweigungen, umlaufenden Friesen. Gleiches gilt bei Anarbeitungen an vorhandene und Einarbeitungen von vorhandenen Bauteilen, Einbauteilen und dergleichen. Fugen werden übermessen.

5.1.4 Unmittelbar zusammenhängende, verschiedenartige Aussparungen, z. B. Öffnung mit angrenzender Nische, werden getrennt gerechnet. Gleichartige Aussparungen, die durch konstruktive Elemente getrennt sind, werden ebenfalls getrennt gerechnet.

5.1.5 Bindet eine Aussparung anteilig in angrenzende, getrennt zu rechnende Flächen ein, wird zur Ermittlung der Übermessungsgröße die jeweils anteilige Aussparungsfläche gerechnet.

5.1.6 Bei Bekleidungen und bekleideten Flächen werden Anschlüsse, Reduzieranschlüsse, Friese, Randfriese, offene Fugen, Vertiefungen, Verkofferungen und dergleichen bis 30 cm Breite übermessen und gesondert gerechnet.

5.1.7 Rückflächen von Nischen, ganz oder teilweise bekleidete freie Wandenden und Wandoberseiten, Unterseiten von Schürzenbekleidungen sowie Leibungen werden unabhängig von ihrer Einzelgröße mit ihrem Maß gesondert gerechnet.

5.1.8 Sonderformate, z. B. Passplatten, werden gesondert gerechnet.

5.1.9 Gehrungen bei Friesen, Fugen, Nuten, Profilen und dergleichen werden je Richtungswechsel nur einmal gerechnet.

5.1.10 Bei Abrechnung von Einzelteilen von Bekleidungen nach Flächenmaß wird das kleinste umschriebene Rechteck zugrunde gelegt.

5.1.11 Flächen bis 5 m^2 werden getrennt gerechnet.

5.2 Es werden abgezogen:

5.2.1 Bei Abrechnung nach Flächenmaß:

5.2.1.1 Aussparungen, z. B. Öffnungen (auch raumhoch), Nischen, über 2,5 m^2 Einzelgröße, in Böden Aussparungen über 0,5 m^2 Einzelgröße.

Bei der Ermittlung der Abzugsmaße sind die kleinsten Maße der Aussparung zugrunde zu legen.

5.2.1.2 Unterbrechungen in der Bekleidung oder zu bekleidenden Fläche durch Bauteile, z. B. Fachwerkteile, Stützen, Unterzüge, Vorlagen, mit einer Einzelbreite über 30 cm.

5.2.2 Bei Abrechnung nach Längenmaß:

Unterbrechungen über 1 m Einzellänge.

Kommentar zu ATV DIN 18340 „Trockenbauarbeiten“

0 Hinweise für das Aufstellen der Leistungsbeschreibung

Die in ATV DIN 18340 niedergelegten Hinweise für das Aufstellen der Leistungsbeschreibung gelten speziell für Trockenbauarbeiten und dienen als ‚Checkliste‘ für eine ordnungsgemäße, vollständige, eindeutige, unmissverständliche Leistungsbeschreibung, wie sie in § 7 VOB/A für eine zuverlässige Preiskalkulation gefordert wird. Siehe hierzu insbesondere auch den Abschnitt – **Einleitung – Die VOB**–.

Gerade für Ausschreibende und Planer der öffentlichen Hand, aber auch für den privaten Auftraggeber, finden sich in dieser Norm wertvolle Hinweise, wie das Leistungssoll für diesen Leistungsbereich fachgerecht beschrieben werden soll.

Diese Hinweise werden zwar nicht Vertragsbestandteil, gerade nach der Schuldrechtsreform erhält dieser Abschnitt (sowohl ATV DIN 18299 als auch ATV DIN 18340) jedoch eine besondere Bedeutung:

Stellt sich nämlich nach Vertragsabschluss heraus, dass in der Leistungsbeschreibung unerwähnt gebliebene, preisrelevante und preisbeeinflussende Besonderheiten vorliegen, kann dies einen gesonderten Vergütungsanspruch für den Auftragnehmer auslösen, der u. a. auch darauf gestützt werden kann, dass der Auftraggeber verpflichtet war, diese Besonderheiten in der Leistungsbeschreibung zu benennen und deutlich zu machen. Zur Begründung eines derartigen Anspruchs können dann die unter den jeweiligen Abschnitten 0 aufgeführten Sachverhalte herangezogen werden. Erweist es sich z. B. nach Vertragsabschluss als notwendig, eine verstärkte Ständerkonstruktion einzubringen, die im Leistungsverzeichnis aber nicht gefordert war, so handelt es sich dabei um eine zusätzlich, gesondert zu vergütende Leistung.

In diesem Sinne sind die Abschnitte 0 verpflichtende Formulierungen. Sie sind nicht nur gemäß § 7 Nr. 1 Abs. 7 VOB/A vom öffentlichen Auftraggeber zu beachten, sondern sie sind auch Maßstab der gemäß § 241 Abs. 2 BGB geforderten Rücksicht auf die Rechte, Rechtsgüter und Interessen des Bieters.

BGB 241 (2) Das Schuldverhältnis kann nach seinem Inhalt jeden Teil zur Rücksicht auf die Rechte, Rechtsgüter und Interessen des anderen Teils verpflichten.

Dementsprechend ist dem Ausschreibenden dringend anzuraten, die Hinweise zum Aufstellen der Leistungsbeschreibung nach den

Abschnitten 0 der VOB/C zu beachten, unabhängig von ihrer Zuordnung in den öffentlichen oder privaten Auftraggeberbereich (siehe § 8 VOB/A).

Eine klar gegliederte Aufstellung der Leistungsbeschreibung beinhaltet:

- eine eindeutige und erschöpfende Beschreibung der gewünschten Leistung,
- eine Trennung verschiedenartiger Leistungen in eigenständige Leistungspositionen,
- eine Aufgliederung in fortlaufenden Ordnungszahlen.

Die Hinweise in Abschnitt 0 dienen dabei der Orientierung und klaren Definition einzelner Leistungen. Sie erheben jedoch nicht den Anspruch auf Vollständigkeit. Sie bieten jedoch die Voraussetzung dafür, dass alle Bewerber die gewünschte Leistung in gleichem Sinne kalkulieren können. Nur dann genügt der Ausschreibende den Anforderungen nach § 7 Leistungsbeschreibung – Allgemeines – der DIN 1960 VOB Teil A – „Beschreibung der Leistung", wie nachstehend aufgeführt:

„(1) 1. Die Leistung ist eindeutig und so erschöpfend zu beschreiben, dass alle Bewerber die Beschreibung im gleichen Sinne verstehen müssen und ihre Preise sicher und ohne umfangreiche Vorarbeiten berechnen können.

2. Um eine einwandfreie Preisermittlung zu ermöglichen, sind alle sie beeinflussende Umstände festzustellen und in den Verdingungsunterlagen anzugeben.

3. Dem Auftragnehmer darf kein ungewöhnliches Wagnis aufgebürdet werden für Umstände und Ereignisse, auf die er keinen Einfluss hat und deren Einwirkungen auf die Preise und Fristen er nicht im Voraus schätzen kann.

4. Bedarfspositionen sind grundsätzlich nicht in die Leistungsbeschreibung aufzunehmen. Angehängte Stundenlohnarbeiten dürfen nur in dem unbedingt erforderlichen Umfang in die Leistungsbeschreibung aufgenommen werden.

5. Erforderlichenfalls sind auch der Zweck und die vorgesehene Beanspruchung der fertigen Leistung anzugeben.

6. Die für die Ausführung der Leistung wesentlichen Verhältnisse der Baustelle, z. B. Boden- und Wasserverhältnisse, sind so zu beschreiben, dass der Bewerber ihre Auswirkungen auf die bauliche Anlage und die Bauausführung hinreichend beurteilen kann.

7. Die „Hinweise für das Aufstellen der Leistungsbeschreibung“ im Abschnitt 0 der Allgemeinen Technischen Vertragsbedingungen für Bauleistungen, DIN 18299 ff., sind zu beachten.

(2) Bei der Beschreibung der Leistung sind die verkehrsüblichen Bezeichnungen zu beachten.

Leistungsbeschreibung mit Leistungsverzeichnis

(9) Die Leistung soll in der Regel durch eine allgemeine Darstellung der Bauaufgabe (Baubeschreibung) und ein in Teilleistungen gegliedertes Leistungsverzeichnis beschrieben werden.

(10) Erforderlichenfalls ist die Leistung auch zeichnerisch oder durch Probestücke darzustellen oder anders zu erklären, z. B. durch Hinweise auf ähnliche Leistungen, durch Mengen- oder statische Berechnungen. Zeichnungen und Proben, die für die Ausführung maßgebend sein sollen, sind eindeutig zu bezeichnen.

(11) Leistungen, die nach den Vertragsbedingungen, den Technischen Vertragsbedingungen oder der gewerblichen Verkehrssitte zu der geforderten Leistung gehören (§ 2 Nr. 1 VOB/B), brauchen nicht besonders aufgeführt zu werden.

(12) Im Leistungsverzeichnis ist die Leistung derart aufzugliedern, dass unter einer Ordnungszahl (Position) nur solche Leistungen aufgenommen werden, die nach ihrer technischen Beschaffenheit und für die Preisbildung als in sich gleichartig anzusehen sind. Ungleiche Leistungen sollen unter einer Ordnungsziffer (Sammelposition) nur zusammengefasst werden, wenn eine Teilleistung gegenüber einer anderen für die Bildung eines Durchschnittspreises ohne nennenswerten Einfluss ist.“

Die Bedeutung, die einer Leistungsbeschreibung zukommt, unterstreicht DIN 1961 § 1 VOB Teil B: *„Die auszuführende Leistung wird nach Art und Umfang durch den Vertrag bestimmt. Als Bestandteil des Vertrages gelten auch die Allgemeinen Technischen Vertragsbedingungen für Bauleistungen.“*

(2) Bei Widersprüchen im Vertrag gelten nacheinander:

1. die Leistungsbeschreibung,

2. die Besonderen Vertragsbedingungen,

3. etwaige zusätzliche Vertragsbedingungen,

4. etwaige zusätzliche Technische Vertragsbedingungen,

5. die Allgemeinen Technischen Vertragsbedingungen für Bauleistungen (VOB/C),

6. die Allgemeinen Vertragsbedingungen für die Ausführung von Bauleistungen (VOB/B).

Um den Anforderungen einer vollständigen und unmissverständlichen Leistungsbeschreibung nach § 7 VOB/A genügen zu können, sind die unter Abschnitt 0 der ATV aufgelisteten Punkte für die Ausführung checklistenartig abzuarbeiten.

Der Auftragnehmer hat seinerseits die Möglichkeit, eine vorliegende Leistungsbeschreibung anhand der Abschnitte 0 der ATV DIN 18299 und ATV DIN 18340 auf ihre Ordnungsmäßigkeit und Vollständigkeit hin zu überprüfen.

Grundgedanke der Abschnitte 0 aller ATV ist es: Alle zur Kalkulation erforderlichen Angaben für eine Leistungserbringungen aufzulisten, damit der Verwender sämtliche Leistungen, die für das entsprechende Bauvorhaben benötigt werden, in seiner Leistungsbeschreibung berücksichtigen kann. Er soll dadurch davor geschützt werden, notwendige Leistungen zu vergessen.

Der Abschnitt 0 legt insofern den Grundstein dafür, dass anhand einer umfassenden Ausschreibung auch alle eingereichten Angebote vergleichbar sind. Dies ist die Voraussetzung für einen vernünftigen Vergleich, die in der Regel dazu führt, dass dem preiswürdigsten und nicht unbedingt dem auf den ersten Blick scheinbar billigsten Bewerber der Zuschlag erteilt wird. Eine unklare Leistungsbeschreibung benachteiligt in der Regel im Vorfeld der Kalkulation den Auftragnehmer, in der Ausführungsphase jedoch den Auftraggeber, wenn unvermutet berechtigte Nachträge auf ihn zu kommen.

Insbesondere sollen die Abschnitte 0 der ATV DIN 18299 und ATV DIN 18340 die Vermischung verschiedener Leistungsanteile verhindern, die oftmals die Kalkulation zur reinen Raterei werden lassen.

Eine Vermischung von Leistungen, die nach Flächenangabe (z. B. 10 m^2 Wand) ausgeschrieben und abgerechnet werden, mit Leistungen anderer Abrechnungseinheiten, wie z. B. Kantenprofile nach Längenmaß oder Schließen von Durchbrüchen nach Stück, ist deshalb tunlichst zu vermeiden (siehe dazu auch § 7 (12) VOB/A).

Eine Zusammenfassung verschiedener Leistungsanteile in einer Position ist nur vorstellbar, wenn im Text der Leistungsposition die unterschiedlichen Leistungsanteile nach Mengen und Abrechnungseinheiten auch eindeutig beschrieben sind. Es muss zum Beispiel im Text der Leistungsposition für eine Ständerwand genau angegeben sein, wie viel m Kantenprofil pro m^2 Wand anzusetzen sind bzw. wie viel Stück Durchbrüche in welchen Abmessungen und welcher Qualität bei der Ausführung auf einen m^2 Wand berücksichtigt werden müssen.

Bei Mischpositionen trägt vor allem der Auftraggeber das Massenrisiko. Dies insbesondere, wenn es bei nicht eindeutig beschriebenen Leistungsanteilen einer Position in der Ausführungsphase zu Mengenminderungen kommt. Deshalb muss auch er das Interesse haben, alles verschiedenartigen Leistungsanteile in getrennten Positionen zu erfassen.

Siehe hierzu auch Abschnitt: Einleitung – Die VOB –

In der Leistungsbeschreibung sind nach den Erfordernissen des Einzelfalles insbesondere anzugeben:

0.1 Angaben zur Baustelle

Art, Lage, Maße, Ausbildung sowie Termine des Auf- und Abbaus von bauseitigen Gerüsten.

Für eine sachgerechte, objektive und vergleichbare Kalkulation müssen dem Bieter hinreichend genaue Angaben zur Baustelle aus der Leistungsbeschreibung vorliegen. Diese sind insbesondere auch in den Abschnitten 0 der ATV DIN 18299 erfasst und kommentiert!

Besondere Hinweispflichten ergeben sich unter anderem für Art, Lage, (konstruktive) Ausbildung und Nutzbarkeit bauseitig zur Verfügung gestellter Gerüste. Wichtig sind dabei auch Informationen zu Sondersituationen (z. B. im Bereich von Treppenhäusern) sowie Angaben zur Dauer der Nutzbarkeit der Gerüste. Abgesehen von bauseitigen Gerüsten können auch Angaben zu eigenen Gerüstaufbauten erforderlich sein, sofern diese nicht Nebenleistung sind. Näheres hierzu regeln die Abschnitte 0.2.6 ATV DIN 18299 sowie 4.2.2 der ATV DIN 18340.

Gleichermaßen wichtig für die Preisermittlung im Angebotsstadium sowie eine optimale Logistikplanung mit optimiertem Bauablauf, der letztendlich allen Baubeteiligten zugutekommt, sind z. B. baustellenspezifische Angaben

- alle besonderen Belastungen, z. B. aus Immissionen bzw. besonderen klimatischen oder betriebsbedingten Anforderungen (siehe Abschnitt 0.1.2 ATV DIN 18299),
- über Art, Lage und Nutzbarkeit von Transporteinrichtungen, z. B. Außen- und Innenaufzüge, Lage und Größe von Einbringöffnungen und Transportwegen innerhalb des Gebäudes (siehe Abschnitt 0.1.6 ATV DIN 18299) sowie
- über Mitbenutzung von fremden Gerüsten, Hebewerkzeugen und dergleichen (siehe Abschnitt 0.2.7 ATV DIN 18299).

Wichtig: Die im Abschnitt 0.1 der ATV DIN 18340 und in den Abschnitten 0.1 ff. der ATV DIN 18299 angegebenen Hinweise sind nur Beispiele, die nach den Erfordernissen des Einzelfalles vom Ausschreibenden unbedingt ergänzt werden müssen.

Die Aufforderung an den Bieter, sich selbst ein „Bild" zu machen, reicht grundsätzlich nicht aus. Dementsprechend ist der Hinweis in der Leistungsbeschreibung, „die Baustelle ist zu besichtigen", oder eine pauschale Aufforderung zur Planeinsicht beim Architekten als spätere Vertragsgrundlage unzulässig und kann somit für den Bieter im Vorfeld keine verpflichtende Bedingung darstellen. Dies ergibt sich aus der ATV DIN 18299 wie auch dem § 7 DIN 1960 VOB Teil A. Entsprechende Hinweise entbinden den Ausschreibenden deshalb nicht vor seiner Verpflichtung, die Baustellensituation zum Zeitpunkt der Leistungserbringung erschöpfend zu beschreiben.

Davon unabhängig ist dem Bieter natürlich zu empfehlen, die Möglichkeit zur Planeinsicht wahrzunehmen, insbesondere wenn diese aufgrund besonderer Umstände notwendig erscheint; dies sollte jedoch die Ausnahme bleiben.

0.2 Angaben zur Ausführung

Genauso notwendig wie genaue Angaben zur Baustelle sind entsprechende Angaben zur Ausführung der Leistungen. Neben der genauen Beschaffenheit und Verarbeitung der zu verwendenden Stoffe, auf die sowohl in den Abschnitten 0.2 ff. der ATV DIN 18340 als auch der ATV DIN 18299 hingewiesen wird, ist auch die Beschreibung von Leistungen gravierender Bestandteil einer jeden Ausschreibung. Insbesondere der Hinweis auf zu erwartende Erschwernisse bei der Ausführung der Leistungen und/oder Koordinationszwänge mit anderen Gewerken wie z. B. Elektro-, Sanitär- und/oder Heizungsinstallateuren ist unbedingt erforderlich. Hierzu finden sich besondere Hinweise in den Abschnitten 0.2 ff. der ATV DIN 18299.

0.2.1 Anzahl, Art, Maße, Tragfähigkeit, Stoffe und Ausführung der Bauteile.

Genaue Angaben zu den Eigenschaften einzubauender Stoffe sowie zur Ausführung von Bauteilen insgesamt sind gerade im Trockenbau aufgrund der Vielfalt an Einsatz- und Kombinationsmöglichkeiten der Systemkomponenten notwendig.

Dies gilt ebenso für bauseits vorhandene bzw. vorgegebene Bauteile und Stoffe. Kenntnisse hierüber sind z. B. wichtig für die Beurteilung der Tragfähigkeiten zur Verankerungen der eigenen Leistung (insbesondere im Sanierungsbereich, z. B. bei Hohlkörper-, Stahlstein- oder Hohlstegdecken bzw. Porenbetonkonstruktionen) sowie das

Ausbilden konstruktiver An- und Abschlüsse in Zusammenhang mit den Abschnitten 0.2.7, 0.2.8 sowie 0.2.20 der ATV DIN 18340.

Entsprechende Regelungen für Stoffe, die vom Auftraggeber beigestellt werden, sind in ATV DIN 18299, Abschnitt 0.2.15 beschrieben.

0.2.2 Gestaltung und Einteilung von Flächen, Raster- und Fugenausbildung, besondere Verlegeart.

Für die Herstellung von Decken mit werkseitig vorgefertigtem Format, Dicke und Design ist dem Auftragnehmer vom Auftraggeber ein Verlegeplan mit Angaben über die Ausbildung von Randfriesen, Maßangaben und Einteilungsraster für Aussparungen z. B. für Leuchten, Lautsprecher, Lüftungsauslässe und dergleichen zur Verfügung zu stellen. Die Verlegeart, ob im rechtwinkligen Raster, in Diagonalverlegung usw., ist ebenso zu dokumentieren. Werden entsprechende Leistungen, z. B. auch als Werkplanung, vom Auftragnehmer verlangt, handelt es sich um zusätzlich zu vergütende Leistungen (siehe auch ATV DIN 18340, Abschnitt 4.2.13).

0.2.3 Maße, Sonderformate, Formen und Profile, z. B. Tafeln, Paneele, Kassetten. Oberflächenart, -struktur und Oberflächenbehandlung sowie Farben der Bauteile. Ausbildung der Kanten und Ecken.

Formen, Ausbildungen, Oberflächenarten, Strukturen und Farben können – insbesondere bei Abweichung vom üblichen System- bzw. Herstellerstandard – die Preiskalkulation erheblich beeinflussen. Angesichts der Vielzahl unterschiedlicher Bauteilvarianten im Trockenbau sind detaillierte Angaben zur gewünschten Ausführung dringend erforderlich.

Die zu kalkulierenden Decken-, Wand- oder Bodenelemente mit der dazugehörenden Unterkonstruktion, dem Oberflächendesign, den Abschluss-, Anschluss-, Kanten- und Fugenprofilen sind so erschöpfend und genau zu beschreiben, dass der Bewerber die Leistung ohne große Vorarbeiten kalkulieren kann. Bei einer flächigen Verlegung ist es sinnvoll, nicht nur das Gesamtmaß in der Leistungsposition anzugeben, sondern auch die dazu gehörenden Längenmaße (Ausdehnungen: Länge/Breite).

Kommen z. B. Kantenausbildungen mit einem Winkel von größer oder kleiner 90° zur Ausführung, so ist dies zu beschreiben.

0.2.4 Anzahl, Art, Lage, Maße und Beschaffenheit von Einzelflächen, von geneigten, gebogenen oder andersartig geformten Flächen sowie von Formteilen. Bekleidung besonderer Bauteile.

Lage, Häufigkeit und Abmessungen von Einzelflächen bestimmen im Wesentlichen Logistik- und Einmessaufwendungen, Anpassungsaufwand, Zuschnitt- und Verschnittanteile, somit die gesamten Herstellkosten. Bei der Ausführung von Trockenbauarbeiten ist deshalb eine genaue Beschreibung der zu kalkulierenden Einzelflächen erforderlich. Wichtig sind dabei insbesondere Preis beeinflussende Angaben zu

- Formen, wie geneigt, gekrümmt oder vieleckig,
- Anschlüssen an vorhandene Bauteile, wie Rippen-, Kassetten- oder Trapezbleche,
- Teil- oder Kleinflächen. Hierbei ist darzulegen, wie sich die in der Leistungsposition angegebenen Flächen zusammensetzen.

Einzelflächen, wie z. B. für Flur- oder Baddecken, sollten in jedem Fall in getrennter Leistungsposition zu anderen Flächen gleicher Ausführungsart erfasst werden. Dabei sind weitergehende Angaben, z. B. zu Größen einer Fläche (Länge/Breite), anzugeben und dabei Flächen in Stückzahlen gleich gearteter Einzelflächen auszuschreiben. Davon abgesehen sind Einzelflächen unter 5 m^2 Einzelgröße generell gesondert und nach 0.5.3 nach Stück auszuschreiben (siehe ATV DIN 18340, Abschnitte 0.5.3 und 5.1.11).

Formteile, wie abgetreppte Profilierungen, Verkofferungen, Stützenver- oder -bekleidungen bzw. Säulen, sind durch Detailzeichnungen zusätzlich zu verdeutlichen. Bekleidungen besonderer Bauteile, wie bauseits eingebauter Sanitärkonstruktionen, Stahlkonstruktionen o. Ä., sind zu beschreiben, einschließlich gegebenenfalls erforderlicher Auswechselungen, Verstärkungen und dergleichen.

0.2.5 Anzahl, Art, Güte und Farbe der Befestigungselemente, z. B. Nägel, Klammern, Klipse, Niete, sichtbar oder nicht sichtbar, gestaltet mit oder ohne Abdeckkappen. Befestigung in Randbereichen. Art und Ausführung der Befestigung der Bauteile.

Befestigungselemente von Bekleidungen sind in ihrer Art, Güte, Anzahl und Farbe zu beschreiben, z. B.: genagelt, geschraubt, gedübelt, genietet oder geklipst, sichtbar oder verdeckt. Dies gilt vor allem, wenn besondere Befestigungsarten, -formen oder -qualitäten gewünscht werden.

Dies ist z. B. in Außenbereichen der Fall, wenn Konstruktionen zusätzlich durch Witterungseinflüsse (z. B.: Winddruck, Windsog bzw. Korrosion) belastet werden. Hier sind zusätzliche Verstärkungen im Randbereich, Zusatzsicherungen der einzubauenden Bauteile gegen Wind und Sog und spezielle Beschichtungen gegen Korrosion erforderlich, die gegebenenfalls zu beschreiben sind.

Auf eine genaue Beschreibung von Befestigungselementen kann jedoch verzichtet werden, wenn diese bereits durch den ausgeschriebenen Systemstandard vorgegeben sind.

0.2.6 Art, Ausführung und Maße von Trag- und Unterkonstruktionen, u. a. Abhänge- und Aufbauhöhen.

Nahezu alle Leistungen im Trockenbau bestehen aus einer Trag- und Unterkonstruktion mit der dazugehörenden Bekleidung.

Zu der Beschreibung der Trag- und Unterkonstruktion gehören die Angabe von Abhängehöhen für Decken (siehe auch DIN EN 13964) und Aufbauhöhen im Boden- und Wandbereich, z. B.: bei Doppelböden, Vorsatzschalen oder Trockenputzarbeiten, sowie die Angabe von Höhen für das Ausgleichen von Unebenheiten und/oder bei Schüttungen.

Insbesondere, wenn aufgrund besonderer Anforderungen, wie z. B. verringerte Achsabstände, verstärkte Ausführungen usw. von Unterkonstruktionen gewünscht werden, ist dies eindeutig und verständlich zu beschreiben.

Deckenbekleidungen, z. B. Mineralfaser- oder Metalldecken, die in die vorhandene Trag- und Unterkonstruktion eingelegt werden, sind für eine Druck- und Sogbelastung von 0,04 kN/m^2 ausgelegt. Sind höhere Drücke zu erwarten, sind die erforderlichen Zusatzmaßnahmen in die Leistungsbeschreibung aufzunehmen.

0.2.7 Art und Ausführung der Verankerung der Trag- und Unterkonstruktion, z. B. Dübel, Schrauben.

Verlangt der Auftraggeber eine bestimmte Art der Befestigung, muss diese in der Leistungsbeschreibung klar und eindeutig angegeben sein. Der Auftragnehmer hat deren Eignung zu prüfen. Gemäß § 4 Nr. 3 VOB/B muss er ggf. seine Bedenken anmelden.

Verankerungsmittel müssen immer auf ihre Befestigungsuntergründe abgestimmt sein.

Notwendige Hinweise auf die Beschaffenheit und Festigkeit des Untergrundes sollten deshalb immer auch Aussagen zu ggf. erschwerten Befestigungsmöglichkeiten durch Bauteile beinhalten, die besondere Anforderungen an die Befestigung erfordern.

Besteht die Gefahr einer Beschädigung von Bewehrungen in Decken und Böden durch das Anbringen von Befestigungselementen (Bohren und Dübeln), so ist die erforderliche Zusatzleistung für das Suchen und Kennzeichnen der einzelnen Lagen von Bewehrungsstäben mit einem Bewehrungssuchgerät eine Besondere Leistung, die in der Leistungsbeschreibung in gesonderter Position zu beschreiben ist. Hinzu kommen die Mehraufwendungen für zusätzliches Bohren und Einbauen von Befestigungsmitteln gegenüber einer Standardausführung.

Die gewählte Art und Ausbildung können die Preisgestaltung erheblich beeinflussen und sind auch deshalb eindeutig festzulegen.

Eine Verdübelung bedeutet beispielsweise in der Kalkulation einen bedeutend höheren Kostenansatz als z. B. eine Verschraubung.

0.2.8 Art, Beschaffenheit und Festigkeit des Untergrundes, z. B. verputztes oder unverputztes Mauerwerk, Beton, Porenbeton, Hohlkörper- oder Holzbalkendecke, Verbundestrich, Estrich auf Trenn- oder Dämmstoffschicht mit oder ohne Fußbodenheizung, Hohlboden, Doppelboden.

Die Art, Beschaffenheit und Festigkeit des Untergrundes bestimmen in großem Maße, welche Verankerungen, Befestigungen oder Verklebungen kalkuliert werden müssen.

Dabei ist es von großer Wichtigkeit, ob ein Trockenputz auf ein verputztes oder unverputztes Mauerwerk, auf Beton oder auf Porenbeton aufgebracht werden soll.

In allen Fällen sind unterschiedliche Vorarbeiten notwendig und deshalb auch in die Leistungsbeschreibung aufzunehmen (siehe Abschnitt 0.2.29 der ATV DIN 18340). Bei der Verdübelung der Trag- und Unterkonstruktion leichter Deckenbekleidungen und/oder Unterdecken entscheiden die Art und Güte der vorhandenen Deckenkonstruktion über die Art der einzubauenden Verankerung.

Eine Ortbetondecke verlangt eine andere Verankerung als z. B. eine Fertigteildecke, eine Hohlkörperdecke oder eine Holzbalkendecke.

Vorgespannte Betontragelemente, in denen keine Verdübelung erfolgen darf, sondern welche mit Sonderkonstruktionen zu überbrücken sind, sind ebenfalls in Art, Maß und Beschaffenheit zu beschreiben.

Bei Estrichen auf Trenn- oder Dämmschicht ist die Angabe, ob die Ausführung ohne oder mit Fußbodenheizung erfolgen soll unerlässlich. Eine gewünschte Fußbodenheizung ist besonders zu beschreiben.

Hohl- und Doppelböden benötigen einen Untergrund, der in Lage ist, die vorgesehenen Belastungen schadenfrei aufzunehmen und abzutragen. Sollten Lastverteilungsschichten erforderlich sein, z. B. über Abdichtungen oder Dämmungen, so sind diese genau zu beschreiben.

0.2.9 Bauteilfertigung nach Ausführungsplan oder nach örtlichem Aufmaß.

Für die Herstellung von werkseitig oder in der Werkstätte des Auftragnehmers anzufertigenden Fertigteilen im Trockenbau benötigt der Auftragnehmer eine genaue Beschreibung und Pläne mit genauen Angaben über Art, Anzahl, Maße und Ausbildung der zu fertigenden Bauteile.

Die für die Ausführung notwendigen Pläne sind dem Auftragnehmer entsprechend § 3 Nr. 1 VOB/B unentgeltlich zur Verfügung zu stellen. Benötigt werden die Pläne in der Regel in 3-facher Ausführung. Die übergebenen Pläne sind vom Auftragnehmer hinsichtlich der vorgesehenen Art der Ausführung zu überprüfen. Bestehen Bedenken, so sind diese gemäß § 4 Nr. 3 VOB/B möglichst schon vor Beginn der Fertigung schriftlich mitzuteilen.

Wird ein örtliches Aufmaß erforderlich, so sollte dieses gemeinsam von Auftragnehmer und Auftraggeber durchgeführt und bestätigt werden.

0.2.10 Art, Maße und Ausbildung der Hinterlüftung sowie Abdeckung ihrer Öffnungen.

Bei hinterlüfteten Konstruktionen sind in der Leistungsbeschreibung Art, Abmessung und Ausbildung der Hinterlüftung sowie die dafür vorzusehenden Öffnungen zu beschreiben.

Gleiches gilt für die Lage und Größe der Öffnungen sowie den Abstand der vorgesetzten Konstruktion vom Baukörper. Ebenso die Art ihrer Abdeckung in Design, Güte und Farbe.

0.2.11 Anzahl, Art, Lage, Maße und Ausbildung von herzustellenden oder zu schließenden Aussparungen, z. B. Öffnungen, Durchdringungen, Ausklinkungen, Nischen.

Angesichts der Vielzahl unterschiedlicher Trockenbaukonstruktionen mit unterschiedlichsten auszusparenden bzw. auszuklinkenden bzw. wieder zu schließenden Flächen und Stoffen ist der Aufwand für das Einmessen, Herstellen, Schließen und gegebenenfalls auch Verstärken von Konstruktionen im Aussparungsbereich nur kalkulierbar, wenn die gewünschte Leistung klar und detailliert beschrieben wird. So sind z. B. Öffnungen, Durchdringungen, Ausklinkungen und Nischen genau mit deren Maßen und Art der Ausführung anzugeben. Hierbei handelt es sich um eine Besondere Leistung gemäß den Abschnitten 4.2 ff. der ATV DIN 18340, sofern sie in der Leistungsbeschreibung nicht bereits als gesonderte Position vorgesehen wurden.

Jeder Eingriff in eine Trockenbaukonstruktion erfordert zusätzliche Maßnahmen zur Stabilisierung der Gesamtkonstruktion sowie konstruktiven Verstärkung für das Einbauen verschiedener Bauteile (siehe dazu auch die Abschnitte 3.7.2 und 3.7.4 der ATV DIN 18340).

Anschlüsse, Anzahl, Maße und Lage für Einbaustrahler und/oder -leuchten, Lautsprecher und dergleichen, ebenso die Größe der Einbauöffnung sowie Angaben darüber, ob die Schnittkanten der Öffnung abgedeckt werden oder sichtbar bleiben, d. h., die Leuchte frei in der Öffnung sitzt. Angaben über thermisches oder akustisches Entkoppeln sind ebenso erforderlich.

Bei Durchdringungen sind die Maße, die Anzahl, die Ausbildung anzugeben wie auch die Lage der einzelnen Durchdringungen.

Ausklinkungen von Profilen an Platten, an Elementen oder bei Konstruktionen sind genau mit ihrem Maß, Anzahl und ihrer Lage anzugeben. Gegebenenfalls werden durch solche Maßnahmen zusätzliche Verstärkungen erforderlich.

Das Herstellen und Ausbilden von Nischen erfordern immer einen hohen Aufwand, sodass zur Kalkulation und auch für die Ausführung hierüber genaue Aussagen über Maße, Größe und den Zeitpunkt der Herstellung bzw. des Einbaues erforderlich sind.

0.2.12 Vorleistungen anderer Unternehmer, insbesondere hinsichtlich der Ausführung der An- und Abschlüsse.

Ein Beispiel für die Beschreibung der Vorleistung eines anderen Unternehmers ist der Anschluss einer Gipsplattenbekleidung an Dachschrägen, wobei als Vorleistung das Einbauen einer Dämmung und der dazugehörenden Dampfbremse erbracht wurde.

In der Leistungsbeschreibung ist der Anschluss der Gipsplattenbekleidung an angrenzende Bauteile zu beschreiben, damit die Funktion der Dämmung und Dampfbremse erhalten bleibt, nicht beschädigt oder beeinträchtigt wird und der Anschluss der Gipsplattenbekleidung sämtliche gewünschten Eigenschaften übernimmt (z. B. gleitend, mit Schattenfuge o. Ä., Anschlüsse an Installationen wie Sanitär, Heizung und/oder Lüftung).

Dazu gehört auch eine Aussage über die gewünschte Funktion eines Anschlusses.

0.2.13 Art, Maße, Profilierung und Bodeneinstand von Zargen. Anschlagsart und Öffnungsrichtung der Türen, Art der Falzdichtungen und Dämpfungsmittel. Art der Türblätter, Beschläge und Verglasungen sowie Zeitpunkt der jeweiligen Montage.

Bei der Vielzahl unterschiedlicher Zargen, Türblätter und Beschläge müssen zur Kalkulation aus der Leistungsbeschreibung alle Details eindeutig hervorgehen (z. B. auch Fabrikat, Herstellerbezeichnung, Produktnummer).

Insbesondere ist zu beschreiben, ob einteilige, zwei- oder dreiteilige Zargen zu kalkulieren sind bzw. die Montage im Zuge der Erstellung der Trennwand oder nachträglich in die vorbereitete Türöffnung erfolgen soll.

Bei einteiligen Stahlzargen ist zu beschreiben, ob es sich um Zargen mit oder ohne Bodeneinstand handelt. Ferner ist anzugeben, ob die Zargen vorgerichtet sein müssen für einfach, doppelt gefälzte oder stumpf anschlagende Türblätter.

Bei Holzzargen, die in der Regel nachträglich in die Trennwand eingebaut werden, ist zu beschreiben, ob es sich um eine Umfassungszarge oder eine Blockzarge handelt.

Neben Art und Maßen für eine Zarge, d. h. Breite und Höhe sowie Materialstärke (siehe dazu auch Abschnitt 3.7.1, ATV DIN 18340), ist auch die Dicke der Wandkonstruktion „Maulweite", einschließlich Falztiefe, Spiegelbreite und Abkantung anzugeben.

Für Zargen und Türelemente gilt in gleichem Maße die Angabe über die Art, Farbe und Dekor der Oberfläche.

Ein weiterer wichtiger Faktor für die Kalkulation ist die Angabe des Zeitpunktes für den Einbau von Zargen und Türelementen. Die Festlegbarkeit rechtzeitiger Bestelltermine ist angesichts oft mehrwöchiger Lieferzeiten von besonderer Bedeutung.

Oftmals wird vom Planer bzw. Ausschreibenden die besondere Einbausituation von einteiligen Leichtbauzargen gegenüber Mauerwerkszargen vergessen. Stahlumfassungszargen werden im Gegensatz zu Mauerwerkszargen zuerst gestellt, anschließende GK-Wände greifen in die Zargen ein. Ist dieser Ablauf aus z. B. Lieferzeitgründen nicht möglich, bedingt dies einen Wechsel auf mehrteilige, nachträglich einzubauende Zargen. Dies führt zu erheblichen Mehrkosten. Deshalb erfordert die Leistungsbeschreibung hierfür ebenfalls genaue Angaben.

Türelemente mit Verglasungen bzw. verglastem Oberlicht oder mit besonderen Anforderungen für Schall-, Brand- oder Strahlenschutz und/oder besonderen Anforderungen an die Dichtigkeit sind klar und eindeutig zu beschreiben.

Bei Türblättern sind neben bauphysikalischen Anforderungen Angaben zur Oberflächenbehandlung (u. a. furniert, kunststoffbeschichtet, streichfähig) sowie zu Material und Aufbau (z. B. Waben, Voll- oder Röhrenspan) zu machen bzw. ob Ein- oder Umleimer gewünscht werden.

Bei der Vielzahl der am Markt vorhandenen Beschläge ist eine eindeutige Beschreibung des Fabrikates, des Typs und des Designs erforderlich. Dazu gehört z. B. auch die Angabe, ob Bundbartschlösser oder Schlösser für Profilzylinder einzubauen sind. Auch notwendig sind z. B. Angaben über absenkbare Bodenabdichtungen oder Türschließer.

Bezüglich Verglasungen sind ebenfalls erschöpfende Angaben in der Leistungsbeschreibung erforderlich, insbesondere zu Struktur, Qualität (u. a. ESG, VSG und dergleichen), aber auch z. B. zur Art und Ausführung der Glashalteleisten, insbesondere auch der Eckausführung (mit Gehrung oder stumpf).

0.2.14 Anzahl, Art, Lage, Maße und Massen von Installations- und Einbauteilen.

In der Leistungsbeschreibung sind in getrennten Positionen Angaben darüber aufzunehmen, inwieweit Installationen und Einbauteile in die Trockenbaukonstruktion aufzunehmen sind.

Siehe auch Abschnitte 3.3.3, 4.2.37 der ATV DIN 18340.

Trockenbaukonstruktionen können beim Einbau von Installations- und Einbauteilen nur eine der Konstruktion entsprechende Masse (kg) aufnehmen. Deshalb sind in der Leistungsbeschreibung genaue Angaben über Anzahl, Art, Lage, Maße und Belastungen durch derartige Einbauten vorzusehen.

Bei höheren Einbaumaßen als für eine Konstruktion zulässig, sind besondere Maßnahmen in die Leistungsbeschreibung aufzunehmen (siehe Abschnitt 0.2.16, ATV DIN 18340).

Neben der Angabe der Massen der Einbauteile sind auch Art, Lage und Maße von Einbauteilen wie z. B. für das Einmessen und Herstellen von Aussparungen für Einzelleuchten genau zu beschreiben.

Ebenso sind Angaben darüber zu machen, ob der Ausführende selbst für das Einmessen, das Herstellen der Aussparung, das Verstärken der Unterkonstruktion und das Einbauen zuständig sein soll.

0.2.15 Anzahl, Art und Maße von Profilen, z. B. Kantenprofilen, An- und Abschlussprofilen, Umfassungsschienen.

Bei der Ausführung von Leistungen im Trockenbau sind immer Angaben darüber zu machen, wie Kanten und Ecken auszuführen sind.

Kanten und Ecken können sowohl mit Metall- oder Kunststoffprofilen als auch mit gefalteten und geleimten V-Fräsungen ausgeführt werden. In der Regel werden Kanten und Ecken mit einem Winkel von 90° ausgeführt. Kommen Kanten und Ecken mit einem Winkel größer oder kleiner 90° zur Ausführung, so ist dies zu beschreiben.

Beim Einbau von An- und Abschlussprofilen ist klar und deutlich der Abstand zum bestehenden Bauteil oder Einbauteil zu beschreiben, z. B. als Schattenfuge offen oder geschlossen, als gleitender Anschluss.

Da entsprechend Abschnitt 3.4.4 der ATV DIN 18340 Außenecken mit einem Kantenprofil oder mit V-Fräsung nach Wahl des Auftragnehmers auszuführen sind, ist diese Leistung entsprechend Abschnitt 0.5.2 der ATV DIN 18340 in einer eigenständigen Leistungsposition entsprechend den Anforderungen des Auftraggebers auszuschreiben.

0.2.16 Art und Länge der Verstärkungen für Einbauten, z. B. für Türzargen, Sanitärelemente.

Trockenbaukonstruktionen können Belastungen durch Einbauteile nur in begrenztem Maße aufnehmen. Zur Lastverteilung werden gegebenenfalls Verstärkungskonstruktionen erforderlich, die bereits in der Leistungsbeschreibung gefordert werden müssen.

Öffnungen für Tür- oder Fensterzargen erfordern je nach Größe und Masse verschiedenartige Zusatzkonstruktionen, ebenso muss eine Trockenbaukonstruktion gemäß Abschnitt 3.7.4 der ATV DIN 18340 beim Einbau von Sanitärelementen, Wandhängeschränken und Einbauten ebenfalls durch besondere Maßnahmen verstärkt werden.

Vorhandene Installationen und Einbauten bedingen jedoch oftmals, dass die einer Trockenbaukonstruktion vorgegebenen Regelabstände nicht eingehalten werden können. Für derartige Fälle sind in die Leistungsbeschreibung ebenfalls Ansätze für zusätzliche vertikale und horizontale Ständerprofile außerhalb des Regelabstandes von 62,5 cm aufzunehmen.

Die Ausschreibung erfolgt nach den Abschnitten 0.5.2 bzw. 0.5.3 der ATV DIN 18340.

0.2.17 Art, Lage, Maße und Ausbildung von Bewegungs-, Bauwerks- und Bauteilfugen.

Die Beschreibung von Bewegungs-, Bauwerks- und Bauteilfugen ist für die Ausführung von Trockenbauarbeiten wichtig, da diese Fugen für jede Trockenbaukonstruktion eine besondere Maßnahme erfordern.

Entsprechend Abschnitt 3.1.4 der ATV DIN 18340 müssen Bewegungsfugen des Bauwerks konstruktiv mit gleicher Bewegungsmöglichkeit übernommen werden. Entsprechend Abschnitt 3.1.5 der ATV DIN 18340 sind jedoch für Trockenbaukonstruktionen bei besonderen Fällen ebenfalls zusätzliche Bewegungsfugen vorzusehen und deshalb in die Leistungsbeschreibung aufzunehmen.

Besonders zu beachten sind statisch bedingte Deckendurchbiegungen. Für den Deckennschluss von Trennwänden sind entsprechend den zu erwartenden Durchbiegungen gleitende Anschlüsse auszuschreiben. Die zu erwartende Durchbiegung ist anzugeben.

Die Ausschreibung erfolgt gemäß Abschnitt 0.5.2 der ATV DIN 18340.

0.2.18 Art und Farbe von Fugenabdichtungen, Fugenabdeckungen und Fugenhinterlegungen.

Verlangt der Auftraggeber die Abdichtung, Abdeckung oder Hinterlegung von Fugen, so sind in der Leistungsbeschreibungen hierfür besondere Ansätze vorzusehen.

Dazu gehören, neben Breiten- und Tiefenangaben, Angaben über Art (dies beinhaltet auch Funktion und Größe), Farbe der Abdichtung, Abdeckung oder Hinterlegung.

0.2.19 Anforderungen an den Brand-, Schall-, Wärme-, Feuchte- und Strahlenschutz sowie an die Luftdichtheit und elektrische Leitfähigkeit. Akustische sowie licht- und lüftungstechnische Anforderungen, Feuerwiderstandsklassen nach DIN 4102.

Trockenbaukonstruktionen werden als Regelausführung nach Abschnitt 3, ATV DIN 18340 ohne besondere Anforderungen an den Brand-, Schall-, Wärme-, Feuchte- und Strahlenschutz hergestellt.

Aus diesem Grund müssen zusätzliche bauphysikalische Anforderungen, die der Auftraggeber an die gewünschte Konstruktion stellt, klar und eindeutig, entsprechend bestehenden DIN-Normen und/ oder dem Stand der Technik in die Leistungsbeschreibung aufgenommen werden (siehe Abschnitt 4.2.36 der ATV DIN 18340).

Insbesondere müssen in der Leistungsbeschreibung Maßnahmen aufgenommen werden für die Herstellung von Anschlüssen derartiger Konstruktionen an bestehende Bauteile sowie im Bereich von Einbauteilen, z. B. Leuchten, Lautsprecher und sonstige Durchdringungen wie z. B. Stützen.

Anforderungen an die Luftdichtheit und elektrische Leitfähigkeit sind besonders zu beschreiben, ebenso Anforderungen lüftungs- und schalltechnischer Art.

Bei Anforderungen an den baulichen Brandschutz sind die geprüften Konstruktionen auf der Grundlage der Prüfzeugnisse zu beschreiben. Für brandschutztechnische Anforderungen an die Feuerwiderstandsklassen, z. B. F 30 – feuerhemmend, sind neben der Gesamtkonstruktion insbesondere auch die Anschlüsse an begrenzende Bauteile (Einbauteile, Durchdringungen usw.) mit den gleichen Anforderungen zu beschreiben. Bei besonderen Anforderungen, für die keine oder keine eindeutigen Prüfzeugnisse vorliegen, sind Konstruktionen für den Einzelfall bei den zuständigen Behörden oder Instituten zu erfragen und in die Leistungsbeschreibung aufzunehmen (siehe auch Begriffsdefinitionen).

0.2.20 Anzahl, Art, Lage, Maße und Ausbildung von Abschlüssen und von Anschlüssen an angrenzende Bauteile, z. B. mit Anschlussprofilen, Trennfugen, Trennstreifen, luftdicht.

Die Ausbildung von Anschlüssen an angrenzende Bauteile ist unter Beachtung ihrer gewünschten technischen und optischen Wirksamkeit zu beschreiben. Ihnen kommt aus konstruktiven, bauphysikalischen und gestalterischen Gründen eine besondere Bedeutung zu:

1. im Hinblick auf Feuchte-, Wärme-, Schall- und/oder Brandschutz (bauphysikalische Anforderungen),
2. im Hinblick auf die Aufnahme möglicher Bewegungen im Baukörper und zwischen den einzelnen Bauteilen (z. B. Übergang von Drempel (Abseite) zur Dachschräge),
3. in Bezug auf Ausgleichsmaßnahmen bei zulässigen Maßtoleranzen (z. B. hinter Randwinkeln) sowie
4. im Hinblick auf die gestalterische Ausbildung (z. B. geschlossene/offene Fuge) und
5. konstruktive Befestigungsmöglichkeiten.

Die bereits in der Planung festzulegenden Ausführungskriterien und Details sind in entsprechenden Positionen in die Leistungsbeschreibung aufzunehmen. Siehe dazu auch die Abschnitte 0.2.15, 3.1.8 und 4.2.31 der ATV DIN 18340.

Insbesondere sind Ausführungsarten im Hinblick darauf zu beschreiben, ob z. B. bei stumpfen Anschlüssen so genannte „kontrollierte Haarrisse“ (max. bis 0,2 mm) gewünscht bzw. ob gleitende Anschlüsse mit sichtbarer „Haarfuge“ erforderlich sind. Die Art der Anschlüsse, starr, elastisch, dicht oder offen, ist genau zu beschreiben.

Bei Anforderungen an die Luftdichtigkeit von Anschlüssen sind diese technisch genau zu beschreiben, z. B. Leckageverlustvorgaben im m^3 pro Zeiteinheit. Die Beschreibung „luftdicht“ hat für sich allein keine Aussagekraft und erfordert deshalb immer eine technische Spezifikation gemäß den Anforderungen im Einzelfall (z. B. Reinräume).

0.2.21 Art, Dicke, Beschaffenheit und physikalische Eigenschaften von Dämmstoffen, Dampfbremsen, Vliesen und dergleichen.

Um die Vorschriften für den Wärme- und Schallschutz bei Trockenbaukonstruktionen erfüllen zu können, sind in der Leistungsbeschreibung genaue Angaben über die zu verwendenden Dämmstoffe, Dampfbremsen, Vliese und dergleichen zu machen.

Dabei sind besonders die Anschlüsse und Überlappungen, aber auch Durchbrüche in abgestimmter Form detailliert zu berücksichtigen und zu beschreiben, um Schwachstellen, die z. B. mit einem Blower-door-Test aufgezeigt werden können, im Vorfeld planvoll zu berücksichtigen und damit auszuschließen.

0.2.22 Art und Ausbildung bauseitiger Abdichtungen.

Für die Ausführung von Trockenbauarbeiten im Bereich des Fußbodens, z. B. bei der Verlegung von Fertigteil-Estrichen, Trockenunterböden oder Systemböden, sind in der Leistungsbeschreibung Hinweise über die Art und Ausbildung bauseitiger Abdichtungen erforderlich. Weitergehende Angaben zur Art bauseitig veranlasster Vorarbeiten werden in Abschnitt 0.1.21 der ATV DIN 18299 gefordert (siehe auch die diesbezügliche Kommentierung).

Das Gleiche gilt in Nassbereichen für Abdichtungen an Wänden und Decken, wie z. B. in Schwimmhallen, bei gedämmten und abgedichteten Flächen, die mit einer Vorsatzschale, einer Deckenbekleidung oder abgehängten Decke versehen werden sollen.

Zur Befestigung der Beplankung oder der Unterkonstruktion sind dabei besondere Maßnahmen erforderlich, die in die Kalkulation aufgenommen werden müssen, wie z. B. Überbrückungen, Befestigungen im Klebeverfahren.

0.2.23 Besondere physikalische Eigenschaften der Stoffe.

Gemäß Abschnitt 3 der ATV DIN 18340 werden Trockenbaukonstruktionen als Regelausführung ohne besondere Anforderungen an den Brand-, Schall-, Wärme-, Feuchte- und Strahlenschutz hergestellt. Dies ergibt sich auch aus der Definition entsprechend besonderen Maßnahmen nach Abschnitt 4.2.36 der ATV DIN 18340.

Werden an die Eigenschaften der einzubauenden Stoffe solche besonderen Anforderungen gestellt, wie z. B. aus Gründen des Brandschutzes, der Wärmedämmung, des Feuchte- und des Strahlenschutzes oder der Raum- und Bauakustik, so muss dies in der Leistungsbeschreibung eindeutig festgelegt werden. Dies betrifft z. B. die Festlegung, ob imprägnierte Gipsplatten ein- oder zweilagig zu verwenden sind oder Feuerschutzplatten oder sonstige Sonderausführungen einzubauen sind. Siehe hierzu auch DIN 18181, Februar 2007.

0.2.24 Art, Ausbildung und Eigenschaften des Feuchte- und Korrosionsschutzes für Befestigungen, Unterkonstruktionen und Bekleidungen.

Bauteile in Trockenbaukonstruktionen werden als Regelausführung ohne Anforderungen an den Feuchte- und Korrosionsschutz erstellt.

Zusätzliche Anforderungen an den Feuchte- und Korrosionsschutz, die der Auftraggeber stellt, müssen klar und eindeutig in der Leistungsbeschreibung angegeben werden, z. B. für Konstruktionen im Deckenbereich unter Beachtung der DIN 13964, Tabelle 8.

Die Art des geforderten Korrosionsschutzes, z. B. Anstrich, Verzinken, Beschichten, ist ebenso zu beschreiben wie die Anforderungen an den Feuchte- und Korrosionsschutz bezüglich der zu verwendenden Stoffe, der Funktion der Bauteile sowie der klimatischen Bedingungen.

Die Beschreibung muss die Güte des Schutzes verdeutlichen. Begriffe wie feuchtraumgeeignet oder feuchtigkeitsbeständig sagen ohne weitere Spezifizierung nichts über die Güte und Qualität der zu erbringenden Leistung bzw. der zu verwendenden Stoffe aus.

0.2.25 Besondere physikalische und chemische Beanspruchungen, denen Stoffe und Bauteile nach dem Einbau ausgesetzt sind, z. B. aggressive Dämpfe, Stoßbelastungen, Feuchte.

Angaben hierzu sind in der Leistungsbeschreibung dann erforderlich, wenn besonderen Einflüssen, denen Trockenbaukonstruktionen nach dem Einbau ausgesetzt sind, durch geeignete Maßnahmen begegnet werden soll, um nachteilige Einwirkungen auf die eingebauten Stoffe und Bauteile zu vermeiden.

Aggressive Dämpfe können z. B. in Chemielabors, Mineralbädern, Galvanisieranstalten o. Ä. entstehen.

Stoßbelastungen sind Trockenbaukonstruktionen z. B. in Sporthallen o. Ä. ausgesetzt. Es müssen entsprechend geprüfte Konstruktionen unter Berücksichtigung der Anschlüsse beschrieben werden.

Stoßbelastungen von Böden – insbesondere dynamische Belastungen – sind besonders zu beschreiben.

0.2.26 Art und Umfang der vom Auftragnehmer zu liefernden Verlege- oder Montagepläne, Stofflisten und sonstiger Dokumentationen.

Nach VOB/B § 3 Nr. 1 sind dem Auftragnehmer alle für die Ausführung notwendigen Unterlagen unentgeltlich zur Verfügung zu stellen und rechtzeitig zu übergeben.

Möchte der Auftraggeber von diesem Regelfall abweichen, so ist dies in der Leistungsbeschreibung ausführlich und erschöpfend darzulegen und in einer Position zu erfassen.

So ist z. B. die Erstellung von Deckenplänen, die Überarbeitung oder Umarbeitung solcher Pläne grundsätzlich Sache des Planers.

Werden solche Leistungen vom Auftragnehmer verlangt, so handelt es sich um eine Besondere Leistung (siehe Abschnitt 4.2.13 der ATV DIN 18340).

Das gilt auch für die Erstellung von Revisionsplänen.

0.2.27 Anzahl, Art und Maße von Mustern, z. B. Oberflächen- und Farbmustern, Musterflächen, Musterkonstruktionen, Modellen. Ort der Anbringung oder Aufstellung.

Entsprechend Abschnitt 4.1.3 der ATV DIN 18340 ist die Vorlage von vorgefertigten Oberflächen- und Farbmustern eine vom Auftragnehmer zu erbringende Nebenleistung.

Dagegen handelt es sich entsprechend Abschnitt 4.2.9 der ATV DIN 18340 bei der Herstellung von Mustern, Musterstücken, Musterflächen, Musterkonstruktionen bzw. -montagen und Modellen um keine Nebenleistung, sondern um eine besonders zu vergütende Leistung, die sich in der Leistungsbeschreibung in einer eigenständigen Position niederschlagen soll. Darin sollten Anzahl, Art und Größe des Musters sowie der Ort der Anbringung, Aufstellung, Montage oder Demontage beschrieben sein.

0.2.28 Grenzmuster für Farbe und Glanz endbehandelter Oberflächen und Oberbeläge.

Grenzmuster sind nicht zu verwechseln mit einem „Referenzmuster“, das die gewünschte mittlere Farb- bzw. Glanzwahl definieren soll.

Grenzmuster, z. B. eines durch ein Referenzmuster festgelegten Farbtones oder einer Musterfläche, sollen die möglichen Spielräume optischer Abweichungen beschreiben. Selbst davon kann es immer Einzelabweichungen in der ganzen Fläche geben.

So können z. B. bei Naturprodukten Abweichungen vorkommen, die erst in der Fläche sichtbar werden und keinen Mangel darstellen.

0.2.29 Vorbehandeln des Untergrundes, z. B. Reinigen, Aufrauen, Aufpicken, Abschlagen von Altuntergründen, Auftragen von Haftbrücken, Grundierungen, Vorbehandeln stark saugender Untergründe.

In der Leistungsbeschreibung ist der Untergrund, auf dem eine Leistung aufzutragen, anzubringen oder zu montieren ist, genau zu beschreiben.

Entsprechend Abschnitt 4.1.2 der ATV DIN 18340 ist nur das Reinigen des Untergrundes von losem Staub als Nebenleistung zu betrachten.

Dagegen handelt es sich nach Abschnitt 4.2.6 der ATV DIN 18340 um eine zusätzlich zu vergütende Leistung, wenn z. B. fest anhaftender Schmutz, Mörtel- oder Putzreste abgeschabt, abgestoßen oder abgeschlagen, wenn Untergründe mit Farbanstrichen durch mechanisches Bearbeiten aufgeraut oder entfernt werden müssen, wenn glatte, nicht saugfähige Flächen durch das Auftragen einer Haftbrücke erst die gewünschte Bekleidung aufnehmen können oder wenn schwach saugende, ungleich saugende, nicht tragfähige, mürbe Untergründe durch das Auftragen einer Grundierung vorbehandelt werden müssen.

0.2.30 Anzahl, Art, Maße sowie Zeitpunkt der Montage von vorgezogenen oder nachträglich herzustellenden Teilflächen.

In VOB/B § 5 Nr. 1 ist dem Auftragnehmer die Verpflichtung auferlegt, mit der Ausführung seiner Leistung nach den verbindlichen Fristen (Vertragsfristen) zu beginnen, die Ausführung angemessen zu fördern und zu vollenden. Deshalb ist es notwendig, Hinweise in die Leistungsbeschreibung aufzunehmen, wenn die Ausführung der

Leistung in Arbeitsabschnitten erfolgen soll oder wenn Arbeitsunterbrechungen oder -beschränkungen vorgesehen oder zu erwarten sind, beispielsweise durch örtlich festgelegte Betriebsruhezeiten. Siehe dazu auch ATV DIN 18299, Abschnitt 0.2.1.

In der Leistungsbeschreibung sind insbesondere Angaben darüber zu machen, inwieweit Teilflächen nicht im Zuge der übrigen Trockenbauarbeiten, sondern vorweg oder nachträglich auszuführen sind.

Diese Angaben sind erforderlich, da Leistungen, die vorweg oder nachträglich ausgeführt werden müssen, einen erhöhten Aufwand erfordern.

Durch die Abschnitte 4.1.4 und 4.2.17 der ATV DIN 18340 wird eindeutig geregelt, dass Teilleistungen im Trockenbau dann zusätzlich zu vergütende Leistungen darstellen, wenn diese nicht im Zuge gleichartiger Trockenbauarbeiten kontinuierlich erbracht werden können. Dies gilt auch für das nachträgliche Anarbeiten von Bodenbelagsarbeiten an angrenzende Bauteile und den nachträglichen Aus- und Wiedereinbau von Bodenelementen, aber auch z. B. für das Anbringen von Gipskartonstreifen im unteren Bereich von Wand- und Vorsatzschalen für den vorgezogenen Estricheinbau oder für das Herstellen von Nischen für die Heizungsinstallationen.

Ein weiteres Beispiel sind abgehängte Decken, die aus besonderen Gründen nicht im Zuge der UK-Montagearbeiten geschlossen werden können (z. B. bei Kühldecken). Auch hier sind ggf. gesonderte Positionen erforderlich.

0.2.31 Art des Bodenbelages, der Verspachtelung sowie Art und Zeitpunkt der Oberflächenbehandlung, der Imprägnierung sowie der Aufbringung des Bodenbelages. Bodenaufbau im Übergangsbereich von unterschiedlichen Bodenflächen.

In der Leistungsbeschreibung sind die Art des Bodenbelages, die gestalterische Wirkung von Flächen, Farbe, Fugenausbildung, Oberflächenbehandlung sowie eine besondere Verlegeart klar und eindeutig zu beschreiben.

Dazu gehören auch die Beschreibung der Art und Beschaffenheit des Untergrundes und der Untergrundvorbehandlung sowie der Zeitpunkt der einzelnen zu erbringenden Leistungen.

Bauklimatische Beanspruchungen können Grundierungsmaßnahmen erfordern, wenn unmittelbar keine flächenfertigen Böden eingebaut werden. Diese sind dann besonders zu beschreiben.

Damit beim Übergang verschiedener Bodenarten, wie z. B. Doppelbodentrassen zu Estrichflächen, eine flächengleiche Applikation von Oberbelägen erfolgen kann, ist die Art der Bearbeitung solcher Übergänge zwischen verschiedenen Bodenarten in die Leistungsbeschreibung aufzunehmen.

0.2.32 Besonderer Schutz der Leistungen, z. B. Verpackung, Kantenschutz, Abdeckungen, insbesondere bei fertigen bzw. endbehandelten Oberflächen.

Verlangt der Auftraggeber einen besonderen Schutz der Leistung, z. B. auch Schutzfolien an Metalldecken oder Einhausungen von Türelementen, so ist dies in der Leistungsbeschreibung eindeutig anzugeben.

Der besondere Schutz der Leistung, der vom Auftraggeber für eine vorzeitige Benutzung verlangt wird, seine Unterhaltung und spätere Beseitigung ist gemäß ATV DIN 18299, Abschnitt 4.2.5 der ATV DIN 18340 eine Besondere Leistung (siehe entsprechende Kommentierung dieses Abschnittes).

0.2.33 Schutz von Bau- oder Anlagenteilen, Einrichtungsgegenständen und dergleichen.

Vom Auftragnehmer zu erbringende Schutzmaßnahmen in Bezug auf bauseitige Bauteile, Baustoffe, Bau- und Anlagenteile, Einrichtungsgegenstände, z. B. Abkleben von Fenstern, Türen, Böden und oberflächenfertigen Teilen, staubdichtes Abkleben von empfindlichen Einrichtungen, technischen Geräten, Staubschutzwände, Auslegen von Hartfaserplatten oder Bautenschutzfolien und dergleichen, sind in eigenständigen Positionen in die Leistungsbeschreibung aufzunehmen.

Im Abschnitt 4.1 der ATV DIN 18340 wurden bewusst keinerlei Nebenleistungen im Zusammenhang mit dem Schutz von Bauteilen aufgenommen, da dieser gewerbeüblich (entsprechend der gewerblichen Verkehrssitte, siehe VOB/B § 2 Nr. 1) nicht notwendig ist und deshalb im Rahmen anderer Leistungspositionen üblicherweise nicht einkalkuliert wird.

In diesem Zusammenhang liegt nahe, dass nicht nur die Maßnahmen zum Schutz bauseitiger Bau- und Anlageteile sowie Einrichtungsgegenstände gemäß Abschnitt 4.2.5 der ATV DIN 18340 als Besondere Leistungen zu werten sind, sondern auch außergewöhnliche Schutzmaßnahmen für die eigene Leistung.

0.2.34 Besondere Maßnahmen zur Aufnahme von Bauwerksbewegungen und Durchbiegungen.

Auf Bauwerksbewegungen und Deckendurchbiegungen vorgespannter Konstruktionen ist in der Leistungsbeschreibung hinzuweisen und entsprechende Positionen für die Aufnahme derartiger Bewegungen und Durchbiegungen sind aufzunehmen.

Der Grad der Durchbiegung einer Deckenkonstruktion ist anzugeben, so dass z. B. Trennwände mit entsprechendem gleitenden Deckenanschluss ausgeführt werden können. Dies ist eine zusätzlich zu vergütende Leistung gemäß Abschnitt 4.2.31, ATV DIN 18340.

Auch beim Einbau von Deckenbekleidungen und Unterdecken sind am Anschluss an Bauteile entsprechende Maßnahmen erforderlich, die in eigenständige Positionen zu erfassen sind.

Bei gleitenden Deckenanschlüssen von Wänden ist von entscheidender Bedeutung, ob die Anschlüsse sichtbar bleiben oder aber abgehängte Decken die Anschlüsse verdecken.

Gegebenenfalls erforderliche, zusätzliche, optische Maßnahmen (z. B. Kanten- oder Abschlussprofile) sind gesondert zu beschreiben (siehe dazu Abschnitte 3.1.4, 3.1.5, 3.4.4, 4.2.30, 4.2.31, 4.2.32 ATV DIN 18340).

0.3 Einzelangaben bei Abweichung von den ATV

0.3.1 Wenn andere als die in dieser ATV vorgesehenen Regelungen getroffen werden sollen, sind diese in der Leistungsbeschreibung eindeutig und im Einzelnen anzugeben.

0.3.2 Abweichende Regelungen können insbesondere in Betracht kommen, bei

Abschnitt 3.1.3, wenn andere als die dort aufgeführten Toleranzen gelten sollen,

Abschnitt 3.3.7, wenn andere als sichtbare Wandwinkel ausgeführt werden sollen,

Abschnitt 3.4.1, wenn Trennwände nicht mit Gipskartonplatten, sondern mit anderen Bekleidungen, z. B. Gipsfaserplatten, hergestellt werden sollen.

Von den in der ATV Trockenbauarbeiten getroffenen Regelungen kann in besonderen Einzelfällen abgewichen werden. Dabei wird allerdings insbesondere vor dem Hintergrund der Schuldrechtsreform nach § 241, Abs. 2 BGB ein sehr strenger Maßstab angelegt, demgemäß die Abschnitte 0.3.2 der ATV 18299 bzw. 18340 für Abweichungen nur beispielhaft einige wenige Möglichkeiten zulassen, die sich fast ausnahmslos auf die in den jeweiligen Abschnitten 2 beschriebenen „Stoffe“ beziehen.

Alternativen zu den in den ATV beschriebenen Ausführungen können im Einzelfall durchaus zweckmäßig sein. Die Abweichungen müssen in der Leistungsbeschreibung dann aber detailliert und unmissverständlich beschrieben, d. h. die zu erbringende Leistung exakt definiert sein.

Bei Abweichungen gelten insoweit erhöhte Anforderungen an die Klarheit und Eindeutigkeit der Beschreibung. Deshalb muss auch eindeutig angegeben werden, wenn ausnahmsweise z. B. die Lieferung von Stoffen und Bauteilen nicht zur Leistung des Auftragnehmers gehören soll oder z. B. wenn höhere Ebenheitstoleranzen gelten sollen, als die DIN 18202 „Maßtoleranzen im Hochbau“ vorsieht.

Der Aufsteller einer Leistungsbeschreibung muss in jedem Fall entscheiden, welche von mehreren möglichen Lösungen gewollt ist, und diese „eindeutig und erschöpfend“ im Einzelnen beschreiben (vgl. VOB/A § 7).

0.4 Einzelangaben zu Nebenleistungen und Besonderen Leistungen

Keine ergänzende Regelung zur ATV DIN 18299, Abschnitt 0.4.

Nebenleistungen sind gemäß Abschnitt 4.1 der ATV DIN 18299 Leistungen, die auch ohne ausdrückliche Erwähnung in der Leistungsbeschreibung zu den vertraglichen Leistungen gehören.

Sie sind mit den vertraglich vereinbarten Einzelpreisen der ausgeschriebenen Leistungen abgegolten.

Dem Grundgedanken der VOB entspricht es, dass Nebenleistungen zwar grundsätzlich nicht zu erwähnen sind, eine ausdrückliche Erwähnung aber dann geboten ist, wenn die Kosten der Nebenleistungen die Preisbildung erheblich beeinflussen und ausnahmsweise selbständig vergütet werden sollen. In diesen Fällen sind besondere Positionen vorzusehen.

Beispielhaft ist das Einrichten und Räumen der Baustelle zu nennen, aber auch besondere Anforderungen an Zufahrten, Lager- und Stellflächen sowie besondere Schwierigkeiten bei Gerüstsituationen (z. B. Einrüsten von Treppen, auch wenn die Arbeitshöhe kleiner 2,0 m ist oder die Absturzhöhe auf einer Gerüstseite größer als 2,0 m beträgt). Siehe auch ATV DIN 18299 Abschnitt 0.2.6.

Auch wenn Räume, die leicht verschließbar gemacht werden können, vom Auftraggeber nicht zur Verfügung gestellt werden, muss die

Aufenthaltsmöglichkeit für die Mitarbeiter (Container) besonders beschrieben werden, da der Auftraggeber die dafür erforderlichen Kosten übernehmen muss.

Gleiches gilt z. B. bei erforderlichem besonderen Schutz von gelagerten Materialien oder bereits fertig gestellten Teilleistungen.

Wenn ein Schutz mit normalen Mitteln nicht möglich ist, weil z. B. der Schutz andere Gewerke oder den Bauherrn selbst behindern würde, müssen entsprechende Ausnahmeregelungen formuliert werden.

Als weiteres Beispiel ist das Vorhandensein überlanger Installationswege zu Energiequellen zu nennen oder überlange vertikale und horizontale Transportwege.

Die meisten der vorgenannten Beispiele werden in den Abschnitten 0 bzw. 4 der ATV DIN 18299 geregelt, die diesbezüglich unbedingt auch zu Rate gezogen werden sollte.

Werden Besondere Leistungen gemäß Abschnitt 0.4 verlangt, so sind hierfür grundsätzlich besondere Positionen vorzusehen.

Es ist unzureichend, Besondere Leistungen, die bei der Kalkulation berücksichtigt werden müssen, lediglich in den Vorbemerkungen mit dem Hinweis zu erwähnen, dass sie mit den Einheitspreisen abgegolten seien.

Dies widerspricht § 7 VOB/A, da solche Hinweise nicht kalkulierbar sind. Solche Klauseln und Vorgaben verstoßen auch gegen §§ 320 ff. BGB, dem Prinzip der Berechenbarkeit von Leistung und Gegenleistung, da darin versucht wird, insbesondere Kostenrisiken einseitig auf die Seite der Auftragnehmer zu verlagern.

Wenn dem Planer zum Zeitpunkt der Ausschreibung bestimmte Besondere Leistungen wie z. B. Durchbrüche noch nicht bekannt sind, weil eine Detailplanung der Installationen noch nicht vorliegt, so kann das nicht zu Lasten des Auftragnehmers gehen. Die Auswertung vorhandener Installationspläne stellt – insoweit sie dem Auftragnehmer aufgebürdet wird – einen erheblichen Zusatzaufwand dar, der nicht als Nebenleistung behandelt werden kann.

Fehlen die entsprechenden Positionen mit kalkulationsfähigen Angaben, handelt es sich gemäß § 7 VOB/A um eine mangelhafte Ausschreibung.

Ohne erschöpfende Angaben können die Anforderungen an die Eindeutig- und Vollständigkeit der Leistungsbeschreibung sowie die gewünschte Beschaffenheit der Leistung nicht erfüllt werden.

0.5 Abrechnungseinheiten

Im Leistungsverzeichnis sind die Abrechnungseinheiten wie folgt vorzusehen:

In den Abschnitten 0.5.1, 0.5.2 und 0.5.3 der ATV DIN 18340 wird der Reihenfolge nach beispielhaft beschrieben, welche Konstruktionen nach welcher Einheit – Fläche (m^2), Längenmaß (m), Anzahl (Stück) – auszuschreiben und damit später auch abzurechnen sind.

Diese Vorgaben gewährleisten eine sichere Kalkulation, eine Vergleichbarkeit der Angebote und sind Bestandteil der Abrechnungsregeln in Abschnitt 5.

Bei der Erstellung des Leistungsverzeichnisses sind die in Abschnitt 0.5 aufgeführten Regeln für die Abrechnungseinheiten unverändert zu übernehmen. Nur dann wird das Leistungsverzeichnis den Forderungen von § 7 VOB/A und den Abschnitten 3 „Ausführung“, 4 „Nebenleistungen und Besondere Leistungen“ und 5 „Abrechnung“ gerecht.

Es empfiehlt sich, im Vertrag ausdrücklich festzulegen, dass die in Abschnitt 0.5 der ATV DIN 18340 festgelegten Berechnungseinheiten Vertragsbestandteil sind. Der Abschnitt 0.5 der ATV DIN 18340 ist in Verbindung mit dem Abschnitt 5 der ATV DIN 18340 zu sehen und führt zu erheblichen Vereinfachungen und Klarheit bei der Abrechnung.

In den nachfolgenden Abschnitten werden umfängliche Hinweise zur genauen Ausschreibung nach Abrechnungseinheiten aufgeführt.

Im Leistungsverzeichnis sind Abrechnungseinheiten wie folgt vorzusehen:

0.5.1 Flächenmaß (m^2), getrennt nach Bauart und Maßen, für

- Reinigung und Vorbehandlung des Untergrundes,
- flächige Unterkonstruktionen für Decken, Wände und Böden mit einer Fläche über 5 m^2,
- Dämmstoffschichten und Vliese mit einer Fläche über 5 m^2,
- Deckenbekleidungen und Unterdecken mit einer Fläche über 5 m^2,
- nichttragende Trennwände mit einer Fläche über 5 m^2,
- Wandbekleidungen mit einer Fläche über 5 m^2,
- Vorsatzschalen mit einer Fläche über 5 m^2,
- Leibungsbekleidungen von Öffnungen und Nischen mit einer Tiefe über 1 m, z. B. für Fenster, Türen, Lichtkuppeln,

- Schürzen, Abschottungen, Ablagen, Abdeckungen und seitliche Bekleidungen, Friese, Abtreppungen und dergleichen mit einer Breite über 1 m je Ansichtsfläche,
- Verkofferungen und Bekleidungen mit einer Abwicklung über 1 m, z. B. an Lisenen, Pfeilern, Stützen, Trägern, Unterzügen sowie um Rohre, Leitungen und dergleichen,
- Schwert- und Reduzierelemente mit einer Breite über 1 m,
- Trenn- und Schutzschichten, Schutzbeläge, Folien, Bahnen, Dampfbremsen und dergleichen mit einer Breite über 1 m,
- Auffüllungen und Schüttungen,
- Doppel-, Hohlraum- und Trockenunterböden und sonstige Systemböden, Fertigteilestriche mit einer Fläche über 5 m^2,
- Schließen und Herstellen von Aussparungen mit einer Fläche über 5 m^2.

0.5.2 Längenmaß (m), getrennt nach Bauart und Maßen, für

- Leibungsbekleidungen von Öffnungen und Nischen mit einer Tiefe bis 1 m, z. B. für Fenster, Türen, Lichtkuppeln,
- Schürzen, Abschottungen, Ablagen, Abdeckungen und seitliche Bekleidungen, Friese, Abtreppungen und dergleichen mit einer Breite bis 1 m je Ansichtsfläche,
- Verkofferungen bzw. Bekleidungen mit einer Abwicklung bis 1 m, z. B. an Lisenen, Pfeilern, Stützen, Trägern, Unterzügen sowie um Rohre, Leitungen und dergleichen,
- Trenn- und Schutzschichten, Schutzbeläge, Folien, Bahnen, Dampfbremsen und dergleichen mit einer Breite bis 1 m,
- luftdichte Anschlüsse an Bauteile,
- Zuschnitte von Bekleidungen und Bodenelementen, z. B. gerade, schräg, gebogen, andersartig geformt,
- Fensterbänke, Fenster- und Türumrahmungen und dergleichen,
- Schattenfugen, Nuten und dergleichen,
- Aussparungen mit einem Seitenverhältnis größer als 4 : 1 und einer größten Länge über 2 m, z. B. Öffnungen für Lichtbänder, Oberlichtbänder, Lüftungsauslässe, Kabelkanäle, Führungsschienen, Einbauteile,
- Unterkonstruktionen, Verstärkungen, Aussteifungen, Auswechselungen und Überbrückungen mit einer Länge über 2 m für Auf- und Einbauteile, z. B. für Türen, Oberlichter, Trag- und Führungsschienen, Beleuchtungsbänder, Revisionsöffnungen, Hängeschränke, Bodenaufbauten, Ausklinkungen, angeschnittene Kassetten und Paneele,

- Schwert und Reduzierelemente mit einer Breite bis 1 m,
- gleitende Decken-, Wand- und Bodenanschlüsse,
- Weitspannträger mit einer Länge über 2 m,
- Wandabzweigungen, Bekleidungen der Stirnseiten bei freien Wandenden und freien Deckenabschlüssen,
- Einbindungen von Wand- und Deckenkonstruktionen in Decklagen von begrenzenden Bauteilen,
- Anarbeiten an vorhandene Bauteile bzw. Einarbeiten von Einbauteilen mit einer Länge über 1 m je einzuarbeitende Seite in Decken und Wandflächen, z. B. bei Stützen, Pfeilervorlagen, Unterzügen, Rohren, Installationskanälen, Tür- und Fensterelementen, Dachflächenfenstern,
- Ausbildung von Innen- und Außenecken,
- Anschluss-, Bewegungs- und Gebäudetrennfugen,
- Dichtungsbänder, Dichtungsprofile, Verfugungen,
- Trennstreifen bei Anschlüssen an Bauteile und Einbauteile,
- Profile, Leisten, Randwinkel, Wandwinkel, Sockelleisten, Randstreifen und dergleichen sowie zurückgesetzte und hinterlegte Sockelanschlüsse über 2 m Einzellänge.

0.5.3 Anzahl (Stück), getrennt nach Bauart und Maßen, für
- Flächen bis 5 m^2,
- Aussparungen mit einem Seitenverhältnis bis zu 4 : 1 oder einer größten Länge unter 2 m, z. B. für Türen, Fenster, Nischen, Stützen, Pfeilervorlagen, Rohre, Einzelleuchten, Lichtkuppeln, Lüftungsauslässe, Schalter, Steckdosen, Kabel, Einbauteile,
- Schließen und Herstellen von Aussparungen bis 5 m^2,
- Unterkonstruktionen, Verstärkungen, Aussteifungen, Auswechselungen und Überbrückungen mit einer Länge bis 2 m für Auf- und Einbauteile, z. B. für Türen, Oberlichter, Trag- und Führungsschienen, Beleuchtungsbänder, Revisionsöffnungen, Hängeschränke, Bodenaufbauten, Ausklinkungen, angeschnittene Kassetten und Paneele,
- Weitspannträger mit einer Länge bis 2 m,
- Einbau von Revisionsklappen, Einzelleuchten, Lüftungsgittern, Luftauslässen, Tragständern, Zargen, Türen und dergleichen,
- Anarbeiten an vorhandene Bauteile bzw. Einarbeiten von Einbauteilen mit einer Länge bis 1 m je einzuarbeitende Seiten in Decken und Wandflächen, z. B. bei Stützen, Pfeilervorlagen, Unterzügen, Rohren, Installationskanälen, Tür- und Fensterelementen, Dachflächenfenstern,

- luftdichte Anschlüsse an Einbauteile und Installationen,
- zurückgesetzte und hinterlegte Sockelanschlüsse bis 2 m Einzellänge, z. B. an Stützen, Pfeilern, Nischen,
- Sonderformate, z. B. Passplatten,
- Revisionswerkzeuge, Reserveelemente und dergleichen,
- Richtungswechsel von Wänden und Friesen, Gehrungen von Profilen und dergleichen, z. B. im Fugenbereich, bei Nuten.

So genannte „Kleinflächen“ (Flächen bis 5 m^2) sollen insbesondere bei ansonsten gewerbeüblich eher größerflächigen Decken- und Wandpositionen bereits in der Ausschreibung gesondert ausgeschrieben werden. Dies betont die grundsätzliche Festlegung im Abschnitt 0.5.1 der ATV DIN 18340, demnach Flächen über 5 m^2 Einzelgröße grundsätzlich im Flächenmaß (m^2) und Flächen bis 5 m^2 gemäß Abschnitt 0.5.3 der ATV DIN 18340 nach Anzahl (Stück) anzugeben sind.

Was an sich gewollt ist, wird in Abschnitt 5.1.11 der ATV DIN 18340 zutreffender definiert: Nämlich die besondere Berücksichtigung von „Kleinflächen“ (siehe Begriffsdefinition) im Bereich der Abrechnung!

Die Ausschreibung von Schürzen, Abschottungen, Ablagen, Abdeckungen und seitlichen Bekleidungen, Friesen und Abtreppungen erfolgt je nach Bauteildimension im Flächen- oder Längenmaß.

Als Faustregel gilt für die Unterscheidung, ob eine Fläche im Flächenmaß oder Längenmaß ausgeschrieben, kalkuliert und angerechnet wird:

Im Flächenmaß wird abgerechnet, wenn beide Dimensionen, Länge und Breite (Höhe), größer als 1,00 m sind, z. B. 1,01 m × 12,50 m = 12,63 m^2.

Im Längenmaß wird abgerechnet, wenn eine Dimension 1,00 m oder kleiner ist, z. B. 1,00 m × 12,50 m = 12,50 m^2.

Diese Regel gilt als Vorlage einer eindeutigen Leistungsbeschreibung und damit einer klaren und vergleichbaren Kalkulation.

Diese Regel ist bereits in der Leistungsbeschreibung zu befolgen.

Dazu ein Beispiel: Wenn z. B. in der Ansichtsfläche einer Abtreppung sowohl Stufenmaße mit über 1 m als auch unter 1 m Breite vorhanden sind, dann ist die Abtreppung getrennt nach den jeweiligen Flächenanteilen im Flächenmaß oder Längenmaß wie folgt auszuschreiben (siehe Bild 0.5.2-3).

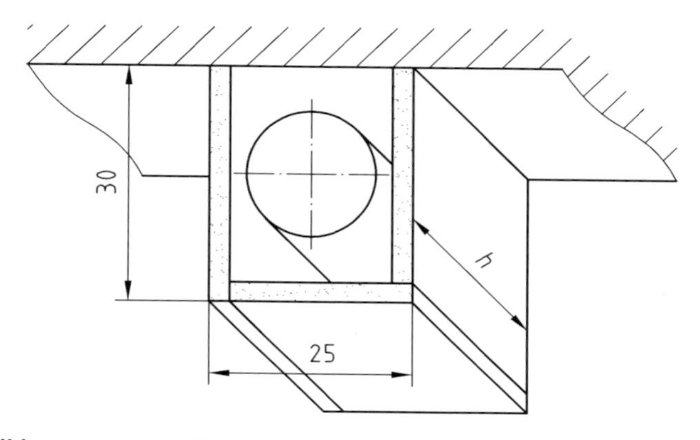

Bild 0.5.2-1: Verkofferung mit einer Abwicklung bis 1 m:
Die Ausschreibung erfolgt im Längenmaß (m),
$2 \times 0{,}30$ m + $0{,}25$ m ≤ 1 m.

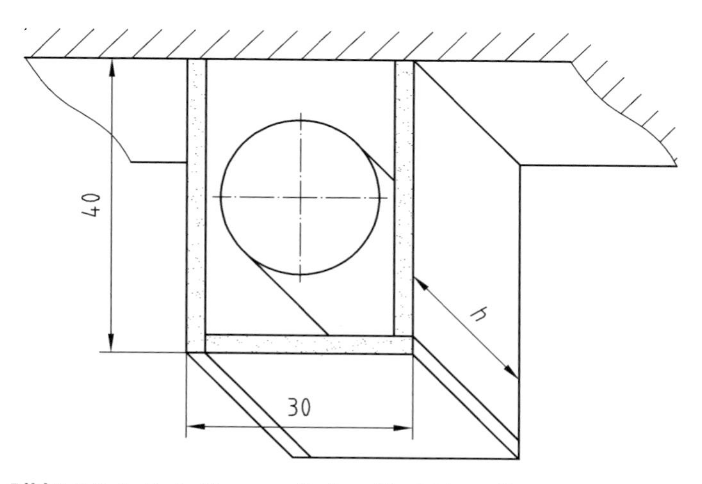

Bild 0.5.2-2: Verkofferung mit einer Abwicklung über 1 m:
Die Ausschreibung erfolgt nach Fläche (m²),
$(2 \times 0{,}40 + 0{,}30\ \text{m}) \times h\ [\text{m}^2]$

Anmerkung: Richtungswechsel und Kantenschutz für diese Konstruktionen sind gemäß den Abschnitten 0.2.3, 4.2.28 bzw. 4.2.30 getrennt auszuschreiben und im Längenmaß abzurechnen.

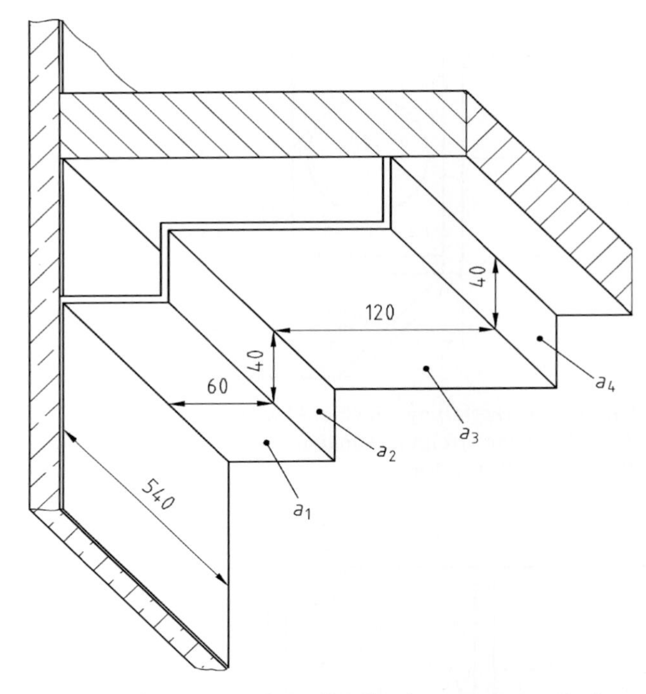

Bild 0.5.2-3: Abtreppung mit Stufen über bzw. unter 1 m Breite je Ansichtsfläche

- Abtreppungsfläche (Breite der Ansichtsfläche über 1 m) a_3:
  1 × 1,20 m × 5,40 m = 6,48 qm
- Abtreppungsflächen (Breite der Ansichtsfläche bis 1 m) a_1, a_2, a_4:
  3 × 5,40 m = 16,20 m

Die Ausschreibung dieser Abtreppung hat also mindestens in 2 separaten Leistungspositionen zu erfolgen.

Die Ausschreibung einer Verkofferung bzw. Bekleidung erfolgt dagegen immer in einer Position, hierfür ist die insgesamt abgewickelte Breite maßgebend. Liegt sie über 1 m, so ist im Flächenmaß auszuschreiben (Addition aller Ansichtsflächen: Längenmaß × Breitenmaß), ansonsten nach Längenmaß.

Fazit: In dem Bemühen, möglichst angemessene Abrechnungseinheiten auszuschreiben, wirken die Regelungen der Abschnitte 0.5.1–0.5.3 der ATV DIN 18340 zunächst kompliziert. Sie garantieren aber bei konsequenter Anwendung sowohl eine klare Ausschreibung mit vergleichbaren Angeboten als auch die angemessene Auseinandersetzung mit dem Leistungsbereich. Bei komplexeren Konstruktionen ist dem Ausschreibenden – nicht zuletzt auch im Interesse klarer einfacher Leistungsbeschreibung und vergleichbarer Angebote – immer zu empfehlen, zusätzlich detailgenaue Konstruktionszeichnungen beizufügen.

1 Geltungsbereich

1.1 Die ATV DIN 18340 „Trockenbauarbeiten" gilt für Raum bildende Bauteile des Ausbaus, die in trockener Bauweise hergestellt werden.

Sie umfasst insbesondere das Herstellen von offenen und geschlossenen Deckenbekleidungen und Unterdecken, Wandbekleidungen, Trockenputz und Vorsatzschalen, Trenn-, Montage und Systemwänden, Brandschutzbekleidungen, Fertigteilestrichen, Trockenunterböden und Systemböden sowie die Montage von Zargen, Türen und anderen Einbauteilen in vorgenannte Konstruktionen.

1.2 Die ATV DIN 18340 „Trockenbauarbeiten" gilt nicht für

- Konstruktionen des Holzbaues (siehe ATV DIN 18334 „Zimmer- und Holzbauarbeiten"),
- Putz- und Stuckarbeiten (siehe ATV DIN 18350 „Putz- und Stuckarbeiten"),
- Estricharbeiten (siehe ATV DIN 18353 „Estricharbeiten"),
- Tischlerarbeiten (siehe ATV DIN 18355 „Tischlerarbeiten"),
- Metallbauarbeiten (siehe ATV DIN 18360 „Metallbauarbeiten"),
- Maler- und Lackiererarbeiten (siehe ATV DIN 18363 „Maler- und Lackiererarbeiten – Beschichtungen") sowie
- Bodenbelagarbeiten (siehe ATV DIN 18365 „Bodenbelagarbeiten").

1.3 Ergänzend gilt die ATV DIN 18299 „Allgemeine Regelungen für Bauarbeiten jeder Art", Abschnitte 1 bis 5. Bei Widersprüchen gehen die Regelungen der ATV DIN 18340 vor.

Nicht zuletzt aufgrund seiner rasanten Weiterentwicklung seiner Bausysteme und Baustoffe hat sich der Trockenbau in den letzten Jahren immer mehr als maßgebliche Bauweise im modernen Innenausbau etablieren können. Dies spiegelt nun auch die neue

ATV DIN 18340 und ihr besonders weit gefasster Geltungsbereich *„für Raum bildende Bauteile des Ausbaus, die in trockener Bauweise hergestellt werden“* wider. Dieser Geltungsbereich eröffnet künftig die Möglichkeit, innovative Leistungserweiterungen in das Spektrum des Trockenbaus zu integrieren.

Mit der neuen ATV DIN 18340 wurde die bislang sehr stark baustoffbezogene Zuordnung des Trockenbaus zu unterschiedlichen ATV zugunsten zusammengefasster system- und leistungsbezogener Regeln aufgegeben. Logische Konsequenz ist die in Abschnitt 1.2 der ATV DIN 18340 umfassend vorgenommene Abgrenzung zum Geltungsbereich anderer ATV.

2 Stoffe und Bauteile

Ergänzend zur ATV DIN 18299 Abschnitt 2 gilt:

Für die gebräuchlichsten genormten Stoffe und Bauteile sind die DIN-Normen nachstehend aufgeführt.

Aufgrund neuer europäischer Normvorgaben erfolgte eine umfangreiche Überarbeitung dieses Abschnittes.

Stoffe und Bauteile, für die DIN-Normen bestehen, müssen den DIN-Güte- und -Maßbestimmungen entsprechen. Die nachstehend aufgeführten Normen decken deshalb das wesentliche Spektrum für die Ausführung von Trockenbauarbeiten ab. Sie dienen als Nachschlagewerk und bieten die Möglichkeit, den Wissensstand zu vertiefen.

Sollen Stoffe und Bauteile zur Verwendung kommen, für die weder DIN-Normen bestehen noch eine amtliche Zulassung vorgeschrieben ist, so muss jedoch in jedem Fall das Einverständnis des Auftraggebers eingeholt werden, bevor mit der Verarbeitung nicht genormter oder amtlich nicht zugelassener Stoffe und Bauteile begonnen wird.

Weitergehende Regelungen zu Eigenschaften von Stoffen und Bauteilen sowie zum Umgang mit diesen sind in den Abschnitten 2 ff. der ATV DIN 18299 geregelt.

3 Ausführung

3.1 Allgemeines

Der Abschnitt 3 der ATV DIN 18340 soll neben allgemeinen Hinweisen zur Ausführung insbesondere aufzeigen, welche Ausführung als Standardausführung (Regelausführung) gilt, wenn nichts anderes vereinbart ist (siehe hierzu auch die Begriffsdefinitionen im entsprechenden Kapitel dieses Buches).

Die hier beschriebenen Standardausführungen entsprechen den „allgemein anerkannten Regeln der Technik". Der Auftraggeber hat auf diese Ausführungsart Anspruch, wenn nichts anderes vereinbart ist, bzw. der Auftragnehmer schuldet mindestens die dort beschriebene Ausführung, wenn beispielsweise ohne genauere Angabe in der Leistungsbeschreibung pauschal nur eine Wand, Decke oder ein Boden gefordert wurde. Sämtliche in Abschnitt 3 der ATV DIN 18340 aufgeführten Leistungen sind natürlich trotzdem grundsätzlich zu vergüten.

Bei fehlenden und/oder ungenauen Angaben in der Leistungsbeschreibung kann davon ausgegangen werden, dass (mindestens) die Standardlösung gemäß Abschnitt 3 der ATV DIN 18340 geschuldet ist, z. B. gemäß Abschnitt 3.1.8 der ATV DIN 18340 bei angrenzenden Bauteilen ein stumpfer Randanschluss.

Ergänzend zur ATV DIN 18299, Abschnitt 3, gilt:

3.1.1 Der Auftragnehmer hat bei seiner Prüfung Bedenken (siehe § 4 (3) VOB/B) insbesondere geltend zu machen bei

- Abweichungen des Bestandes gegenüber den Vorgaben, z. B. bei fehlendem oder ungenügendem Gefälle bei Trockenunterböden mit Bodenabläufen,
- unrichtiger Lage und Höhe des Untergrundes,
- ungenügender Tragfähigkeit des Untergrundes,
- ungeeigneter Beschaffenheit des Untergrundes, z. B. Ausblühungen, zu glatte, staubige, nasse oder gefrorene Flächen, verschiedenartige Stoffe des Untergrundes,
- größeren Unebenheiten des Untergrundes, als nach DIN 18202 zulässig,
- ungeeigneten klimatischen Bedingungen (siehe Abschnitt 3.1.2),
- Schwächungen der Unterkonstruktion, z. B. durch Einbauten und Kreuzungen von Leitungen und dergleichen,
- fehlenden Bezugspunkten, insbesondere fehlenden Angaben zu Bezugsachsen in nicht rechtwinkligen Räumen,
- fehlenden Angaben zum Bodenaufbau im Übergangsbereich von unterschiedlichen Bodenflächen.

Abschnitt 3.1.1 der ATV DIN 18340 gibt Hilfestellung bei der Prüfung der Stoffe, Bauteile und Vorleistungen anderer Unternehmer sowie insgesamt **bei allen Abweichungen des Bestandes gegenüber den Vorgaben.** Die genannten Aufzählungen sind beispielhaft und haben keinen Anspruch auf Vollständigkeit. Aber gerade die dort aufgenommenen Punkte stellen für den Auftragnehmer die Verpflichtung dar, diese zu prüfen. Das fordert das Wort *„insbesondere"*.

Der Umfang der Prüfungspflicht und die Frage, wann der Auftragnehmer schriftlich gegenüber dem Auftraggeber Bedenken geltend zu machen hat, bestimmen sich nicht danach, ob und inwieweit dem Auftragnehmer aufgrund der tatsächlichen Gegebenheiten Bedenken gekommen sind. Maßgebend dabei ist, ob ein in der Ausführung von Trockenbauarbeiten erfahrener und sachkundiger Unternehmer im Rahmen seiner Prüfpflicht hätte Bedenken haben müssen.

Mit diesem Abschnitt wird die dem Auftragnehmer nach VOB/B § 4 (3) auferlegte Prüfungs- und Anzeigepflicht verdeutlicht. Diese Prüf- und Anzeigepflicht ist in VOB/B § 4 (3) wie folgt geregelt:

„Hat der Auftragnehmer Bedenken gegen die vorgesehene Art der Ausführung (auch wegen der Sicherung gegen Unfallgefahren), gegen die Güte der vom Auftraggeber gelieferten Stoffe oder Bauteile oder gegen die Leistung anderer Unternehmer, so hat er sie dem Auftraggeber unverzüglich – möglichst schon vor Beginn der Arbeiten – schriftlich mitzuteilen; der Auftraggeber bleibt jedoch für seine Angaben, Anordnungen oder Lieferungen verantwortlich."

Grundsätzlich sind Bedenken unverzüglich schriftlich dem Auftraggeber oder bevollmächtigen Vertreter mitzuteilen. Die Schriftform soll dabei sicherstellen, dass der Auftraggeber von den Bedenken des Auftragnehmers in zuverlässiger Weise Kenntnis erhält.

Dies bedeutet in der Praxis:

Die Bedenkenmitteilung ist an den Auftraggeber zu richten und wird in der Regel an den Auftraggeber über den Architekten bzw. Bauherrenvertreter geschickt. Es empfiehlt sich, ein Duplikat direkt an den Bauherrn zu schicken. Im Extremfall entweder

- per Einschreiben mit Rückschein oder
- per Fax mit Datum- und Textauszug sowie dokumentierter telefonischer Rückversicherung, dass das Fax vollständig angekommen ist, oder
- durch persönliche Übergabe unter Zeugen.

Werden die Bedenken nur an den Architekten/Projektleiter des Auftraggebers adressiert und geschickt, dann muss sichergestellt sein, dass der Adressat als bevollmächtigter Vertreter des Bauherrn eingesetzt ist.

Die Bedenken sind detailliert zu beschreiben und mögliche Auswirkungen auf die eigene Leistungserstellung anzugeben – z. B. die Gefährdung vereinbarter Ausführungsfristen.

Eine Verpflichtung, dem Auftraggeber, Architekten oder Bauleiter Vorschläge oder Ratschläge zu erteilen, die seinen vorgebrachten Bedenken Rechnung tragen, hat der Auftragnehmer nicht. Es ist davon abzuraten, mit eigenen Lösungsvorschlägen Haftungsrisiken auf sich zu nehmen.

Es obliegt dem Auftragnehmer, die Verpflichtung, Anordnungen, die der Auftraggeber, Architekt oder Bauleiter aufgrund der vorgebrachten Bedenken trifft, daraufhin zu überprüfen, ob damit seine vorgebrachten Bedenken vollständig ausgeräumt sind. Ist dies nicht der Fall oder treten neue Bedenken auf, so sind diese unverzüglich wieder schriftlich dem Auftraggeber mitzuteilen.

Die Prüfung der Vorleistung bzw. des Arbeitsbereiches erfolgt zunächst

- durch Augenscheinnahme,
- durch einfache Messmethoden (z. B. Zollstock, Wasserwaage, Temperaturmessgerät),
- durch Wischprobe (z. B. mit flacher Hand, um Staub festzustellen),
- durch Kratzprobe (z. B. mit einem spitzen und harten Gegenstand. Dabei festgestellte Abplatzungen, Abblättern oder Absanden erfordern besondere Maßnahmen),
- durch Benetzungsprobe auf Betonflächen, um festzustellen, ob es sich um feuchten Beton handelt und/oder eine fest anhaftende Sinterhaut vorhanden ist bzw. ob es sich um stark verdichteten Beton handelt,
- durch Prüfung der Baufeuchte (durch Augenscheinnahme oder eventuell mittels eines einfachen Feuchtigkeitsmessgerätes).

Die Prüfpflicht geht dabei nicht so weit, dass der Auftragnehmer verpflichtet ist, aufwändige Feuchtemessungen bzw. andere aufwändige Prüfverfahren vorzunehmen.

Oftmals werden aus logistischen Gründen Baustoffe wie Gipsplatten, Mineralfaserplatten o. Ä. zu einem sehr frühen Zeitpunkt an die Einbaustelle gebracht und zwischengelagert. Vor allem hohe Luftfeuchtigkeit bewirkt bei den meisten Trockenbaustoffen Längen-, Breitenänderungen bzw. Aufquellen. Nach der Verarbeitung, spätestens nach der ersten Heizperiode, schwinden die Materialien, ihr Volumen wird durch den Feuchtigkeitsentzug kleiner. Es kommt zu Rissen in den Fugen und/oder bei Anschlüssen an andere Bauteile.

Es empfiehlt sich deshalb grundsätzlich, bei ungünstigen bauklimatischen Verhältnissen, d. h. insbesondere bei erheblichen Klimaunterschieden zwischen Lagerungs-, Einbau- und Nutzungszustand, die zu Qualitätseinschränkungen oder gar Schäden bzw. Folgeschäden an der Trockenbauleistung führen können, auf die Möglichkeit eintretender Probleme frühzeitig hinzuweisen.

Für die einzelnen Materialien gelten unterschiedliche Klimavoraussetzungen. Diese können den technischen Merkblättern und sonstigen Herstellerangaben entnommen werden. Bei Gipsplatten (Gipskarton) sind geeignete klimatische Bedingungen z. B. Luftfeuchtigkeiten zwischen 40 % und 80 % bzw. Temperaturen über +8 °C (am Bauteil gemessen).

Maßnahmen gegen ungünstige bauklimatische Verhältnisse hat der Auftraggeber sorgfältig zu planen. Gegen ungeeignete Maßnahmen, wie z. B. schnelles schockartiges Aufheizen der Räume bzw. Anblasen der Gipsplatten mit Warmluft, sind Bedenken anzumelden.

Natürlich gibt es Grenzfälle, in denen sich die Frage stellt, ob der Trockenbauer hätte Bedenken anmelden müssen. Der Trockenbauer ist allerdings kein Bauphysiker und kann deshalb für Probleme nicht verantwortlich gemacht werden, deren Erkennung und Bewertung bauphysikalisches Spezialwissen voraussetzt. Der Trockenbauer ist auch kein Statiker, der die Breite einer Bewegungsfuge oder das Maß einer Deckendurchbiegung errechnen kann.

Wenn Unsicherheit besteht, kann es sinnvoll sein, dem Auftraggeber die Zuziehung eines Fachingenieurs zu empfehlen. Dies gilt beispielsweise im Bereich des Schallschutzes neben den Bedenken bezüglich der Ausbildung flankierender Bauteile auch bezüglich möglicher Schwächungen der zu erstellenden Wand selbst.

Beispiel: *„Wir bitten, durch einen Fachingenieur prüfen zu lassen, ob trotz der zahlreichen Durchbrüche, gleitenden Deckenanschlüsse und Türelemente, die alle das Schalldämmmaß der Wand schwächen, das grundsätzlich geforderte Schalldämmmaß für diese Wand noch erzielt werden kann.“*

3.1.2 Bei ungeeigneten klimatischen Bedingungen, z. B. bei Spachtelarbeiten Temperaturen unter 10 °C, sind in Abstimmung mit dem Auftraggeber besondere Maßnahmen zu ergreifen. Die zu treffenden Maßnahmen sind Besondere Leistungen (siehe Abschnitt 4.2.4).

Wesentliche bauklimatische Zwangspunkte ergeben sich im Trockenbau aus den bauphysikalischen Eigenschaften der verwandten

Baustoffe und Bauteile. Eine wesentliche Rolle neben notwendigen Mindesttemperaturen für Spachtelarbeiten spielt der Baustoff Gips. Bei Gipsbauplatten sind insbesondere feuchtebedingte Längenänderungen von Bedeutung, die in der Praxis oftmals aus Temperaturänderungen resultieren. Langjährige Erfahrungen haben gezeigt, dass für die Verarbeitung von Gipskartonplatten der günstige Klimabereich zwischen 40 % und 80 % relativer Luftfeuchte liegt. Beim Einbau der Baustoffe ist deshalb besonders darauf zu achten, dass geeignete klimatische Rahmenbedingungen im Arbeitsbereich herrschen, die nach Fertigstellung der Leistung aufrechtzuerhalten sind und bereits weitestgehend den Bedingungen der späteren Nutzungsphase entsprechen (sowohl hinsichtlich des Raumklimas als auch der Bauteiltemperaturen).

Bevor irgendwelche Maßnahmen eingeleitet werden, um angemessene Klimabedingungen herzustellen, sind gemäß Abschnitt 3.1.1 der ATV DIN 18340 Bedenken anzumelden (siehe dazu auch Kommentar zu Abschnitt 3.1.1 der ATV DIN 18340). Einzuleitende Maßnahmen sind Besondere Leistungen gemäß Abschnitt 4.2.4 der ATV DIN 18340.

Insbesondere unter Gewährleistungsaspekten ist zu beachten, dass extreme Unterschiede zwischen Bau- und späterem Nutzungszustand, z. B. abrupte Temperaturwechsel (Trockenheizen), zu kritischen Belastungszuständen des Baustoffes führen. Das schnelle Anheizen von Räumen hat eine rapide Senkung der relativen Luftfeuchtigkeit zur Folge, mit der Längenänderungen (Schwinden) zwangsläufig verbunden sind, die im Allgemeinen nicht mehr schadlos vom Bauteil aufgenommen werden können.

Da Temperaturunterschiede und Luftfeuchteschwankungen sich auch im Gebrauchszustand nicht ausschließen lassen, ist grundsätzlich bei starren Anschlüssen und Übergängen (z. B. Schräge an Drempel) mit Abrissen (Haarrissen) zu rechnen. Diese sind kein Mangel, wenn im LV nicht besondere Positionen vorgesehen sind, um eben diese physikalisch bedingten Abrisse zu vermeiden (siehe dazu Abschnitt 3.1.8 der ATV DIN 18340).

Es ist sinnvoll, zu erwartende Abrisse im Vorfeld planerisch zu gestalten.

3.1.3 Abweichungen von vorgeschriebenen Maßen sind in den durch

- DIN 18202 Toleranzen im Hochbau – Bauwerke
- DIN 18203-1 Toleranzen im Hochbau – Teil 1: Vorgefertigte Teile aus Beton, Stahlbeton und Spannbeton

- DIN 18203-2 Toleranzen im Hochbau – Teil 2: Vorgefertigte Teile aus Stahl
- DIN 18203-3 Toleranzen im Hochbau – Teil 3: Bauteile aus Holz und Holzwerkstoffen

bestimmten Grenzen zulässig.

Bei Streiflicht sichtbar werdende Unebenheiten in den Oberflächen sind zulässig, wenn diese die Grenzwerte nach DIN 18202 nicht überschreiten.

Werden an die Ebenheit erhöhte Anforderungen gemäß DIN 18202, Tabelle 3, Zeile 4 bzw. 7, oder sonstige erhöhte Anforderungen an die Maßhaltigkeit gegenüber den in den oben genannten Normen aufgeführten Werten gestellt, so sind die zu treffenden Maßnahmen Besondere Leistungen (siehe Abschnitt 4.2.7).

Bei Doppelböden ist am Stoß benachbarter Platten ein Höhenversatz bis 1 mm zulässig.

Entsprechend sind sichtbare Durchbiegungen bei Metalldeckenplatten auf Grund lastabhängiger Verformungen zulässig, wenn diese die Grenzwerte nach der DIN EN 13964 nicht überschreiten.

Die Toleranzen nach DIN 18202 definieren ausschließlich zulässige Abweichungen zwischen Nennmaß (planerischem Sollmaß) und tatsächlich ausgeführtem Istmaß der eigenen Leistung auf der Baustelle. Diese sind nach definierten Messmethoden messbar und bilden grundsätzlich den Beurteilungsmaßstab. Dadurch werden subjektiv empfundene Einschätzungen wie z. B. „unebene", „nicht glatte", „schlechte" Oberflächenqualität nachprüfbar.

Die in DIN 18202 zugrunde gelegten Werte müssen bei Ausführung der Trockenbauleistungen grundsätzlich eingehalten werden.

Die DIN 18202 unterscheidet

- Grenzabweichungen,
- Grenzwerte für Winkelabweichungen,
- Grenzwerte für Ebenheitsabweichungen.

Grenzabweichungen

Mit den Grenzabweichungen sind die (noch) zulässigen Abweichungen vom Sollmaß (angegebene Länge, Breite, Höhe, Achs- und Rastermaße, Querschnittsmaße) von Bauwerken bzw. Räumen in einer Zeichnung gemeint. Grenzabweichungen gelten auch für Öffnungen, z. B. für Fenster, Türen, Einbauelemente.

Tabelle 1: Grenzabweichungen

Spalte	1	2	3	4	5	6	7
Zeile	Bezug	Grenzabweichungen in mm bei Nennmaßen in m					
		bis 1	über 1 bis 3	über 3 bis 6	über 6 bis 15	über 15 bis 30	über 30[a]
1	Maße im Grundriss, z. B. Längen, Breiten, Achs- und Rastermaße (siehe 6.2.1)	± 10	± 12	± 16	± 20	± 24	± 30
2	Maße im Aufriss, z. B. Geschosshöhen, Podesthöhen, Abstände von Aufstandsflächen und Konsolen (siehe 6.2.2)	± 10	± 16	± 16	± 20	± 30	± 30
3	Lichte Maße im Grundriss, z. B. Maße zwischen Stützen, Pfeilern usw. (siehe 6.2.3)	± 12	± 16	± 20	± 24	± 30	—
4	Lichte Maße im Aufriss, z. B. unter Decken und Unterzügen (siehe 6.2.4)	± 16	± 20	± 20	± 30	—	—
5	Öffnungen, z. B. für Fenster, Türen, Einbauelemente (siehe 6.2.5)	± 10	± 12	± 16	—	—	—
6	Öffnungen wie vor, jedoch mit oberflächenfertigen Leibungen (siehe 6.2.5)	± 8	± 10	± 12	—	—	—

[a] Diese Grenzabweichungen können bei Nennmaßen bis etwa 60 m angewendet werden. Bei größeren Abmessungen sind besondere Überlegungen erforderlich.

Die Anforderungen der Tabelle 1 sind für jedes Nennmaß einzuhalten. Durch Ausnutzung der Grenzabweichungen der Tabelle 1 dürfen die Grenzwerte für Winkelabweichungen nicht überschritten werden.

Grenzwerte für Winkelabweichungen

In Tabelle 2 sind Stichmaße als Grenzwerte für Winkelabweichungen festgelegt; diese gelten für vertikale, horizontale und geneigte Flächen sowie für Öffnungen.

Durch Ausnutzung der Grenzwerte für Winkelabweichungen der Tabelle 2 dürfen die Grenzabweichungen der Tabelle 1 nicht überschritten werden.

Tabelle 2: Grenzwerte für Winkelabweichungen

Spalte	1	2	3	4	5	6	7	8
Zeile	Bezug	Stichmaße als Grenzwerte in mm bei Nennmaßen in m						
		bis 0,5	über 0,5 bis 1	über 1 bis 3	über 3 bis 6	über 6 bis 15	über 15 bis 30	über 30[a]
1	Vertikale, horizontale und geneigte Flächen	3	6	8	12	16	20	30

[a] Diese Grenzabweichungen können bei Nennmaßen bis etwa 60 m angewendet werden. Bei größeren Abmessungen sind besondere Überlegungen erforderlich.

Grenzabweichungen für Maße und Grenzabweichungen für Winkelabweichungen werden wie folgt festgestellt:

- Messpunkte für Maße im Grundriss (Tabelle 1, Zeile 1) werden zwischen Gebäudeecken und/oder Achsschnittpunkten an der Deckenoberfläche gemessen.
- Messpunkte für Maße im Aufriss (Tabelle 1, Zeile 2) werden an übereinander liegenden Messpunkten an markanten Stellen des Bauwerks gemessen, z. B. Deckenkanten, Brüstungen, Unterzüge usw.
- Messpunkte für lichte Maße im Grundriss (Tabelle 1, Zeile 3) sind jeweils in etwa 10 cm Abstand von den Ecken zu nehmen. Bei der Prüfung von Winkeln wird von den gleichen Messpunkten ausgegangen. Bei nicht rechtwinkligen Räumen ist die Messlinie senkrecht zu einer Bezugslinie anzuordnen. Die Messungen sind in 2 Höhen vorzunehmen, in etwa 10 cm vom Fußboden und in etwa 10 cm von der Decke.
- Messpunkte für lichte Maße im Aufriss (Tabelle 1, Zeile 4) sind in etwa 10 cm Abstand von den Ecken zu nehmen. Bei Prüfung von Winkeln wird von den gleichen Messpunkten ausgegangen. Bei nicht lotrechten Wänden oder Stützen ist die Messlinie senkrecht zu einer Bezugslinie anzuordnen. Die Messungen eines Raumes sind für jede Wandseite an 2 Stellen in etwa 10 cm Abstand von der Wand zu nehmen. Lichte Höhe unter Unterzügen sind an beiden Kanten in etwa 10 cm Abstand von der Auflagerkante zu messen.

Grenzwerte für Ebenheitsabweichungen

Die Grenzwerte für Ebenheitsabweichungen regeln, in welchem Maße die Oberfläche zwischen zwei festgelegten Messpunkten von einer exakten geraden Linie abweichen darf.

Die Anlage der Messpunkte ist genau festgelegt. So gilt, dass erste Messpunkte im Abstand von 10 cm von den Ecken und Kanten anzulegen sind. Bei der Überprüfung der Ebenheit von Böden, Wänden und Decken werden Höhen und Tiefen der Flächen fixiert und die Unebenheiten durch Stichmaß festgehalten. In der DIN 18202 ist eindeutig festgelegt, dass der Messpunktabstand, auf den sich der Grenzwert in der Tabelle (siehe nächste Seite) bezieht, immer die Entfernung zwischen 2 Hochpunkten ist. Zwischen diesen Hochpunkten wird das Stichmaß an der tiefsten Stelle gemessen. Eine zu überprüfende Fläche wird nach definierten Messverfahren eingeteilt und die Unebenheiten an der tiefsten Stelle gemessen.

In Tabelle 3 sind Stichmaße als Grenzwerte für Ebenheitsabweichungen festgelegt; diese gelten gleichermaßen für Trockenbauflächen wie auch bauseitige Flächen von Decken (Ober- und Unterseite), Estriche, Bodenbeläge und Wände unabhängig von ihrer Lage.

Tabelle 3: Grenzwerte für Ebenheitsabweichungen nach DIN 18202 (Ausgabe 10/2006)

Spalte	1	2	3	4	5	6	7	8	9	10	11	12	13	14
Zeile	Bauteile/Funktion	Ebenheitstoleranzen in mm bei Abstand der Messpunkte bis												
		0,1 m	0,6 m	1 m	1,5 m	2 m	2,5 m	3 m	3,5 m	4 m	6 m	8 m	10 m	15 m
1	Nichtflächenfertige Oberseiten von Decken, Unterbeton und Unterböden	10	13	15	16	17	18	18	19	20	22	23	25	30
2	Nichtflächenfertige Oberseiten von Decken, Unterbeton und Unterböden mit erhöhten Anforderungen, z. B. zur Aufnahme von schwimmenden Estrichen, Industrieböden, Fliesen- und Plattenbelägen, Verbundestrichen Fertige Oberflächen für untergeordnete Zwecke, z. B. in Lagerräumen, Kellern	5	7	8	9	9	10	11	12	12	13	14	15	20
3	Flächenfertige Böden, z. B. Estriche als Nutzestriche, Estriche zur Aufnahme von Bodenbelägen Bodenbeläge, Fliesenbeläge, gespachtelte und geklebte Beläge	2	3	4	5	6	7	8	9	10	11	11	12	15
4	Wie Zeile 3, jedoch mit erhöhten Anforderungen	1	2	3	4	5	6	7	8	9	10	11	12	15
5	Nichtflächenfertige Wände und Unterseiten von Rohdecken	5	8	10	11	12	13	13	14	15	18	22	25	30
6	Flächenfertige Wände und Unterseiten von Decken, z. B. geputzte Wände, Wandbekleidungen, untergehängte Decken	3	4	5	6	7	8	8	9	10	13	17	20	25
7	– mit erhöhten Anforderungen	2	2	3	4	5	6	6	7	8	10	13	15	20
Die Ebenheitstoleranzen der Spalte 14 gelten auch für Messpunktabstände über 15 m.														

Die vorstehende Tabelle zeigt die für die Praxis wichtigen Zwischenwerte, die in der überarbeiteten DIN 18202 von 10/2006 zugunsten einer wenig detaillierten Tabelle mit Interpolierungsmöglichkeit entfallen ist.

Davon unabhängig sollten bei flächenfertigen Wänden, Decken, Estrichen und Bodenbelägen Sprünge und Absätze möglichst vermieden werden. Hierunter sind aber weder durch notwendige Flächengestaltung bedingte Strukturen zu verstehen wie auch bei Streiflicht sichtbar werdende Unebenheiten in den Oberflächen, die nach Normvorgabe grundsätzlich auch alle zulässig sind, wenn sie die Grenzwerte nach DIN 18202 nicht überschreiten.

Produkttoleranzen

Die herstellerseitig zulässigen Ebenheitsabweichungen von Bauprodukten sind nicht in den hier genannten Ebenheitsabweichungen enthalten und daher zusätzlich zu berücksichtigen. Insofern ist z. B. bei Unterdecken die DIN EN 13964 hinzuzuziehen.

Mit Veröffentlichung der DIN EN 520:2004 als Ersatz für die DIN 18180:1989-09 gelten seit August 2005 für Gipsplatten – Typ A, H, D, E, F, I bzw. P (siehe Begriffsdefinition „Gipsplatte") folgende neuen produktbezogenen Toleranzen:

Anforderungen an Gipskarton-, Gipsplatten, Toleranzmaße nach DIN EN 520

(Anmerkung: „Gipsplatte" * ist gemäß DIN EN 520 der neue Sammelbegriff für alle Arten von „Gipskartonplatten")

* siehe Begriffsdefinition „Gipsplatten"

Plattentyp	P – Putzträgerplatte		A, H, D, E, F, I, R – Sonstige Platten *			
Nenn-/Regeldicke	9,5 mm	12,5 mm	9,5 mm	12,5 mm	15 mm	>= 18 mm
Grenzabmaß/ Dickentoleranz	±0,6 mm	±0,6 mm	±0,5 mm	±0,5 mm	±0,5 mm	±(0,04 × Dicke) mm
Grenzabmaß/ Breitentoleranz	+0/–8 mm	+0/–8 mm	+0/–4 mm	+0/–4 mm	+0/–4 mm	+0/–4 mm
Grenzabmaß/ Längentoleranz	+0/–6 mm	+0/–6 mm	+0/–5 mm	+0/–5 mm	+0/–5 mm	+0/–5 mm

Merke: Abschnitt 3.1.3 der neuen ATV DIN 18340 ist in zweierlei Richtung von Bedeutung, da er sowohl die Maßtoleranzen für bauseitig vorhandene Vorleistungen bzw. deren Einhaltung seitens der Vorgewerke behandelt (also die vom Auftragnehmer zu ggf. duldenden Maß-, Lot-, Flucht- und Ebenheitsabweichungen), als auch und insbesondere die Maßtoleranzen für die vom Auftragnehmer auszuführende Leistung selbst.

Letzte dürften für den Unternehmer im Trockenbau in der Regel kein Problem darstellen.

Dennoch: Generell sind alle Anforderungen, die über die Grundanforderungen nach den genannten Normen hinausgehen, nur durch besondere Maßnahmen einhaltbar und daher als Besondere Leistungen entsprechend Abschnitt 4.2.7 der ATV DIN 18340 anzusehen.

Erhöhte Anforderungen an Ebenheitstoleranzen, wie sie in Tabelle 3.4, Zeilen 4 und 7 der DIN 18202 stehen, müssen gesondert vereinbart werden. Sie sind in der Leistungsbeschreibung in eigenen Ordnungsziffern zu beschreiben und gelten nicht, wenn in der Leistungsbeschreibung lediglich allgemein die Toleranzen nach DIN 18202 vereinbart sind. Dies gilt genauso für sonstige erhöhte Anforderungen an die Maßhaltigkeit, insbesondere bei Winkeltoleranzen und Grenzabmaßen. **Diese erhöhten Anforderungen sind besonders zu vereinbaren.**

Insbesondere im Bereich der Oberflächenbeurteilung gibt es immer Streitigkeiten zwischen Auftragnehmer und Auftraggeber, weil die Begriffe nicht klar sind und Forderungen oftmals handwerkliche Grenzen nicht beachten.

Es soll hier auch mit dem Irrglauben aufgeräumt werden, dass es möglich ist, streiflichtfreie Oberflächen bei verschiedenen Lichtsituationen zu erzielen. Selbst bei gleichen Lichtverhältnissen muss aus mehr als einem Sichtwinkel geprüft werden, ob streiflichtbedingt Unebenheitseffekte erscheinen. Dann ist erst zu prüfen, ob die sichtbar gewordenen Effekte tatsächlich aus Unebenheiten herrühren, welche die Ebenheitstoleranzen nach DIN 18202 Tabelle 3 überschreiten.

Weitgehend streiflichtfreie Oberflächen sind nur mit erhöhtem Spachtelaufwand, unter genau definierten Lichtverhältnissen und auch nur für diese eine Situation zu erzielen. Dies erfordert einen erheblichen Aufwand, der gemäß Abschnitt 4.2.7 der ATV DIN 18340 eine Besondere Leistung darstellt.

Werden Unebenheiten bei einer Streiflichtsituation nur aus einer Blickrichtung sichtbar, so ist das noch kein Grund zur Beanstandung. Erst wenn aus einer anderen Blickrichtung bei gleicher Lichtsituation ebenfalls Unebenheiten erkennbar sind, sind entsprechend weitergehende Prüfungen entsprechend DIN 18202 vorzunehmen.

Hierbei ist klar zu unterscheiden zwischen den hier erforderlichen besonderen Maßnahmen zur Erfüllung erhöhter Anforderungen an Ebenheit und Maßhaltigkeit (Abschnitt 4.2.7 der ATV DIN 18340) und den besonderen Maßnahmen zur Erreichung erhöhter Oberflächenqualitäten nach Abschnitt 4.2.8 der ATV DIN 18340, die unter anderem in Abschnitt 3.2.2 der ATV DIN 18340 angesprochen werden. Keinesfalls ist deshalb der Rückschluss zulässig, dass bei Forderung Q3 oder Q4 automatisch Tabelle 3, Zeile 7 – erhöhte Anforderungen – gelten und umgekehrt!

Die Ebenheitstoleranzen nach DIN 18202 beziehen sich auf die Maßhaltigkeit flächiger Konstruktionen und Bekleidungen. Die Verspachtelungsgüten nach den Abschnitten 3.2 ff. der ATV DIN 18340 beziehen sich nur auf Anforderungen für spätere Endbeschichtungen.

Die Klassifizierung nach den Abschnitten 3.2.1, 3.2.2 und 3.2.3 der ATV DIN 18340 (Q1–Q4) gilt somit unabhängig von den in DIN 18202 niedergelegten Maßtoleranzen im Hochbau, wobei es sich empfiehlt, bei hohen Anforderungen an die Verspachtelung (Q3, Q4) auch hohe Anforderungen an die Ebenheit von Bekleidungsflächen nach DIN 18202, Tabelle 3.4, Zeilen 4 und 7 zu stellen.

Grenzwerte für Fluchtabweichungen bei Stützen

Als Flucht von Stützen wird die horizontale Verbindungslinie zwischen der Ist-Lage der Endstützen einer Stützenreihe mit drei oder mehr Stützen bezeichnet. Als Nennmaß für den Messpunktabstand gilt der Abstand zwischen drei Stützen, also zwei Achsabstände.

Als Stichmaß gilt der Abstand einer Zwischenstütze zur Flucht.

Tabelle 4: Grenzwerte für Fluchtabweichungen bei Stützen

Spalte	1	2	3	4	5	6
Zeile	Bezug	Stichmaße als Grenzwerte in mm bei Nennmaßen in m als Messpunktabstand				
		bis 3 m	von 3 bis 6 m	über 6 bis 15 m	über 15 bis 30 m	über 30 m
1	zulässige Abweichungen von der Flucht	8	12	16	20	30

Zur Prüfung der Lage von Stützen in der Flucht kann eine Verbindungslinie zwischen den Endstützen sowohl am Stützenfuß wie auch am Stützenkopf angelegt werden.

Bei Stützen, die bündig in einen Unterzug einbinden, ist die Prüfung am Stützenkopf nicht sinnvoll, weil Unterzüge als Teil der Decke nach Tabelle 3 Grenzwerte für Ebenheitsabweichungen überprüft werden können.

Die Verbindungslinie ist am Stützenfuß oder Stützenkopf in einem Abstand von etwa 10 cm anzulegen.

Die Stichmaße werden zwischen der Verbindungslinie und der Vorderkante der Stützen in Stützenachse gemessen.

Das Stichmaß wird einem Messpunktabstand von zwei Achsabständen zugeordnet.

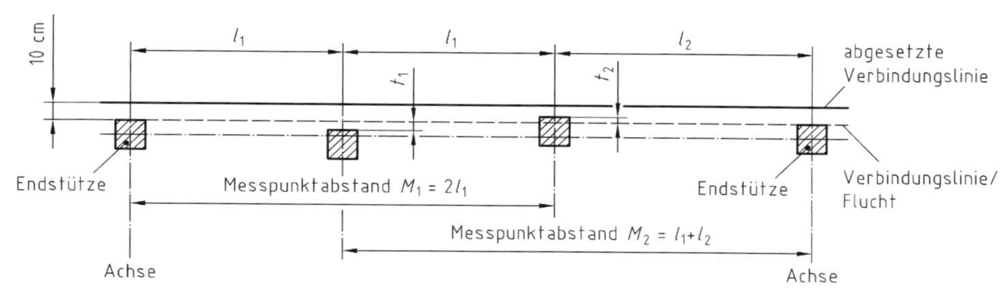

Bild 3.1.3-1: Prüfung der Lage von Zwischenstützen in der Flucht

Einbau von Stahlzargen – Hinweise zu Maßtoleranzen nach DIN 18111-4

Seit Ende 2004 gibt es die DIN 18111 Teile 1 bis 4 – Türzargen, Stahlzargen. Sie beschreibt in Teil 4 neben der Prüfung der einzubauenden Stahlzarge den Einbau und die zulässige Abweichung von der waagerechten und senkrechten Solllage der Zarge. In Abschnitt 5 – Standardzargen in Mauerwerkswänden – wird in Abschnitt 5.2.4 die Toleranz, d. h. die Abweichung beim Einbau von Zargen festgelegt. Die Abweichung von der waagerechten und vertikalen Solllage darf maximal 1 mm/m betragen. Dies bedeutet, dass das Toleranzmaß für eine Zarge mit Oberlicht mit einer Höhe von 2,50 m gerade mal 2,5 mm betragen darf. Entsprechend der DIN 18202 darf das Toleranzmaß für eine Wand mit einer Höhe von 2,50 m nach der Tabelle 2, Grenzwerte für Winkelabweichungen, jedoch 8 mm und nach Tabelle 3, Grenzwerte für Ebenheitsabweichungen, in Zeile 6 ebenfalls 8 mm betragen. Das bedeutet, dass für Trockenbauwände die bisherige Ebenheitstoleranz von 8 mm bei 2,50 m Höhe nur Gültigkeit hat, sofern in diese Wand keine Türzargen eingebaut werden. In Abschnitt 6 – Standardzargen in Ständerwerkswänden – ist diese Toleranz nicht mehr explizit aufgeführt. Diese maximale Abweichung gilt jedoch für alle Arten von Zargen, da bei größeren Abweichungen das Türblatt nicht regelgerecht eingebaut werden kann.

3.1.4 Bewegungsfugen des Bauwerks müssen konstruktiv mit gleicher Bewegungsmöglichkeit übernommen werden

Um den verschiedenen Ausdehnungen der Baustoffe z. B. bei Kälte und Wärme Rechnung zu tragen, sind in jedem Gebäude Bewegungsfugen angelegt, die der Auftragnehmer der Trockenbauleistungen konsequent bis an alle Randanschlüsse im Bereich der von ihm erstellten Konstruktionen an gleicher Stelle mit gleicher Bewegungsmöglichkeit übernehmen muss.

Besonders schwierig kann dies bei der Ausbildung von Bewegungsfugen in Schallschutz- oder Brandschutzkonstruktionen werden. Hierbei sind Fugen entsprechend den Prüfzeugnissen auszuführen. Entsprechende Ansätze sind in die Leistungsbeschreibung aufzunehmen.

Die Fugenausbildungen im Leistungsbereich des Trockenbauers sind eine Besondere Leistung entsprechend 4.2.32 der ATV DIN 18340.

3.1.5 In Gipsplattenflächen sind im Abstand von maximal 15 m Bewegungsfugen anzuordnen, bei Flächen aus Gipsfaserplatten im Abstand von maximal 10 m. Bewegungsfugen sind auch bei Einengungen im Deckenbereich anzuordnen, z. B. bei Einschnürungen durch Wandvorsprünge, bei schmalen Fluren und Friesen, bei Schwächungen der Gesamtkonstruktion durch Einbauteile. Bei Doppel- und Hohlböden sind entsprechend deren Konstruktion Bewegungsfugen vorzusehen. Die Ausbildung von Bewegungsfugen ist Besondere Leistung (siehe Abschnitt 4.2.32).

In Trockenbaukonstruktionen sind neben vorgegebenen Bewegungsfugen des Bauwerkes auch material- und konstruktionsbedingte Bewegungsfugen auszubilden, z. B. bei großen Decken- oder Wandflächen, bei Einengungen in schmalen Fluren, auch durch Stützen, Lisenen oder Unterzüge, bei Schwächung der Konstruktion durch Einbauten, wie Lüftung und dergleichen, sowie beim Übergang vom Drempel (Abseite) zur Dachschräge.

Keinesfalls kann bei umlaufend entkoppelten Verkleidungen oder abgehängten Decken mit umlaufender Schattenfuge auf Bewegungsfugen verzichtet werden.

Bauwerksbewegungen verlaufen in verschiedenen Richtungen. Entkoppelungen und umlaufende Schattenfugen berücksichtigen nur eine Bewegungsrichtung im dreidimensionalen Raum. Demnach kann auf Bewegungsfugen entsprechend den Herstellervorschriften nicht verzichtet werden.

Bewegungsfugen sind in diesen Fällen geplante Sollbruchstellen. Sie werden vom Planer und Architekten in den wenigsten Fällen vorgesehen, sodass der Unternehmer der Trockenbauarbeiten hier Bedenken anmelden und die entsprechenden Fugen zusammen mit dem Architekten oder Auftraggeber festlegen muss.

Lehnt der Auftraggeber die Ausführung notwendiger Bewegungsfugen ab, sollte der Auftragnehmer gemäß Abschnitt 3.1.1 der ATV DIN 18340 sowie § 4 (3) VOB/B schriftlich Bedenken anmelden und auf mögliche Konsequenzen hinweisen, denn bei Nichtbeachtung vorgenannter Grundsätze besteht die Gefahr auftretender Kerbrisse.

Auch die Art der Ausbildung von Bewegungsfugen unter Berücksichtigung eventueller dekorativer, bauphysikalischer und sonstiger Forderungen muss im Zuge der Planung vom Auftraggeber detailliert dargestellt werden. Dies fordern auch die Hinweise im Abschnitt 0.2.17 der ATV DIN 18340. Sofern der Auftragnehmer entsprechende Planungen vornehmen muss, handelt es sich um Besondere Leistungen gemäß Abschnitt 4.2.32 der ATV DIN 18340.

Sofern der Auftragnehmer entsprechende Planungen vornehmen muss, handelt es sich um Besondere Leistungen gemäß Abschnitt 4.2.32 der ATV DIN 18340.

Werden Gipsfaserplatten mit einer Klebefuge verlegt, so sind im Abstand von 10 m Bewegungsfugen anzuordnen. Bei einer Spachtelfuge verringert sich der Abstand auf 8 m.

Die Fugenbreite muss mindestens 10 mm betragen, denn das Quell- und Schwindmaß einer Gipsfaserplatte ist größer als bei einer Gipsplatte.

Ändert sich die relative Luftfeuchtigkeit um 30 %, so beträgt die Ausdehnung einer Gipsfaserplattenkonstruktion 0,25 mm pro m der Wand- oder Deckenkonstruktion.

3.1.6 Gipskartonplatten sind nach DIN 18181 zu verarbeiten. Die Dicke der einlagigen Bekleidung muss mindestens 12,5 mm betragen, bei Gipslochplatten und Gipsputzträgerplatten mindestens 9,5 mm.

Für die Verarbeitung von Gipsplatten im Hochbau gilt DIN 18181 „Gipsplatten im Hochbau – Verarbeitung", deren Anforderungen einzuhalten sind. Die DIN 18181 wurde neu überarbeitet und ist seit Februar 2007 in Kraft.

3.1.7 Gipsfaserplatten sind gemäß Zulassung zu verarbeiten. Die Dicke der Bekleidung muss mindestens 10 mm betragen.

Für Gipsfaserplatten gibt es bislang keine Verarbeitungsnorm. Richtlinien für die Verwendung entsprechender Platten sind mit der jeweiligen bauaufsichtlichen Zulassung des Herstellers vorgegeben. Die darin genannten Verarbeitungsvorschriften sind vom Auftragnehmer der Trockenbauarbeiten genauso einzuhalten wie eine Norm. In der Regel werden Gipsfaserplatten an Decken und Wänden in einer Dicke von mindestens 10 mm eingesetzt. Je nach Konstruktionsvorgabe und Zulassung durch den Hersteller können auch andere Plattendicken zum Einsatz kommen.

3.1.8 Anschlüsse an angrenzende Bauteile sind stumpf auszuführen. Haarfugen zum angrenzenden Bauteil sind zulässig. Anschlüsse von Gips- bzw. Gipsfaserplatten an thermisch beanspruchte Bauteile, z. B. an Einbauleuchten und an Bauteile aus anderen Baustoffen, sind beweglich auszubilden. Starre Anschlüsse an Durchdringungen, Sanitärinstallation und dergleichen sind schalltechnisch zu entkoppeln. Fugen zwischen Bodenkonstruktionen und begrenzenden Bauteilen sind mit Randdämmstreifen auszubilden. Bei Doppelböden ist auf eine ausreichende horizontale Abstützung zum begrenzenden Bauteil zu achten.

Anschlüsse von Trockenbaukonstruktionen an andere bauseitig vorhandene Bauteile, aber auch an andersartige Trockenbaukonstruktionen sind immer auch natürliche Schwachstellen. Durch thermische oder mechanische Bewegungen treten gerade hier in der Regel Risse auf. Es empfiehlt sich, solche Anschlüsse planvoll zu gestalten, z. B. als Sollbruchstellen. Für die Ausführung solcher Fugen gibt es verschiedene Möglichkeiten.

Der hier beschriebene Standardanschluss ist stumpf auszuführen. Haarfugen (max. 0,2 mm) zum angrenzenden Bauteil sind zulässig. Soll der stumpfe Anschluss dicht angespachtelt werden, dann entsteht ein Haarriss, der in der Regel wie die Haarfuge nicht geradlinig verläuft und im Rahmen vorgenannter Standardausführung ebenfalls nicht beanstandet werden kann.

Werden andere Anschlussarten gewünscht, dann sind diese zu beschreiben und gesondert in eine Leistungsposition aufzunehmen. Die Ausbildung der Haarfuge ist dann jedoch abzuklären. Eine saubere gerade verlaufende Haarfuge kann nur mit einem Abschlussprofil oder mit einem Trennstreifen hergestellt werden. Beide Ausführungen sind Besondere Leistung entsprechend den Abschnitten 4.2.30 bzw. 4.2.31 der ATV DIN 18340.

Anschlüsse an thermisch beanspruchte Bauteile, wie z. B. an Einbauleuchten, Strahler und dergleichen, sind beweglich auszubilden und erfolgen mittels einer Fuge. Dazu müssen die Öffnungen von Bekleidungen größer ausgeschnitten werden als die Maße der Leuchten. Starre Anschlüsse an Durchdringungen, Sanitärinstallationen und dergleichen sind zu entkoppeln. Der Anschluss erfolgt durch Einlegen eines Dämmstreifens, damit z. B. Fließgeräusche der Sanitärinstallation nicht auf die Trockenbaukonstruktion übertragen werden können. Ebenso verhält es sich bei Anschlüssen an

Einbauten der Lüftungsanlage. Auch hier sind Maßnahmen zu treffen, damit die Luftgeräusche nicht auf die Trockenbaukonstruktion übertragen werden können.

Die Ausführung schalltechnischer Entkoppelungen führt immer wieder zu Reklamationen und zu hohen Kosten, da die Nachrüstung meistens sehr aufwändig ist. Die schalltechnische Entkoppelung von Durchbrüchen ist Teil der Planung des Auftraggebers und darf nur nach Rücksprache mit dem Architekten bzw. Vertretern des Bauherrn und des Auftragnehmers nach dessen Angaben ausgeführt werden. Dies gilt auch für Doppelböden, bei denen umlaufend entkoppelnde Fugenbänder im Randbereich vorzusehen sind.

Die Ausfugung von Unebenheiten im Wandbereich, z. B. hinter Randwinkeln, ist selbstverständlich eine Besondere Leistung entsprechend Abschnitt 4.2.8 der ATV DIN 18340.

3.1.9 Kreuzstöße sind nur bei Gipsplatten- und Gipsfaserplatten mit gelochter bzw. geschlitzter Oberfläche zulässig.

In der Regel sind bei Trockenbaukonstruktionen Kreuzstöße bei der Verlegung von Gipskarton- und Gipsfaserplatten nicht zulässig. Der Kreuzstoß bildet eine statische Schwachstelle, an der immer Risse auftreten können. Hinzu kommt, dass ein Kreuzstoß in gehobener Spachtelqualität nicht auszuführen ist.

Im Gegensatz dazu werden Gips- und Gipsfaserplatten in gelochter oder geschlitzter Ausführung mit Kreuzstößen ausgeführt. Die Platten werden in den Fugen entsprechend verklebt, eine Verspachtelung der Fuge an der Oberfläche findet nicht statt. Es wird lediglich der ausquellende Kleber der Fuge abgestoßen und leicht verschliffen. Bei sorgfältiger Ausführung entstehen dabei keine Risse. Hinzu kommt, dass durch das gelochte oder geschlitzte Dekorbild kein Versetzen der Platten an den Fugen möglich ist.

3.1.10 Konstruktionen und Bekleidungen aus Elementen, die ein regelmäßiges Raster ergeben, sind fluchtrecht in den vorgegebenen Bezugsachsen herzustellen.

Bezugsachsen sind immer vom Planer oder Auftraggeber anzugeben. Dazu gehört in der Regel eine Planvorlage, in der die Beleuchtung, Lüftungsauslässe, Lautsprecher und dergleichen eingetragen und vermaßt sind. Alle notwendigen Bezugsachsen sollten raumweise vorgegeben sein. Zur Beurteilung der Fluchten gelten die Maßtoleranzen gemäß Abschnitt 3.1.3 der ATV DIN 18340. Zu beachten ist, dass bei Addition gegenläufiger Einzeltoleranzen (z. B. bei einer Schattenfuge zwischen der Unterdecke, freien Gipsplattenanschlüssen oder Plattenstoßfugen und der bauseitigen Fassadenflucht) mitunter Abweichungen entstehen, die aufgrund der Addition scheinbar außerhalb der zulässigen Toleranz für die eigene Leistung liegen. Eine aus diesem Grund geforderte optische Ausrichtung der Fluchten ist deshalb häufig mit erheblichem Zusatzaufwand verbunden.

Deshalb müssen zusätzliche Vereinbarungen getroffen werden, die wiederum Besondere Leistungen gemäß Abschnitt 4.2 darstellen. Das gilt z. B. auch bei sichtbaren Tragschienen oder Plattenstoßfugen.

3.2 Verspachtelungen

In der Beurteilung der Oberflächenqualität gibt es immer wieder Meinungsverschiedenheiten zwischen Auftragnehmer und Auftraggeber, weil die Formulierung des Anspruches nicht klar und eindeutig und für alle nicht in gleichem Maße verständlich ist. So treten immer wieder Begriffe wie malerfertig, streichfähig, glatt, oberflächenfertig o. Ä. auf. Diese Begriffe sind nicht definiert und festgelegt. Sie sind deshalb für eine Leistungsbeschreibung untauglich.

Das Merkblatt Nr. 2 ‚Verspachtelung von Gipsplatten, Oberflächengüten' (Stand Dezember 2007) regelt durch die Einführung von 4 Qualitätsstufen die vom Auftraggeber gewünschten Oberflächen. Alle Qualitätsstufen wurden mit gleichem Wortlaut wie im Merkblatt aufgeführt in die Abschnitte 3.2.1, 3.2.2 sowie 3.2.3 der ATV DIN 18340 übernommen, ohne die Bezeichnungen (Q1 bis Q4) explizit zu benennen. Somit werden diese Qualitätsstufen zur anerkannten Regel der Technik.

Das Merkblatt Nr. 2.1 ‚Verspachteln von Gipsfaserplatten, Oberflächengüten' (Stand September 2009) gilt für die Verspachtelung von Gipsfaserplatten nach DIN EN 15283-2. An die Verspachtelung von Gipsfaserplatten wurden im Merkblatt 2.1 dieselben Maßstäbe gesetzt wie für das Verspachteln von Gipsplatten, also ebenfalls Qualitätsstufen von Q1 bis Q4. Darüber hinaus kommen bei Gipsfaserplatten verschiedene Fugentechniken zum Einsatz. Neben der Spachtelfuge werden auch die abgeflachte Kante und die Klebefuge als Fugensysteme angeboten, deren Ausführungsunterschiede berücksichtigt werden müssen. Deswegen sind im Merkblatt 2.1 die vier Qualitätsstufen getrennt für das jeweilige Fugensystem aufgeführt.

Qualitätsstufen für das Verspachteln von Gipsplatten und Gipsfaserplatten:

Q1 als Standardverspachtelung für Flächen ohne optische Anforderungen, die mit Bekleidungen und Belägen aus Fliesen und Platten versehen werden sollen, Abschnitt 3.2.1;

Q2 als Standardverspachtelung für Flächen, die mit matten, füllenden Anstrichen und Beschichtungen für mittel- und grobstrukturierte Wandbekleidungen sowie für Oberputze mit Größtkorn über 1 mm versehen werden sollen, Abschnitt 3.2.2;

Q3 als Untergrund, z. B. für matte, nicht strukturierte Anstriche, feinstrukturierte Wandbekleidungen sowie für Oberputze mit Größtkorn bis 1 mm, Abschnitt 3.2.3, und

Q4 als Untergrund für glatte oder strukturierte Wandbekleidungen, Lasuren, hochwertige Glättetechniken, Abschnitt 3.2.3 der ATV DIN 18340.

Die für die Qualitätsstufen Q3 und Q4 erforderlichen zusätzlichen Spachtel- und Schleifgänge sind Besondere Leistungen nach Abschnitt 4.2.8 der ATV DIN 18340. Die gewünschte Oberflächenqualität ist immer genau auszuschreiben.

Die ATV DIN 18363 Maler- und Lackierarbeiten, Beschichtungen (10/2006) führt hierzu aus:

Abschnitt 3.2.1.2: Haarrissüberbrückende Beschichtungen auf Flächen aus Gips- und Gipsfaserplatten.

Flächen aus Gips- und Gipsfaserplatten sind vor der Beschichtung ganzflächig mit einem Vlies zu armieren.

3.2.1 Bei Decken- und Wandoberflächen aus Gipsplatten nach DIN 18181 und DIN EN 520, an die keine optischen oder dekorativen Anforderungen gestellt werden, z. B. unter Belägen aus Fliesen und Platten, ist eine Grundverspachtelung auszuführen, die das Füllen der Stoßfugen sowie das Überziehen der sichtbaren Teile der Befestigungselemente umfasst. Überstehende Spachtelmasse ist abzustoßen. Werkzeugbedingte Grate sind zulässig. In Abhängigkeit vom gewählten Verspachtelungssystem sind gegebenenfalls Fugendeckstreifen als Bewehrung einzuarbeiten.

Die Grundverspachtelung entspricht der Qualität von Q1 des vorgenannten Merkblattes.

3.2.2 Bei Decken- und Wandoberflächen aus Gipsplatten nach DIN 18181 und DIN EN 520, die z. B. als Untergrund für matte, füllende Anstriche und Beschichtungen, für mittel- und grobstrukturierte Wandbekleidungen sowie für Oberputze mit Größtkorn über 1 mm dienen, sind eine Grundverspachtelung gemäß Abschnitt 3.2.1 sowie eine Nachverspachtelung bis zum Erreichen eines stufenlosen Übergangs der Spachtelung zur Plattenoberfläche auszuführen. Es dürfen keine Bearbeitungsabdrücke oder Spachtelgrate sichtbar bleiben.

Dieser Abschnitt erläutert die Standardverspachtelung Q2.

Werden in der Leistungsbeschreibung zur Verspachtelungsart keine oder nur unzureichende Angaben, wie malerfertig, streichfähig, oberflächenfertig ö. Ä. gemacht, so ist stets eine Verspachtelung nach Abschnitt 3.2.2 auszuführen.

Die in Abschnitt 3.2.2 aufgeführte Q2-Verspachtelung ist die Standardverspachtelung.

3.2.3 Leistungen, die über das in Abschnitt 3.2.2 Beschriebene hinausgehen, wie das Herstellen von Oberflächen

- durch breites Ausspachteln der Fugen sowie scharfes Abziehen der Kartonoberfläche mit Spachtelmasse zum Porenverschluss, z. B. bei Decken- und Wandoberflächen, die als Untergrund für matte, nicht strukturierte Anstriche, feinstrukturierte Wandbekleidungen sowie für Oberputze mit Größtkorn bis 1 mm dienen, oder
- durch vollflächiges Überziehen und Glätten der gesamten Oberfläche, z. B. als Untergrund für glatte oder strukturierte Wandbekleidungen, Lasuren, hochwertige Glättetechniken,

sind Besondere Leistungen (siehe Abschnitt 4.2.8).

Abschnitt 3.2.3 beschreibt im 1. Spiegelstrich die Qualitätsstufe Q3.

Zur Herstellung von Q3 werden die Fugen im Vergleich zu Q2 breiter ausgespachtelt (Verringerung des Schattenwurfes bei Streiflicht durch breitere Übergänge) und die restliche Kartonoberfläche zum Porenverschluss und Ausgleich unterschiedlicher Saugverhältnisse von Karton und gespachtelter Fuge mit weiterem Spachtelmaterial scharf abgezogen.

Es ist klarzustellen, dass die Verspachtelungsgüte Q3 eine eigenständige Verspachtelungsart gegenüber Q2 darstellt (anderes Werkzeug, Fugen breiter ausgespachtelt und restliche Kartonfläche mit Fugenfüller scharf abgezogen). Soll auf eine bereits bestehende Q2-Verspachtelung zusätzlich aufgespachtelt werden, um Q3 zu erzeugen, dann besteht die Gefahr, dass im Bereich der Fugen durch weiteren Materialauftrag zusätzliche Aufwölbungen mit Schattenwürfen entstehen. Es ist deshalb problematisch, auf einer Q2-Verspachtelung zusätzlich eine Q3-Verspachtelung zu verlangen.

Die gewünschte Oberflächenqualität sollte deshalb immer vor Beginn der Spachtelarbeiten feststehen. Die Ansichtsflächen bei Q3 wirken wolkig weiß, jedoch nicht gleichmäßig. Die Gipsplattenoberfläche zeichnet sich deutlich, aber nicht gleichmäßig, ab.

Beim Abschleifen gespachtelter Gipsplattenoberflächen besteht die Gefahr, dass der Karton aufgeraut wird und sich die Fasern aufrichten. Dies wirkt dem Sinn des scharfen Abziehens der Kartonoberfläche und dem Porenverschluss entgegen. Dadurch kann die aufgebrachte Beschichtung wolkig wirken, was wiederum zu Beanstandungen führen kann.

Es ist nur ein leichtes partielles Überschleifen von Hand erforderlich, um einzelne Spachtelgratrückstände zu entfernen. Von einem ganzflächigen Abschleifen ist abzusehen.

Abschnitt 3.2.3 beschreibt im 2. Spiegelstrich die Qualitätsstufe Q4.

Erst bei Q4, wie im 2. Spiegelstrich in Abschnitt 3.2.3 beschrieben, ist die Gipsplattenoberfläche vollständig und gleichmäßig durch einen Gipsglätteputz abgedeckt. Q4 stellt somit die höchste Qualitätsstufe dar und kann in der Regel nur vom Ausführenden der Beschichtungsarbeiten ausgeführt werden, da Schleifen von mineralischen Untergründen zwischen den einzelnen Beschichtungsgängen und kleinere Nachspachtelungen erforderlich bleiben. (Entsprechend DIN 18363, Abschnitt 4.1.7 ist dies eine Nebenleistung für Maler- und Lackierarbeiten.)

Eine Oberflächenbehandlung, die nach Q4 höchste Ansprüche erfüllt, minimiert die Möglichkeit von Abzeichnungen der Plattenoberfläche und der Fugen. Soweit Lichteinwirkungen (z. B. Streiflicht) das Erscheinungsbild der fertigen Oberfläche beeinflussen, können wellenartige Schattenbildungen oder Markierungen der Platte weitgehend vermieden werden. Sie lassen sich jedoch nie völlig vermeiden, da das Licht in seinen verschiedenen Farbtönungen und Wellenlängen eine immer wechselnde Oberfläche darstellt. Darüber hinaus sind der handwerklichen Ausführungsmöglichkeit Grenzen gesetzt.

Merke: Allein Q3 und Q4 bringen in Verbindung mit einer gesonderten Festlegung der Ebenheitstoleranzen nach DIN 18202, z. B. erhöhte Anforderungen an die Ebenheit der zu spachtelnden Oberflächen, gemäß Tabelle 3, Zeile 7 bzw. Zeile 4 eine brauchbare Definition von dem, was gewünscht ist, aber auch von dem, was machbar ist.

Wenn Q3, Q4 vereinbart wird, gilt nicht zwangsläufig DIN 18202, Tabelle 3, Zeile 7 „erhöhte Anforderungen“. Das muss ausdrücklich und zusätzlich vereinbart werden, da es kostenintensiv ist. Gerade was die Oberflächenqualität angeht, ist es sinnvoll, eindeutige Regelungen zu formulieren, die allen Parteien und Beteiligten gleichermaßen verständlich sind, um spätere Streitigkeiten zu vermeiden.

Merke: Streiflichtfreie Oberflächen sind bei verschiedenen Lichtsituationen mit keiner Qualitätsstufe (selbst bei Q4) nicht gänzlich zu erzielen. Selbst bei gleichen Lichtverhältnissen muss aus mehr als einem Sichtwinkel geprüft werden, ob streiflichtbedingt Unebenheitseffekte erscheinen. Dann ist erst zu prüfen, ob die sichtbar gewordenen Effekte tatsächlich aus Unebenheiten herrühren, welche die Ebenheitstoleranzen nach DIN 18202 Tabelle Nr. 3 überschreiten.

Weitgehend streiflichtfreie Oberflächen sind nur mit erhöhtem Spachtelaufwand, unter genau definierten Lichtverhältnissen und auch nur für eine bestimmte Situation zu erzielen. Dies erfordert einen erheblichen Aufwand, der gemäß Abschnitt 4.2.7 der ATV DIN 18340 eine Besondere Leistung darstellt.

Siehe dazu auch Abschnitt 3.1.3 der ATV DIN 18340.

Vor der Beschichtung gespachtelter Gipsoberflächen sind Grundieranstriche des nachfolgenden Malergewerkes zwingend erforderlich.

Die Grundierung muss gewährleisten, dass unterschiedliche Saugverhalten zwischen gespachtelter Fuge und restlicher Gipsplattenoberfläche ausgeglichen werden. Dies ist zwingende Voraussetzung dafür, dass die nachfolgende Beschichtung keine Fugenabzeichnungen mehr zulässt.

Zu hoher Feuchtigkeitseintrag in die verspachtelte Oberfläche der Gipsplatten (z. B. aufgrund ungenügender Standzeit der Verspachtelung, unzulässig verdünnten Grundiermittels bzw. nicht eingehaltener Austrocknungszeiten der Grundierung) kann zu Rissbildungen bei der Austrocknung der Oberfläche führen.

Durch fehlerhaft angemischte bzw. fehlerhaft aufgebrachte Grundieranstriche des Malers können sich Spachtelfugen erhaben abzeichnen, vergleichbar mit der optischen Wirkung ungenügend ausgeführter Spachtel- und Schleifgänge des Auftragnehmers der Trockenbauleistungen.

Hierfür kann Letzterer aber von seinem Auftraggeber nicht in die Verantwortung genommen werden.

Nur mit einer abgestimmten (d. h. auch im Hinblick auf die gewünschte Endbeschichtung richtig ausgeschriebenen) und fachgerecht ausgeführten Grundierung lassen sich die notwendige gleichmäßige Saugfähigkeit und Festigung der Oberfläche und die somit gewünschte Oberflächenqualitäten erzielen.

Bei der Ausführung der Grundierung ist insbesondere ATV DIN 18363, Abschnitt 3.2, zu beachten. Weitere wichtige Hinweise enthält das Merkblatt Nr. 6 *„Vorbehandlung von Trockenbauflächen aus Gipsplatten zur weitergehenden Oberflächenbeschichtung bzw. -bekleidung“* des Bundesverbandes der Gipsindustrie e. V. (10-2006, www.gips.de)

3.2.4 Bei mehrlagigen Beplankungen sind die Stoß- und Anschlussfugen der unteren Plattenlagen zu füllen.

Das Zuziehen bzw. Verspachteln der Stoß- und Anschlussfugen von unteren Plattenlagen dient weniger der Statik (Scheibenwirkung einer gespachtelten Fläche), als der Erfüllung der Dichtigkeitsanforderungen mit Folgen für den Brandschutz und Schallschutz.

Bei einer fachgerechten Konstruktion sind, wenn nicht ausdrücklich etwas anderes vereinbart wurde, die Fugen der unteren Lagen zuzuziehen.

3.3 Deckenbekleidungen und Unterdecken

3.3.1 Für die Ausführung von leichten Deckenbekleidungen und Unterdecken gelten DIN 18168-1 „Ausführung von leichten Deckenbekleidungen und Unterdecken“ und DIN EN 13964.

Leichte Deckenbekleidungen und Unterdecken sind entsprechend DIN 18168-1 und DIN EN 13964 herzustellen, sofern der Systemhersteller keine andere geprüfte Konstruktion vorgibt.

Die DIN 18168-1 gilt für leichte Deckenbekleidungen und Unterdecken mit Decklagen aus Gipsplatten nach DIN 18180, DIN EN 520, prEN 14190 und prEN 15283, einschließlich Einbauten mit einer Eigenlast von 0,5 kN/m^2. Diese weisen keine wesentliche Tragfähigkeit auf und sind an tragende Bauteile befestigt. Diese Norm gilt nicht für begehbare Unterdecken sowie für hängende Drahtputzdecken nach DIN 4121 und Rohrgewebedecken. Diese Norm enthält Angaben zur Standsicherheit sowie Anforderungen für die bauliche Durchbildung der tragenden Teile der Deckenbekleidung und Unterdecken und deren Befestigung an tragenden Bauteilen.

Die DIN EN 13964 „Unterdecken – Anforderungen und Prüfverfahren“ behandelt Unterdecken, die als vollständige Bausätze verkauft werden, Unterkonstruktionen, einzelne Bauteile dieser Unterkonstruktion sowie Deckenelemente. Sie legt ferner Normen, Maße, Grenzmaße und erforderlichenfalls Ausführungsanforderungen für übliche Deckenunterkonstruktionen und Deckenelemente fest. Sie regelt auch Anforderungen an Unterkonstruktionen und Abhänger aus Holz.

Auch in Innenräumen können Windlasten, z. B. bei geöffneten Fenstern und Türen, auftreten. Bei Berücksichtigung dieser Windlasten ist davon auszugehen, dass Windgeschwindigkeiten unterschiedlicher Größe anfallen können, die eine Zusatzmaßnahmen für die Decken erfordern, die jedoch rechnerisch nicht exakt zu erfassen sind. Demnach können Druck- und Soglasten nicht pauschal angenommen werden. Deshalb kann nur der Gebäudeplaner die Windbeanspruchung errechnen bzw. festlegen (ENV 1991-2-4 Abschnitte 5.2 und 10.2).

Soweit keine diesbezüglichen Angaben gemacht werden, sind Metalldecken auf eine Druck- und Sogbelastung von 0,04 kN/m^2 ausgelegt. Sofern höhere Drücke anzusetzen sind, sind Zusatzmaßnahmen erforderlich.

Es ist üblich, dass bei ungünstigen Wetterbedingungen die Fenster zu schließen sind.

Siehe auch Abschnitte 0.2.8 und 4.2.11 der ATV DIN 18340.

3.3.2 Unterkonstruktionen und Abhänger aus Metall für Gipsplattendecken sind nach DIN 18168-1, für Metall- und Mineralfaserdecken und dergleichen nach DIN EN 13964 auszuführen. Die Unterkonstruktion muss auf die Plattensysteme abgestimmt sein.

3.3.3 Bei Einbauteilen mit einer höheren Einbaumasse (kg) als für die Deckenkonstruktion zugelassen, sind geeignete Maßnahmen gemeinsam festzulegen, z. B. zusätzliche Abhänger, Einzelabhänger, Konstruktionsverstärkungen. Die zu treffenden Maßnahmen sind Besondere Leistungen (siehe Abschnitt 4.2.24).

Für die vom Auftraggeber ausgeschriebene Deckenkonstruktion sind entsprechend den Herstelleranweisungen in der Leistungsbeschreibung Angaben zu machen, über

- die zulässige Last je Abhänger,
- der zulässige Abstand zwischen den Abhängerbauteilen in Bezug auf die Belastung je Meter Länge des abgehängten Hauptprofils,
- das zulässige Gewicht von Beleuchtungskörpern usw., die von der Unterkonstruktion getragen werden, mit und ohne zusätzlichen Abhänger.

Solche Lasten sind getrennt von der Trockenbaukonstruktion am tragenden Bauteil (z. B. Rohdecke) zu befestigen. Dies gilt vor allem bei Brandschutzdecken, die grundsätzlich nicht zusätzlich belastet werden dürfen, es sei denn, eine entsprechende Prüfung und Zulassung erlaubt dies.

Diese Maßnahmen sind in die Leistungsbeschreibung aufzunehmen. Da dies in vielen Fällen zur Zeit der Beschreibung der Trockenbauarbeiten noch nicht möglich ist, ergeben sich hieraus entsprechend Abschnitt 4.2.24 der ATV DIN 18340 häufig gerechtfertigte Nachträge, die gesondert zu vergüten sind.

Es empfiehlt sich, bei Beginn der Trockenbauarbeiten fehlende Angaben über Einbauten beim Planer anzumahnen.

3.3.4 Decklagen aus Mineralfaserplatten sind in einer Mindestdicke von 13 mm auszuführen.

Die hier festgelegte Mindestdicke von 13 mm entspricht dem Stand der Technik zum Ausgabezeitpunkt der ATV DIN 18340. Es kann nicht ausgeschlossen werden, dass in Zukunft Produkte auf den Markt kommen, die mit dünneren Dicken die gleiche Stabilität und Eigenschaften aufweisen können. Es ist dann Sache des Auftragnehmers, den Auftraggeber davon zu unterrichten und die Gleichwertigkeit des neuen Produktes nachzuweisen.

Wenn dickere Platten zur Ausführung kommen sollen, dann ist in der Leistungsbeschreibung darauf gesondert hinzuweisen.

3.3.5 Einzelne, offene oder geschlossene Deckenelemente, z. B. Baffeln, Lamellen, Deckensegel, sind gesondert zu befestigen.

Werden Deckenelemente für besondere Zwecke, z. B. zur erhöhten Schalldämpfung über einem lauten Arbeitsplatz, in die Deckenkonstruktion integriert, so sind diese Element gesondert zu befestigen, da in der Regel die Gesamtkonstruktion der Decke solche Einbauten nicht ohne weiteres aufnehmen kann. Hierbei sind unter Beachtung der auftretenden Belastungen zugelassene Befestigungselemente zu verwenden. Werden z. B. Deckensegel an vorhandenen abgehängten Decken befestigt, ist zu prüfen, ob diese Zusatzlasten aufgenommen werden können. Ansonsten ist eine separate Abhängung an einem anderen, tragenden Bauteil zwingend.

Hierfür notwendige zusätzliche Maßnahmen sind auch gesondert zu vergüten, z. B. Diagonalabsteifungen gemäß Abschnitt 4.2.24 ATV DIN 18340.

3.3.6 Angeschnittene Metall- und Kunststoffkassetten sowie Metallpaneele sind an ihren Rändern so auszusteifen, dass der Schnittrand sich nicht wellt und die Fläche nicht mehr als nach DIN EN 13964 zulässig durchhängt.

Als Aussteifung der Ränder kann eine Aufkantung oder z. B. das Einbringen einer rückseitigen Winkelkonstruktion auf die Schnittkante im Klebe- oder Schraubverfahren erfolgen, wenn kein systemkonformer F-Winkel eingebaut werden soll. Derartige Maßnahmen sind gemäß Abschnitt 4.2.23 ATV DIN 18340 gesondert zu vergüten.

3.3.7 Anschlüsse an angrenzende Bauteile sind bei Mineralfaser- und Metalldeckenkonstruktionen und dergleichen mit einem einfach rechtwinkelig abgekanteten sichtbaren Wandwinkel aus Metall auszubilden, der in den Ecken stumpf zu stoßen ist.

Diese Ausführung stellt die Regelausführung dar, wobei die Herstellung von Gehrungen eine Besondere Leistung ist (siehe Abschnitt 4.2.28 ATV DIN 18340). Bei Verwendung sichtbarer Unterkonstruktionssysteme werden z. B. bei Mineralfaser-Einlegmontage am Randbereich die angeschnittenen T-Schienen auf den Randwinkel aufgelegt. Die so entstehenden geringfügigen Erhöhungen (um Materialstärke) stellen keinen Ausführungsmangel dar.

Andere Anschlüsse sind gesondert zu vereinbaren und stellen eine Besondere Leistung dar.

Bei der Ausführung mit zurückliegender sichtbarer Metallkonstruktion, z. B. bei der vertieften Kantenausführung (z. B. „Kontura"), werden die Platten am Anschluss zum Randwinkel geschnitten. Der Schnitt unmittelbar vor dem Randwinkel verbleibt ohne farbliche Nachbehandlung. Wenn etwas anderes gefordert wird, ist dies eine besonders zu vergütende Leistung.

3.4 Trenn- und Montagewände

Trenn- und Montagewände gibt es in vielfältiger Ausführung und mannigfaltigen Eigenschaften. Je nach Anforderungen ist die Bauart genau zu beschreiben. Für Gipsplattenwände sind im Wesentlichen DIN 18181 sowie 18182 und 18183 zu beachten. Letztere künftig nur noch als Restnormen. Die DIN 18181 wurde neu überarbeitet und ist seit Februar 2007 in Kraft.

3.4.1 Trenn- und Montagewände sind als Einfachständerwände mit einer beidseitig einlagigen vollflächigen Bekleidung aus Gipsplatten mit einer Dicke von mindestens 12,5 mm nach DIN 18183, einer Metallunterkonstruktion nach DIN 18182 mit einem Ständerabstand von 625 mm, einer Mineralfaserdämmstoffschicht von mindestens 40 mm Dicke sowie einer Verspachtelung nach Abschnitt 3.2.2 herzustellen.

Die hier beschriebene Ausführung einer Metallständertrennwand gilt als Standard und Mindestanforderung, d. h., diese Leistung schuldet der Auftragnehmer, wenn in der Leistungsbeschreibung keine anderen Angaben zur Ausführung, Anforderungen und Art gemacht werden. Dies insbesondere auch hinsichtlich weitergehenden bauphysikalischen Anforderungen, die gemäß Abschnitt 4.2.36 immer eine Besondere Leistung darstellen.

Klargestellt wird mit diesem Abschnitt zudem, dass die in Abschnitt 3.2.2 der ATV DIN 18340 beschriebene Standardverspachtelung gemäß Q2 grundsätzlich die Regelausführung darstellt.

3.4.2 Trennwände mit Holzunterkonstruktionen sind nach DIN 4103-4 auszuführen.

Für Abschnitt 3.4.2 der ATV DIN 18340 gilt dasselbe wie für Abschnitt 3.4.1 der ATV DIN 18340. Der Unterschied liegt allein in der Unterkonstruktion in Holzbauart.

3.4.3 Die Befestigung der Unterkonstruktion von Trennwänden ist als starrer Anschluss am Boden, z. B. Estrich, Rohboden, und an der Decke auszuführen. Der Anschluss an begrenzende Bauteile ist mit einer Anschlussdichtung auszuführen.

Die Standardausführung für den Anschluss ist starr auszuführen, d. h. als direkte Befestigung der Unterkonstruktion am angrenzenden Bauteil, wobei im Anschlussbereich eine Anschlussdichtung eingebaut werden muss, wie z. B. ein Dichtband oder ein Mineralwollestreifen. Der Standardanschluss der Beplankung erfolgt gemäß Abschnitt 3.1.8 als stumpfer Stoß, der in der Regel starr angespachtelt wird, wodurch auch bei geringen Bauteilbewegungen Rissbildungen vorprogrammiert sind.

Alle anderen Anschlüsse, wie z. B. gleitende Anschlüsse, Anschlüsse mit offener Fuge oder mit Schattenfuge, sind Besondere Leistungen nach Abschnitt 4.2 der ATV DIN 18340 und sind in einer gesonderten Leistungsposition zu beschreiben.

3.4.4 Außenecken sind mit einem Kantenprofil oder mit V-Fräsung nach Wahl des Auftragnehmers auszuführen.

Ob die Außenecke oder Kante mit einer V-Fräsung oder mit einem einzuspachtelnden Kantenprofil ausgebildet wird, liegt im Ermessen des Auftragnehmers, wenn nicht ausdrücklich in der Leistungsbeschreibung eine bestimmte Ausführungsart bestimmt wird.

Das Anspachteln eines Kantenprofiles führt aufgrund der Materialstärke des Profiles zu geringen Aufwölbungen im Randbereich, die auch beim breiten Ausziehen der Verspachtelung nicht vollständig vermieden werden können. Liegt diese Aufwölbung innerhalb der Toleranzen nach Tabelle 3 Ebenheitstoleranzen Zeile 6, so stellt sie keinen Mangel dar.

Kantenausbildungen mit V-Fräsung oder Kantenprofil sind als gleichwertig zu betrachten und gemäß Abschnitten 0.2.15 bzw. 0.5.2 der ATV DIN 18340 auszuschreiben und stellen gemäß Abschnitt 4.2.30 der ATV DIN 18340 eine Besondere Leistung dar.

Die Ausführung mittels V-Fräsung bietet optische Vorteile, weil sie im Gegensatz zum Kantenprofil niemals zu Aufwölbungen führt.

Außenecken werden in der Regel im 90°-Winkel hergestellt. Kommen Außenecken mit einem Winkel größer oder kleiner 90° zur Ausführung, so ist dies in gesonderter Position auszuschreiben.

Verstärkte Sonderprofile, z. B. bei stark beanspruchten Außenecken und Kanten in Fluren von Krankenhäusern o. Ä., sind besonders auszuschreiben und gegebenenfalls zu bemustern.

3.4.5 Vorsatzschalen sind mit einer Metallunterkonstruktion nach DIN 18183 und einer vollflächigen Beplankung aus Gipsplatten mit einer Dicke von mindestens 12,5 mm herzustellen.

Die Regelausführung einer Vorsatzschale dient lediglich zur Verkleidung eines vorhandenen Bauteiles, z. B. zur Verkleidung einer bestehenden Wand mit zahlreichen Rohren. Bei einer Beplankung mit Gipsfaserplatten beträgt die Mindestdicke 10 mm.

Vorsatzschalen mit Anforderungen an Wärmedämmung, höheren Schall- oder Feuchteschutz bzw. Brandschutz sind Besondere Leistungen, die in die Leistungsbeschreibung in eigenständigen Positionen aufzunehmen sind. Die Verspachtelung erfolgt entsprechend Abschnitt 3.2.2.

3.5 Fertigteilestriche, Trockenunterböden und Systemböden

Bodenkonstruktionen im Trockenbau sind in der Regel entsprechend herstellerspezifischen Vorgaben auszuführen. Systemböden unterliegen dabei Anforderungen, die auch an Estrichbauarten gestellt werden. Diesbezüglich sei insbesondere auf die ATV DIN 18353 sowie hinsichtlich der Festigkeitsklassen auf die DIN 18560 verwiesen.

3.5.1 Trennfolien und Dampfbremsen sind an den angrenzenden Wandflächen bis Oberseite Fertigfußboden hochzuziehen. Trennfolien sind an den Stößen mindestens 20 cm zu überlappen.

Um die Folie an den angrenzenden Wandflächen ausreichend hochziehen zu können, sind bauseits genaue Angaben zur Höhe des Fertigfußbodens erforderlich.

3.5.2 Trockenunterböden

Neben den in diesen Abschnitten getroffenen Regelungen zu Trockenunterböden sowie zu Doppel- und Hohlraumböden sind bei der Leistungserstellung insbesondere die systembedingten Vorgaben des Herstellers zu beachten.

3.5.2.1 Trockenunterböden aus Gips- oder Gipsfaserplatten, Verbundelementen oder Spanplatten sind mit Fugenversatz zu verlegen. Stöße sind zu verkleben. Ein durch eine Feder entstehender Überstand am Wandabschluss ist abzuschneiden. Am Wandanschluss ist ein Randdämmstreifen von mindestens 10 mm Dicke einzulegen.

Trockenunterböden sind nach den Richtlinien der Hersteller auszuführen. Der Wandanschluss mit Dämmstreifen wird dabei nicht nur aus Gründen der Schalldämmung und zur Aufnahme von Ausdehnungen der Bodenkonstruktion eingebaut.

Der Randdämmstreifen dient auch zur Sauberhaltung der Fuge und soll verhindern, dass Schmutz- und Mörtelmaterial sowie sonstige Materialien in die Fuge eindringen und die bauphysikalischen Werte verschlechtern.

3.5.2.2 Bei der Ausführung von Spanplatten-Trockenunterböden ist DIN 68771 zu beachten.

Bei der Verwendung von Spanplatten sind die in der DIN 68771 vorgegebenen Richtlinien zu beachten. Die Plattenfeuchtigkeit sollte beim Einbau bereits den in der Nutzungsphase zu erwartenden Feuchtegehalt aufweisen.

3.5.2.3 Trockenschüttungen sind mindestens 15 mm dick auszuführen. Rohrleitungen, Kabel und dergleichen sind dabei mindestens 10 mm zu überdecken. Die Schüttung ist so einzubringen, dass ein seitliches Ausweichen oder Wegrieseln nicht möglich ist. Bei Schütthöhen über 40 mm ist eine Verdichtung vorzunehmen oder die Schüttung dauerhaft in sich zu binden.

Trockenschüttungen erfordern eine Mindesteinbauhöhe von ca. 15–20 mm (Richtgröße: das Fünffache des maximalen Korndurchmessers).

Die Schütthöhen hängen ebenfalls von der Kornstruktur und der Gefügeeigenschaften des Schüttmaterials ab. Bei Schütthöhen über 40–60 mm (je nach Material) muss die Schüttung nachgedichtet werden.

Trockenschüttungen sollten eine Sieblinie von ca. 0–44 mm aufweisen.

Rohre sind mindestens 10 mm mit Trockenschüttung zu überdecken. Werden höhere Überdeckungen erforderlich und ist dies in der Leistungsbeschreibung nicht bereits erwähnt, dann liegt eine Besondere Leistung vor, die gesondert zu vergüten ist.

Auch hier gilt es Bedenken anzumelden, wenn eine Überdeckung der Rohre oder Kabel um die genannten Werte, wegen der Forderungen nach Einhaltung bestimmter Höhen, nicht möglich ist.

Dann sind hier Sondermaßnahmen zu diskutieren, die unter Besondere Leistungen nach Abschnitt 4.2 der ATV DIN 18340 fallen.

3.5.2.4 Bewegungsfugen in der Fläche und in Türdurchgängen sind mit einer Unterfütterungsplatte, z. B. Holzwerkstoffplatte, Vollholzplatte, sowie einer steifen Dämmstreifenunterlage zu unterlegen.

Wenn im Türbereich Trennfugen eingebaut sind, ist eine Unterfütterungsplatte nach den Richtlinien der Systemhersteller einzubauen.

3.5.3 Doppelböden

Doppelböden bestehen aus Unterkonstruktion und Tragschicht. Hinweise zur Auswahl der Belastungsstufen und Nutzungsarten gibt die DIN 12825. Die Ausführung erfolgt nach den Richtlinien der Systemhersteller.

3.5.3.1 Doppelböden sind so herzustellen, dass sie jederzeit an jeder Stelle den freien Zugang zum Hohlraum ermöglichen. Die Unterkonstruktion ist auf dem Rohboden dauerhaft zu verkleben.

In Doppelböden werden in der Regel Installationen verlegt, die laufend ergänzt, geändert oder erneuert werden. Deshalb muss ein Doppelboden jederzeit an jeder Stelle zugänglich sein. Damit eine Stabilität der Gesamtkonstruktion gewährleistet werden kann, ist die Unterkonstruktion auf dem Rohboden dauerhaft zu verkleben. Doppelböden sind nach den Herstellerrichtlinien auszuführen.

3.5.3.2 Bei Aufbauhöhen über 50 cm sind zusätzliche Sicherungsmaßnahmen erforderlich, z. B. eine horizontale Sicherung der Unterkonstruktion durch Rasterstäbe oder eine Verdübelung der Stützen am Untergrund.

Bei einer Aufbauhöhe über 50 cm ist die Unterkonstruktion zusätzlich durch Stäbe auszusteifen und am Untergrund zu verdübeln. Anforderungen an die zulässige Belastbarkeit und Kopfverschiebung der Stütze definiert DIN EN 12825.

3.5.3.3 Doppelbodenplatten sind lose aufzulegen. Schnittkanten von feuchteempfindlichen Baustoffen sind gegen Nässe zu schützen.

Nur ein loses Auflegen der Bodenplatten ermöglicht ein freien Zugang in den darunter liegenden Installationsraum.

Erforderliche Maßnahmen zum Schutz der Oberflächen von Doppelböden – die noch nicht mit dem endgültigen Bodenbelag versehen sind – sind Besondere Leistungen gemäß Abschnitt 4.2.5 der ATV DIN 18340.

3.5.3.4 Die Spaltenbreite im Kantenbereich darf 2 mm, der horizontale Versatz am Kreuzungspunkt der Plattenecken zueinander 4 mm nicht überschreiten.

Die Bodenplatten sind im vorgegebenen Raster, möglichst ohne Versatz zueinander zu verlegen. Dabei geht es weniger um die Optik, als um die Funktionalität. Denn nur so ist sichergestellt, dass einzelne Platten zu Revisionszwecken auch einfach wieder angehoben werden können. Die zulässige Toleranz in der Rasterverlegung beträgt als Spaltenbreite maximal 2 mm und im Schnittpunkt der Kreuzung ist eine Abweichung von maximal 4 mm zulässig. Zulässige Abweichungen in der Vertikalen sind in der DIN 18202 Tabelle 3 geregelt.

3.5.3.5 Eine Flächenspachtelung von Doppelbodenflächen ist unzulässig.

Bodenplatten für Doppelböden werden in der Regel fertig beschichtet geliefert und eingebaut. Bei einer nachträglichen Beschichtung oder Belegung dürfen Doppelbodenplatten nicht flächig gespachtelt werden, da sie dadurch am Rand verkleben und nicht mehr entfernt werden können. Zudem können sich aufgrund der Verklebung ungewünschte Zwängungen und Kopplungsgeräusche ergeben.

3.5.4 Einbauteile in Doppel- bzw. Hohlböden müssen statisch geeignet sein und dürfen keine Unterschreitung der geforderten Tragfähigkeit der Gesamtkonstruktion verursachen.

Werden Einbauteile in Doppel- bzw. Hohlböden erforderlich, ist zu prüfen, ob die Tragfähigkeit der Bodenkonstruktion durch derartige Einbauten beeinträchtigt wird. Ist dies der Fall, sind geeignete Maßnahmen zur Verstärkung der Gesamtkonstruktion erforderlich. Diese Maßnahmen sind Besondere Leistungen.

3.6 Dämmung

Dämmstoffe müssen bauaufsichtlich zugelassen sein und den Anforderungen, die sich aus den unterschiedlichen Beanspruchungen je nach Einsatzgebiet ergeben, gerecht werden.

3.6.1 Einzubauende Dämmstoffe sind über der gesamten Fläche dicht gestoßen und abrutschsicher zu verlegen und an begrenzende Bauteile anzuschließen. Hohlräume zwischen Tür- oder Fensterzargen und den flankierenden Ständerprofilen sind mit Faserdämmstoffen auszustopfen.

Dämmstoffe sind lückenlos und abrutschsicher in Trockenbaukonstruktionen einzubauen. Dies erfordert manchmal zusätzliche Maßnahmen, z. B. wenn der Verlegebereich nur sehr schlecht zugänglich ist, wie dies bei zweischaligen Installationswänden häufig der Fall ist. Letzteres gilt umso mehr, je dicker die Wandkonstruktion oder je größer der Abstand einer Vorsatzschale zum begrenzenden Bauteil ist, da dann die Gefahr besteht, dass Dämmstoffe nicht in der Konstruktion eingeklemmt werden können und deshalb nach unten rutschen.

Deswegen erforderliche zusätzliche Maßnahmen – z. B. zusätzlicher Einbau von Gipsplattenstreifen oder Ständerprofilen – sind dann eine Besondere Leistung, wenn die besonderen Erschwernisse aus der Leistungsbeschreibung nicht hervorgehen.

Auch ohne besonderen Hinweis in der Leistungsbeschreibung sind Hohlräume zwischen Tür- und Fensterzargen und den flankierenden Ständerprofilen dicht mit Dämmstoff auszustopfen.

Das manchmal verlangte Ausmörteln von Zargen ist nicht gewerbeüblich und stellt deshalb eine Besondere Leistung dar.

3.6.2 Bei Verwendung von Holzwolle- und Mehrschicht-Leichtbauplatten ist DIN 1102 „Holzwolle-Leichtbauplatten und Mehrschicht-Leichtbauplatten nach DIN 1101 als Dämmstoffe für das Bauwesen; Verwendung, Verarbeitung“ zu beachten.

Zusätzlich zur DIN 1102 sind auch hierbei die Herstellerrichtlinien zu beachten.

3.7 Zargen und Einbauteile

Der Einbau von Zargen erfolgt lot- und fluchtgerecht nach Meterriss oder Oberkante Fertigfußboden. Vorher sollten die Rechtwinkligkeit sowie die Durchgangsmaße in den Drittelpunkten und am Fuß der Zarge geprüft werden.

Vor dem Anlegen von Wandöffnungen sind dem Trockenbauer die erforderlichen Abstandsmaße zwischen den vertikalen und horizontalen Türöffnungsabschlussprofilen je nach Art der vorgesehenen Zarge anzugeben, nur so lassen sich auch spätere Streitigkeiten bezüglich der Abrechnungsmaße vermeiden.

Weitere Einbauvorgaben regelt die DIN 18111-4 „Türzargen – Stahlzargen – Teil 4: Einbau von Stahlzargen“.

Wesentliche Konstruktionsbezeichnungen einer Zarge sind nachstehend aufgeführt.

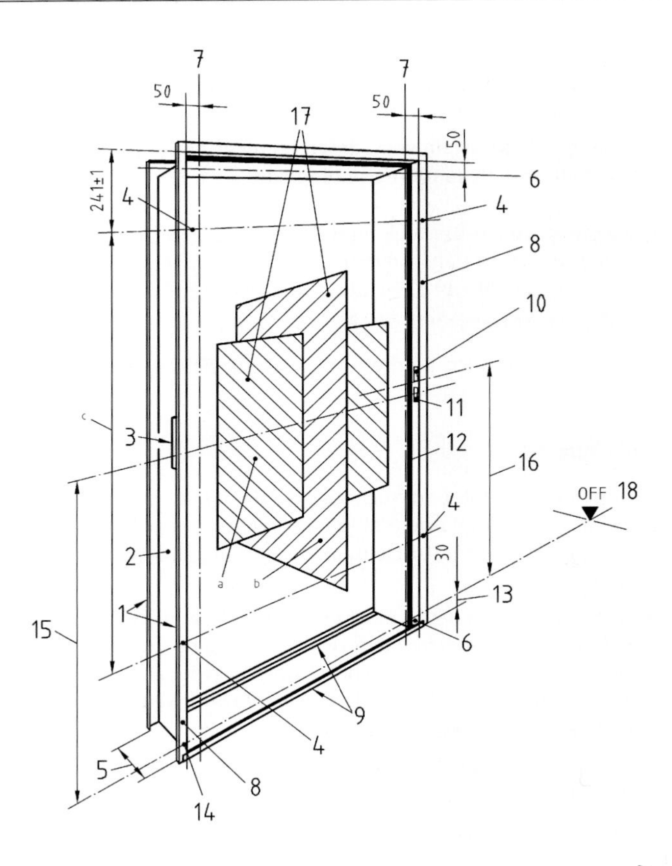

Legende

1	Maulweitenkante (Putzwinkel)	10	Aussparung für Schlossfalle	Schließlöcher beidseitig vorgestanzt
2	Zargenprofil	11	Vorgestanzte Aussparung für Schlossriegel	
3	Mauerschutzkasten (beidseitig)	12	Dämpfungsprofil (Stanzbild herstellerabhängig, auch ohne Feilnase möglich)	
4	Bandbezugslinie (siehe DIN 18268)	13	Fußbodeneinstand (FBE) (nicht bei allen Zargen)	
5	Maulweite	14	Fußbodeneinstandsmarkierung (nicht bei allen Zargen)	
6	Messpunkt für Zargenfalzmaß in der Breite	15	Meterrissmarkierung ab OFF	
7	Messpunkt für Zargenfalzmaß in der Höhe	16	Drückerhöhe ab OFF	
8	Zargenspiegel	17	Durchbiegung der Zargenprofile	
9	Distanzprofile (bei Eckzargen ein Profil auf der Falzseite)	18	Oberfläche fertiger Fußboden (OFF)	
		a	Richtung A (Ebene)	
		b	Richtung B (Ebene)	
		c	Abstand Bandbezugslinien	

Bild 3.7-1: Zargengesamtansicht mit Beschreibung

Merke: Die zugelassene Toleranz beim Einbau in Ständerwandkonstruktionen ist in der DIN 18111-2 geregelt. Danach beträgt die Einbautoleranz 1 mm pro m Zarge. Das bedeutet, dass für eine Ständerwand mit Türöffnungen die nach der DIN 18202 geduldeten Ebenheits- und Winkeltoleranzen zu großzügig bemessen sind (siehe Kommentar zu Abschnitt 3.1.3 ATV DIN 18340).

Bei einer Zarge mit Oberlicht und einer Höhe von 2,50 m ergibt sich nach DIN 18111 eine Einbautoleranz von maximal 2,5 mm, während die Ebenheitstoleranz nach DIN 18202 ≤ 8 mm zulässt. Selbst nach den zugelassenen Winkeltoleranzen der DIN 18202 sind für eine Wandhöhe von 1–3 m Abweichungen bis 8 mm zulässig.

3.7.1 Zargen aus kaltgeformtem Stahlblech müssen eine Blechdicke von mindestens 1,5 mm aufweisen und nach DIN EN ISO 12944-5 „Beschichtungsstoffe – Korrosionsschutz von Stahlbauten durch Beschichtungssysteme – Teil 5: Beschichtungssysteme" grundbeschichtet sein.

3.7.2 Bei Wänden mit Konstruktionshöhen über 2,6 m, Türbreiten über 88,5 cm oder Türblattmassen über 25 kg sind im Türöffnungsbereich verstärkte Ständerwerksprofile mit einer Mindestdicke von 2 mm einzubauen. Diese sind im Kopf- bzw. Fußanschlussbereich mit Anschlusswinkeln mit einer Mindestdicke von 2 mm zu befestigen. Als Türsturz ist ein Unterkonstruktionswandprofil einzubauen und an den vertikalen Profilen kraftschlüssig zu befestigen.

Eine Öffnung in einer Ständerwand stellt für die Gesamtkonstruktion immer eine Schwächung dar. Um dadurch Schäden wie Rissen oder mangelhafter Stabilität im Bereich der Türen vorzubeugen, müssen diese Öffnungen mit Zusatzkonstruktionen versehen werden. Der Regelfall ist der Einbau von CW-Profilen in derselben Art und denselben Maßen, wie sie in der Wandkonstruktion verwendet werden.

Bei höheren Anforderungen, wie sie im Abschnitt 3.7.2 der ATV DIN 18340 beschrieben sind, werden verstärkte Profile erforderlich. Dabei genügt bereits die Überschreitung eines der aufgeführten Werte für die Notwendigkeit des Einbaus verstärkter Ständerprofile.

Generell ist der Türsturz mit einem Unterkonstruktionswandprofil zu verstärken, das horizontal in Sturzhöhe eingebaut und mit den senkrechten Profilen kraftschlüssig verbunden wird.

Gemäß Abschnitt 4.2.14 und Abschnitt 4.2.24 ist das Herstellen von Aussparungen oder das Herstellen spezieller, verstärkter Unterkonstruktionen im Bereich von Türöffnungen eine Besondere Leistung.

3.7.3 Plattenstöße auf Tür- und Fensterständerprofilen und sonstigen mechanisch beanspruchten Einbauelementen sind nicht zulässig.

Durch die wiederkehrende mechanische Beanspruchung beim Öffnen und Schließen von Einbauelementen wird die Anordnung von Stoßfugen auf Ständerprofilen in unmittelbarer Tür- oder Fensternähe immer zu Rissen führen. Sie ist deshalb zwingend zu vermeiden.

Herstellervorschriften machen Angaben darüber, wie im Einzelfall die Ausführung erstellt werden muss.

Im Regelfall gilt: Die Plattenstöße sind von den vertikalen verstärkten Ständerwerksprofilen im Türanschlussbereich um mindestens 150 mm versetzt anzuordnen.

3.7.4 Bei Wandhängeschränken und Einbauteilen sind konstruktiv zusätzliche Unterkonstruktionsprofile als Verstärkungen einzubauen. Konsollasten sind gemäß DIN 18183 zu berücksichtigen. Sanitärtragständer für wandhängende WC und Bidets sind beidseitig mit verstärkten Ständerwerksprofilen mit einer Mindestdicke von 2 mm auszubilden und im Kopf- und Fußanschlussbereich mit Anschlusswinkeln zu befestigen.

Die seitlich verstärkten Ständerwerksprofile bei Hänge-WC und -Bidet, aber auch bei San-Block-Elementen stellen Besondere Leistungen gemäß Abschnitt 4.2.24 der ATV DIN 18340 dar, die in der Leistungsbeschreibung gemäß 0.2.16 der ATV DIN 18340 gesondert zu beschreiben sind.

Die Unterkonstruktion einer Metallständerwand ist nicht dafür ausgelegt, noch zusätzliche Lasten aufzunehmen. Werden an eine solche Wand Lastanforderungen gestellt, so ist die Unterkonstruktion nach statischen Gesichtspunkten zu verstärken. Dies erfolgt in der Regel mit verstärkten Ständerprofilen, die am Kopf- und Fußanschluss zusätzlich zu verankern sind.

4 Nebenleistungen, Besondere Leistungen

In § 2 (1) VOB/B wird festlegt, dass durch die vereinbarten Preise alle Leistungen abgegolten sind, die nach der Leistungsbeschreibung, den Besonderen Vertragsbedingungen, den Zusätzlichen Vertragsbedingungen, den Allgemeinen Technischen Vertragsbedingungen für Bauleistungen und der gewerblichen Verkehrssitte zur vertraglichen Leistung gehören.

In Abschnitt 4 einer jeden ATV wird getrennt dargelegt,

- was vom Auftragnehmer an Leistungen als Nebenleistung zu erbringen ist, also Leistungen, die in seinem Angebotspreis enthalten und damit abgegolten sind,
- und was als Besondere Leistungen, also als zusätzlich zu vergütende Leistungen zu verstehen ist.

Für die Leistungsbeschreibung ist nach Abschnitt 4.1 der ATV DIN 18340 eindeutig und klar geregelt, was als Nebenleistung in die Einheitspreise einzukalkulieren ist. Darüber hinausgehende Leistungen sind in gesonderten Positionen zu beschreiben.

Dabei sollen die Grundsätze nach § 7 VOB/A nicht außer Acht gelassen werden. Auch nicht die besondere Bedeutung des Abschnittes 0.2 der ATV, denn die dort genannten Hinweise zur Erstellung des Leistungsverzeichnisses verdeutlichen, was im Einzelfall in Leistungspositionen aufzunehmen ist.

4.1 Nebenleistungen sind ergänzend zur ATV DIN 18299, Abschnitt 4.1, insbesondere:

Nebenleistungen im Sinne der Abschnitte 4.1 ff. der ATV DIN 18340 setzen voraus, dass sie für die vertragliche Leistung des Auftragnehmers erforderlich werden.

Dazu gehören, neben den Abschnitten 4.1.1 bis 4.1.4 der ATV DIN 18340, nach ATV DIN 18299 z. B. Messungen für das Ausführen und Abrechnen der Arbeiten einschließlich der Vorhaltung entsprechender Messgeräte. Als weitere Nebenleistung gelten das Vorhalten von Kleingeräten und Werkzeugen und das Heranbringen von Wasser und Energie von den vom Auftraggeber auf der Baustelle zur Verfügung gestellten Anschlussstellen zu den Verwendungsstellen. Dabei sind die Entfernungen von der Anschlussstelle bis zur Verwendungsstelle anzugeben, damit die Kosten hierfür in die Einzelpreise einkalkuliert werden können.

Das Einrichten und Vorhalten der Baustelleneinrichtung stellen nach Abschnitt 4.1.1 der ATV DIN 18299 ebenfalls eine Nebenleistung dar. Ausgenommen davon ist gemäß Abschnitt 4.2.1 der ATV DIN 18340 ausdrücklich das Vorhalten von Aufenthalts- und Lagerräumen.

Nicht bauüblich ist z. B. das Anfahren, Aufstellen und Wiederentfernen von Bauwagen, Materialcontainern. Deren Ausstattung und Einrichtung obliegen jedoch weiterhin dem Auftragnehmer als Nebenleistung.

Immer ist auch abzuwägen, ob diesbezügliche Maßnahmen ein übliches Maß überschreiten, wie dies in 0.4.1 der ATV DIN 18299 ausdrücklich erwähnt ist. Weitergehend hierzu wird auch die Kommentierung zum Abschnitt 4.1.1 der ATV DIN 18299 empfohlen.

Maßnahmen zum Schutz von Einrichtungsgegenständen und dergleichen sind ebenfalls nicht gewerbeüblich. Sie werden daher nur als Besondere Leistung in Abschnitt 4.2.5 der ATV DIN 18340 erwähnt.

Gleiches gilt in Bezug auf den Schutz der eigenen Leistung, wenn dieser gar nicht oder nur unter Kosten erreicht werden kann, die die Preisgestaltung erheblich beeinflussen. Siehe dazu auch die ergänzende Kommentierung des Abschnittes 4.2.5 der ATV DIN 18340.

4.1.1 Auf- und Abbauen sowie Vorhalten der Gerüste, deren Arbeitsbühnen nicht höher als 2 m über Gelände oder Fußboden liegen.

Hierunter sind allgemein nur Standardgerüste (z. B. Bockgerüste) mit einer Arbeitsbühne bis zu 2 m über Fußboden und einer daraus resultierenden Bearbeitungshöhe bis 3,65 m zu verstehen, die unabdingbar für die eigene Leistung benötigt werden. Dabei darf die Absturzhöhe an keiner Seite des Gerüstes über 2 m betragen, z. B. bei Arbeiten in der Nähe eines Aufzugschachtes, Treppenauge. Sonderausführungen, die unter erschwerten Bedingungen (z. B.) über Treppenläufe errichtet werden müssen, sind unabhängig von der Höhe ihrer Arbeitsbühne keine Nebenleistung, sondern eine Besondere Leistung, die im Leistungsverzeichnis eindeutig zu beschreiben ist. Deshalb wird in Abschnitt 0.2.6 der ATV DIN 18299 auch auf die Notwendigkeit der präzisen Ausschreibung der räumlichen Bedingungen hingewiesen.

Unabhängig von der Höhe der Arbeitsbühne sind Sonderausführungen, die unter erschwerten Bedingungen (z. B. über Treppenläufe) errichtet werden müssen, keine Nebenleistungen. Gleichermaßen ist das Auf-, Um- und Abbauen von Gerüsten für andere Unternehmer niemals eine Nebenleistung. Siehe Abschnitt 4.2.3 der ATV DIN 18299 und diesbezüglichen Kommentar.

Der Einsatz von Fahrgerüsten ist gewerbeüblich, da Bauuntergründe im Arbeitsbereich im Allgemeinen ein unbeschwertes Rollen zulassen. Sollte dies nicht der Fall sein, z. B. aufgrund von Stufen, sonstigen Unebenheiten, groben Verschmutzungen bzw. Behinderung der Bewegungsfreiheit im Arbeitsbereich durch lagernde Materialien Dritter oder z. B. durch tiefer hängende, abgependelte Leuchtenbänder, so sind Bedenken anzumelden. Die notwendige Freiräumung bzw. Säuberung des Arbeitsbereiches wie auch die Notwendigkeit, die Gerüste händisch zu versetzen, stellt einen erheblichen Mehraufwand dar, der gesondert zu vergüten ist, da er bei der Preisbildung von erheblicher Bedeutung ist. Das Beseitigen entsprechender Hindernisse stellt deshalb gemäß Abschnitt 4.2.15 der ATV DIN 18299 eine Besondere Leistung dar.

4.1.2 Reinigen des Untergrundes, ausgenommen Leistungen nach Abschnitt 4.2.6.

Als Nebenleistung hat der Auftragnehmer den Untergrund von Staub und losen Verunreinigungen zu säubern. Dies erfolgt durch Abkehren mit einem groben Besen. Dieser anfallende Schutt „Dritter“ ist in bauseits gestellte Schuttcontainer zu entsorgen.

Das Entfernen von „Verunreinigungen“ mit dem Hammer, einer Scharre oder gar das Vorbereiten des Untergrundes geht über eine Nebenleistung hinaus (siehe Abschnitt 4.2.6 der ATV DIN 18340).

Die Feinsäuberung fertig gestellter Decken- oder Wandflächen nach der Verspachtelung, z. B. von Staub, ist keine Nebenleistung für den Trockenbauer. Bei diesen Flächen handelt es sich um Untergründe für nachfolgende Gewerke, z. B. Maler- und Lackiererarbeiten. Regelungen hierzu enthält die ATV DIN 18363, Abschnitt 4.1.7.

4.1.3 Vorlegen vorgefertigter Oberflächen- und Farbmuster.

Vorgefertigte Oberflächen- und Farbmuster, die im Bereich von Handmustern bleiben, hat der Auftragnehmer als Nebenleistungen dem Auftraggeber vorzulegen.

Für darüber hinausgehende Muster, die der Auftraggeber wünscht, sind in der Leistungsbeschreibung besondere Positionen vorzusehen (siehe Abschnitt 4.2.9 der ATV DIN 18340).

4.1.4 Fertigstellen von Trenn- und Montagewänden und Vorsatzschalen in zwei Arbeitsgängen zur Ermöglichung der Montage von Installationen durch andere Unternehmer, soweit die Leistungen im Zuge gleichartiger Trockenbauarbeiten kontinuierlich erbracht werden können. Sind diese Voraussetzungen nicht gegeben, handelt es sich um Besondere Leistungen nach Abschnitt 4.2.17.

Das Fertigstellen von Trenn- und Montagewänden in zwei Arbeitsgängen ist aus bauablauftechnischen Gründen bauüblich und gilt als Nebenleistung, soweit die Leistung des Trockenbauers im Zuge gleichartiger Trockenbauarbeiten kontinuierlich erbracht werden kann.

Dies bedeutet, dass der Auftragnehmer der Trockenbauleistungen seine Wände in zwei Takten gemäß Terminplanung kontinuierlich ausführen können muss. Unmittelbar nach dem Erstellen der Unterkonstruktion und der einseitigen Beplankung aller herzustellenden Wände beginnt die Beplankung der zweiten Wandseiten gemäß Taktplanung.

Diese Regelung bezieht sich nur auf das Aufstellen der Unterkonstruktion, das Ausfachen des Ständerwerkhohlraumes sowie die Beplankung und ggf. den Zargeneinbau. Für Spachtelarbeiten werden gegebenenfalls zeitversetzt gemäß Terminplan weitere Arbeitsgänge erforderlich, die jedoch nicht nach Abschnitt 4.1.4 der ATV DIN 18340 bewertet werden.

Kann z. B. aufgrund von Störungen im Bauablauf ein entsprechendes Taktverfahren nicht eingehalten werden, entstehen diesbezüglich Arbeitsunterbrechungen, die in jedem Fall zu Mehrkosten führen und anzuzeigen sind (siehe Abschnitt 4.2.17 der ATV DIN 18340).

Wenn z. B. stattdessen anders geartete Trockenbauarbeiten wie das Herstellen von abgehängten Decken, Trockenputz und dergleichen durchgeführt werden sollen, entstehen unter anderem Umrüstkosten, zusätzliche Einarbeitungskosten usw.

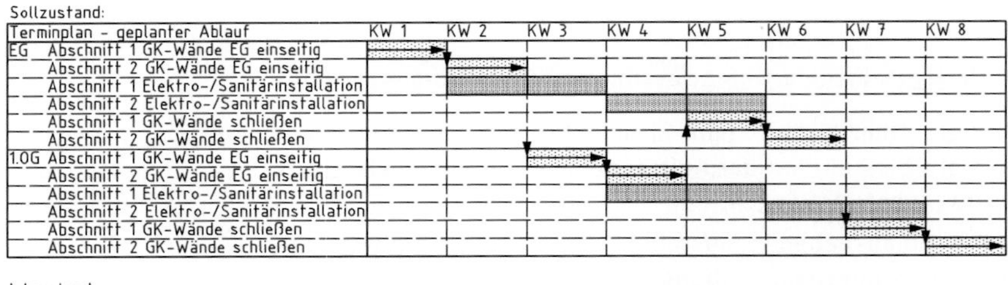

Bild 4.1.4: Beispiel Terminplan Soll/Ist-Vergleich
Taktplanung zur Erstellung der Montagewände und tatsächlich gestörter Ablauf

Erhebliche zusätzliche Rüstkosten können auch dann anfallen, wenn die gleichartigen Trockenbauarbeiten (Wände und Vorsatzschalen) nur in anderen Gebäudeteilen weitergeführt werden können und dies aus der Leistungsbeschreibung nicht hervorging.

Die anfallenden Mehrkosten sind gemäß Abschnitt 4.2.17 der ATV DIN 182340 gesondert zu vergüten.

Ausdrücklich wird hier darauf hingewiesen, dass für Deckenverkleidungen und Unterdecken diese Regelung nach Abschnitt 4.1.4 der ATV DIN 18340 nicht gilt. Bei abgehängten Decken gibt es keinen Grund, die Unterkonstruktion bzw. die Beplankung in mehreren unterbrochenen Arbeitsgängen auszuführen (siehe dazu Abschnitt 4.2.18 der ATV DIN 18340). Darin, z. B. durch den Elektriker, Lüftungsmonteur und dergleichen, einzubringende Installationen können bereits vor Beginn der Deckenkonstruktionen erfolgen.

4.2 Besondere Leistungen sind ergänzend zur ATV DIN 18299, Abschnitt 4.2, z. B.:

Die Formulierung macht deutlich: Bei den nachfolgend genannten „Besonderen Leistungen" handelt es sich nur um Beispiele „Besonderer Leistungen". Die Liste kann und darf demzufolge sinngemäß jederzeit ergänzt werden.

Die Formulierung *„... Leistungen, die nicht Nebenleistungen gemäß Abschnitt 4.1 sind ..."* legt nahe, dass nach dem Vermutungsprinzip alle Leistungen, die nicht als Nebenleistungen im Abschnitt 4.1 der ATV DIN 18299 und ATV DIN 18340 beschrieben sind, als Besondere Leistungen gelten können (siehe dazu auch Kommentar zu Abschnitt 4.1 der ATV DIN 18299).

Besondere Leistungen sind gesondert zu vergüten. Sie sollten bestenfalls bereits als Hauptleistungen mit separater Position (Ordnungsziffer) im Leistungsverzeichnis aufgeführt und dabei so eindeutig und erschöpfend beschrieben sein, dass sie klar kalkulierbar sind. Ist dies nicht der Fall, so sind Bedenken und ggf. Nachträge im Baufortschritt vorprogrammiert. (Siehe hierzu auch Kommentierung des Abschnittes 3.1.1 der ATV DIN 18340.)

Wird eine im Vertrag nicht vorgesehene Leistung gefordert, so hat der Auftragnehmer, entsprechend § 2 (6) der VOB/B, Anspruch auf besondere Vergütung. Er muss jedoch den Anspruch dem Auftraggeber ankündigen, bevor er mit der Ausführung der Leistung beginnt.

Folgende Fragen sollten vorher geklärt werden:

1. Ist der Betrieb des Auftragnehmers auf diese Zusatzleistung eingerichtet? Nur dann besteht gemäß § 1 (4) VOB/B eine Ausführungspflicht (Frage: Handelt es sich wirklich um Trockenbauarbeiten?).
2. Wurde auftraggeberseitig gemäß § 2 (6) 1 VOB/B überhaupt eine verbindliche Anordnung erteilt? Häufig kommen Anordnungen von so genannten Erfüllungsgehilfen, aufsichtsführenden Architekten bzw. Bauleitern. Deren Weisungsbefugnis sollte im Vorfeld erfragt und vom Auftraggeber bestätigt werden.
3. Die Anordnung sollte schriftlich bestätigt werden, bestenfalls vom Auftraggeber, ansonsten mit einem kaufmännischen Bestätigungsschreiben des Auftragnehmers an den Auftraggeber, wobei gegebenenfalls im Leistungsverzeichnis bestehende Positionen bereits für die Angabe von Kostenansätzen genannt werden oder neue Einheitspreise angegeben werden sollten.

Es hat wenig Sinn, Besondere Leistungen in seitenlangen Vorbemerkungen unterzubringen. Dies birgt die Gefahr, dass sie unkalkulierbar (siehe dazu auch die Erläuterungen zum Abschnitt 0 der ATV DIN 18340) und letztendlich als unwirksame Vertragsklauseln im Streitfall keine Anerkennung finden. Streitigkeiten sind dadurch vorprogrammiert (siehe dazu auch §§ 305 ff. BGB).

Werden nach der „Rosinentheorie“ Aussagen der VOB in einseitigem Interesse verändert, dann gilt diese nicht mehr als AGB mit der Folge, dass sämtliche Vertragsbedingungen innerhalb der VOB erneut auf ihre Wirksamkeit entsprechend §§ 305 ff. BGB überprüft werden müssen (siehe BGH, Urteil vom 22. Januar 2004 – VII ZR 419/02 – OLG Schleswig, LG Kiel: *„Jede vertragliche Abweichung von der VOB/B führt dazu, dass diese nicht als Ganzes vereinbart ist. Es kommt nicht darauf an, welches Gewicht der Eingriff hat“*). Die einseitig veränderten VOB-Vorschriften und weitere Kernaussagen der VOB werden dann automatisch unwirksam. An ihre Stelle treten ggf. nachteiligere, nicht gewollte Bedingungen gemäß BGB. Zweifel bei der Auslegung gehen dabei zu Lasten des Verwenders (d. h. des Erstellers der Vertragsbedingungen, somit i. d. R. des Auftraggebers). (Siehe auch Einleitung – Die VOB –.)

Völlig unzumutbar ist z. B. auch die Aufforderung an den Auftragnehmer, Pläne im Büro des Architekten einzusehen, um aus diesen vielleicht doch noch Erkenntnisse für die Kalkulation allein gemäß Ausschreibung unkalkulierbarer Leistungen zu gewinnen.

Der Ausschreibende muss seinen Wissensstand so weitergeben, dass ohne größere Aufwendungen eine Leistung eindeutig und erschöpfend kalkuliert werden kann. Das Risiko kann nicht der Auftragnehmer tragen. Der Kalkulator kann keinen größeren Wissensstand haben als der Ausschreibende.

Der Hinweis: „Kalkuliert, wie ausgeschrieben“ kann deshalb sinnvoll sein!

4.2.1 Vorhalten von Aufenthalts- und Lagerräumen, wenn der Auftraggeber Räume, die leicht verschließbar gemacht werden können, nicht zur Verfügung stellt.

Hierunter fallen selbstverständlich auch Sozialräume und Lagerflächen, die durch den Auftragnehmer als Besondere Leistung vorgehalten werden.

Grundsätzlich hat nach § 4 (4) VOB/B der Auftraggeber die „Nebenpflicht“, dem Auftragnehmer unentgeltlich Lager- und Arbeitsplätze auf der Baustelle zur Verfügung zu stellen. Dies sollte er gemäß Abschnitt 4.2.1 ebenfalls für Aufenthalts- und Lagerräume tun, die leicht verschließbar gemacht werden können.

Ist dies nicht möglich, so sind die dann erforderlichen Bauwagen, Baucontainer usw. für Aufenthaltsräume der Arbeitnehmer bzw. als Materiallager vom Auftraggeber gesondert zu vergüten.

Unter „leicht verschließbar“ ist zu verstehen, dass der Zugang durch handelsübliche Bautüren ohne umfangreiche Vorarbeiten verschlossen werden kann.

4.2.2 Auf- und Abbauen und Vorhalten der Gerüste, deren Arbeitsbühnen höher als 2 m über Gelände oder Fußboden liegen.

Im Gegensatz zu Abschnitt 4.1.1 der ATV DIN 18340 werden in Abschnitt 4.2.2 der ATV DIN 18340 Gerüste mit einer Arbeitsbühne höher als 2,00 m über Fußboden und einer daraus resultierenden Bearbeitungshöhe bis 3,65 m als Besondere Leistung vergütet. Diese Leistung ist in einer eigenständigen Position zu erfassen. Fehlt in der Leistungsbeschreibung ein entsprechender Ansatz, so ist der Auftragnehmer nach § 2 Nr. 6 der VOB/B verpflichtet, seinen Anspruch auf eine besondere Vergütung beim Auftraggeber rechtzeitig, jedoch immer vor Beginn der Arbeiten anzuzeigen.

Gerüstaufbauten über 2 m oder wenn die Absturzhöhe an einer Seite des Gerüstes über 2 m beträgt (siehe 4.1.2), sind in der Leistungsbeschreibung gesondert zu berücksichtigen, dies unter

Angabe der Einrüsthöhe, Standdauer, Art der gewünschten Einrüstung (z. B. Standgerüst, Rollgerüst). Gleiches gilt für erschwerte Gerüstaufbauten, wie z. B. zur Überbauung von Treppen und dergleichen (siehe auch Abschnitt 0.2.6 ATV DIN 18299). Ebenso müssen Behinderungen beim Rollen (unebener Boden, Treppenstufen usw.) genannt werden. Für Gerüstarbeiten und deren Abrechnung gilt die ATV DIN 18451 Gerüstarbeiten.

4.2.3 Umbau von Gerüsten für Zwecke anderer Unternehmer.

Ebenso wie das Erstellen, Vorhalten und Abbauen von Gerüsten für andere Unternehmer ist auch das Umbauen von Gerüsten für Zwecke anderer Unternehmer immer eine besonders zu vergütende Leistung. Dies gilt natürlich auch für Vorhaltekosten der vom Unternehmer der Trockenbauarbeiten erstellten Gerüste.

Auch die Mitbenutzung von Gerüsten durch andere Unternehmer auf Anweisung des Auftraggebers ist eine Besondere Leistung. Die Kosten dafür können nur über den Auftraggeber abgerechnet werden, da zwischen den einzelnen Unternehmern keine Vertragsbindung besteht.

4.2.4 Maßnahmen zum Schutz vor nachteiligen klimatischen Bedingungen gemäß Abschnitt 3.1.2, z. B. Beheizen.

Damit sind zusätzliche Maßnahmen für die Weiterarbeit bei Feuchte, ungeeigneten Temperaturen und bei zu hoher und zu niedriger Luftfeuchtigkeit gemeint.

Liegen ungeeignete klimatische Bedingungen vor, so sind gemäß Abschnitt 3.1.1 der ATV DIN 18340 und § 4 (3) VOB/B zunächst unverzüglich gegenüber dem Auftraggeber Bedenken schriftlich anzumelden.

Die notwendigen besonderen Maßnahmen sollen dann in Abstimmung mit dem Auftraggeber festgelegt und die Vergütung dafür vereinbart werden.

Entsprechende Maßnahmen können z. B. sein: Schließen und Abdichten von Öffnungen bei fehlenden Fenstern und Türen, Aufstellen, Warten und Vorhalten von Luftentfeuchtern oder provisorische Heizsysteme usw.

Besondere Vorsicht ist geboten, wenn vertraglich die Verpflichtung übernommen wurde, seine Leistung in einer voraussehbaren, ungünstigen Jahreszeit zu erbringen. Auftraggeber berufen sich dann oftmals auf die VOB-Formulierung „gemäß § 6 (2)“:

„Witterungseinflüsse während der Ausführungszeit, mit denen bei Abgabe des Angebotes normalerweise gerechnet werden muss, gelten nicht als Behinderung.“

Im Trockenbau ist es gewerbeüblich, dass der Auftragnehmer erst tätig wird, wenn die Gebäudehülle geschlossen ist und er davon ausgehen kann, dass geeignete bauklimatische Bedingungen vorherrschen. Deshalb kann vorgenannter Passus nicht so ausgelegt werden, dass vom Auftragnehmer z. B. „Winterbaumaßnahmen“ als Nebenleistung ergriffen und auf seine Kosten durchgeführt werden müssen, wenn er feststellt, dass z. B. Temperaturen und Feuchtigkeit im Gebäude ein fachgerechtes und schadenfreies Arbeiten unmöglich machen.

4.2.5 Besondere Maßnahmen zum Schutz von Bau- und Anlagenteilen sowie Einrichtungsgegenständen, z. B. durch Abkleben von Fenstern, Türen, Böden und oberflächenfertigen Teilen, staubdichtes Abkleben von empfindlichen Einrichtungen und technischen Geräten, Staubschutzwände, Auslegen von Hartfaserplatten oder Bautenschutzfolien.

Der Abschnitt bezieht sich auf den Schutz von oberflächenfertigen Bauteilen und Einrichtungsgegenständen, die durch Schutzabdeckungen, z. B. auch Folien, jeglicher Art geschützt werden sollen.

Die Aufzählung möglicher Schutzmaßnahmen in diesem Abschnitt kann selbstverständlich nicht abschließend sein.

Bei Trockenbauarbeiten sind alle Schutzmaßnahmen in eine gesonderte Leistungsposition aufzunehmen. Schutzmaßnahmen, auch einfache Schutzmaßnahmen sind nie mit den Einheitspreisen abgegolten. Abschnitt 4.1 der ATV DIN 18340 (Nebenleistungen) sieht hierfür keine vom Auftragnehmer zu erbringende Leistung vor.

Fehlt in der Leistungsbeschreibung eine besondere Position für Maßnahmen zum Schutz von Bau- und Anlageteilen sowie Einrichtungsgegenständen, oder werden erst bei Beginn der Arbeit solche als notwendig erachtet, so muss der Auftragnehmer Bedenken anmelden und entsprechende Zusatzvereinbarungen treffen.

Es geht hier nicht nur um den Schutz von Bauteilen und Einrichtungsgegenständen, sondern es muss logischerweise auch um das nachträgliche Entfernen von z. B. bauseits vorhandenen Schutzmaßnahmen, z. B. Schutzfolien an Leichtmetallsimsen, gehen, wenn deren Schutzzweck erfüllt ist.

Problematischer wird die Situation, wenn es um eigene Leistungen geht, die zu schützen sind.

Aus der Praxis kennen wir es, dass der Schutz von Sanitärobjekten z. B. nur durch Abschließen des Raumes möglich ist. Diese Möglichkeit hat der Trockenbauer in den seltensten Fällen, da Folgegewerke weiterarbeiten müssen.

Besonders bei Türelementen ist ein Schutz, der über eine normale Folienbelegung hinausgeht, nur mit erheblichem Aufwand zu realisieren. Ein Schutz von Türblättern, z. B. durch Einhausung, oder ein Schutz von Wand- und Deckenoberflächen durch vollflächiges Abdecken führt zwangsläufig zu erheblichen Kosten, die nicht mehr als Nebenleistung bezeichnet werden können.

Hier sind entsprechende Schutzmaßnahmen, auch wenn sie zum Schutze der eigenen Leistung dienen, als Besondere Leistungen zu sehen. Dies gilt z. B. auch für das Schützen von Deckenbekleidungen vor Staub, den Folgehandwerker verursachen (z. B. Schleifstaub bei Parkettarbeiten).

Diesbezüglich hält Abschnitt 0.4.1 der ATV DIN 18299 sogar eine ausdrückliche Erwähnung in der Leistungsbeschreibung für geboten, da die Kosten entsprechender Maßnahmen von erheblicher Bedeutung für die Preisgestaltung sind.

Der Hinweis auf den kostenfreien Schutz der eigenen Leistung bis zur Abnahme kann hier keine Gültigkeit haben. Es sind Bedenken anzumelden und entsprechende Nachtragsvereinbarungen zu treffen.

Weiterhin muss dem Auftragnehmer, der gemäß VOB/B § 4 (5) sowie §§ 644, 645 BGB seine Leistung bis zur Abnahme vor „Beschädigung und Diebstahl" zu schützen hat, vom Auftraggeber überhaupt erst die Möglichkeit gegeben werden, diese schützen zu können. Zumeist ist dies nicht der Fall, z. B. wenn auf der fertig gestellten Leistung Folgegewerke auf Anweisung des Auftraggebers weiterarbeiten.

In diesem Fall muss der Auftragnehmer in die Lage versetzt werden, für entsprechende Teile seiner Leistung bereits im Vorfeld eine Teilabnahme gemäß VOB/B § 12 herbeiführen zu können, damit gemäß VOB/B § 12 die Gefahr auf den Auftraggeber übergeht. Ansonsten müssten die bereits benutzten Leistungsteile gegen Beschädigung versichert werden. Der Auftragnehmer kann eine solche Versicherung als Besondere Leistung gemäß § 7 VOB/B und ATV DIN 18299, Abschnitt 4.2.7 anbieten.

Schutzmaßnahmen bieten ein großes Streitpotenzial. Es wird dringend empfohlen, die entsprechenden Möglichkeiten von Schutzmaßnahmen vor Ausführung mit dem Auftraggeber zu besprechen, um strittige Punkte rechtzeitig auszuräumen.

Besonders hochwertige und leicht zu beschädigende Bauteile und Einbauteile sollten daher im Bauablauf so spät wie möglich zum Einbau kommen.

Werden in diesem Zusammenhang z. B. aus Gründen, die der Auftragnehmer nicht zu vertreten hat, Maßnahmen erforderlich, die normalerweise nicht anfallen würden, so hat der Auftraggeber diese Besonderen Leistungen zu vergüten, z. B. wenn der Transport von Türelementen mittels Kran nur noch kurze Zeit möglich ist, da der Kran abgebaut wird, oder, wenn eine frühe Lieferung von Türelementen gewünscht wird, weil lange vor Abnahme Räume verschließbar gemacht werden sollen usw.

4.2.6 Reinigen des Untergrundes von grober Verschmutzung, z. B. Gipsreste, Mörtelreste, Farbreste, Öl, soweit diese nicht durch den Auftragnehmer verursacht wurden.

Als Nebenleistung gilt das Säubern des Untergrundes von Staub und losen Teilen, deren Beseitigung regelmäßig ohne nennenswerten Kostenaufwand erfolgen kann.

Im Gegensatz dazu ist jedoch das Reinigen des Untergrundes von groben Verschmutzungen, die nicht von den eigenen Arbeiten herrühren, eine Besondere und aus diesem einen Grund gesondert zu vergütende Leistung des Auftragnehmers.

Es empfiehlt sich immer, vor Beginn der Arbeiten den Baustellenzustand zu begutachten und bei Bedarf gemäß § 2 (6) 1 VOB/B umgehend Bedenken anzumelden. Siehe auch Kommentar zu Abschnitt 4.1.2 der ATV DIN 18340.

4.2.7 Maßnahmen zur Erfüllung erhöhter Anforderungen an die Ebenheit oder Maßhaltigkeit (siehe Abschnitt 3.1.3).

Werden gemäß DIN 18202 erhöhte Anforderungen an die Ebenheit bzw. Maßhaltigkeit gestellt, so bedeutet dies einen erheblichen Mehraufwand.

Eine erhöhte Anforderung an die Ebenheit bzw. Maßhaltigkeit ist immer besonders zu vereinbaren. Eine entsprechende Vereinbarung fordert auch die DIN 18202 ausdrücklich.

Maßnahmen für eine erhöhte Anforderung sind immer in einer eigenen Leistungsposition zu erfassen.

Erhöhte Anforderungen an die Ebenheit nach DIN 18202 haben nichts mit erhöhten Anforderungen an die Oberflächengüte zu tun. Diese sind zusätzlich zu vereinbaren. Siehe dazu auch die Kommentierung des Abschnittes 3.1.3 der ATV DIN 18340.

4.2.8 Maßnahmen zum Erreichen höherer Oberflächenqualitäten (siehe Abschnitt 3.2.2), z. B. vollflächige Gipsglätteputzarbeiten, Ausfugungen hinter Randwinkeln zum Ausgleich von Unebenheiten im Wandbereich.

Sollen höhere Oberflächenqualitäten als die in 3.2.2 Absatz 1 beschriebene Regelausführung erzielt werden, so sind dafür entsprechende Maßnahmen gesondert in einer Leistungsposition zu erfassen. Diese Maßnahmen stellen immer einen hohen Aufwand dar, der besonders zu vergüten ist.

Im Merkblatt Nr. 2 der Industriegruppe Gipsplatten im Bundesverband der Gips- und Gipsbauplattenindustrie e.V. sind die Oberflächengüten beschrieben und festgelegt.

Diese Oberflächengüten werden in Q1, Q2, Q3 und Q4 eingeteilt. Diese Bezeichnungen wurden in die ATV DIN 18340 nicht aufgenommen. Die Beschreibung der einzelnen Gütenklassen wurde jedoch in gleichem Wortlaut in die DIN 18340 integriert.

Daraus ergibt sich, dass die Oberflächengüte Q1 (siehe Abschnitt 3.2.1 der ATV DIN 18340) als Grundverspachtelung und die Oberflächengüte Q2 (siehe Abschnitt 3.2.2 der ATV DIN 18340) als Standardverspachtelung den „allgemein anerkannten Regeln der Technik“ entsprechen. Dies bedeutet, dass bei einer Aussage wie oberflächenfertig, malerfertig, streichfähig o. Ä. immer die Oberflächengüte Q2 zu verstehen ist.

Bezeichnungen wie malerfertig, oberflächenfertig, streichfähig o. Ä. beschreiben keine Qualitätsstufe, sind nicht aussagekräftig und nicht definiert und sind in einer Leistungsbeschreibung fehl am Platze, sie sind zu vermeiden. Solche Bezeichnungen widersprechen dem Prinzip des § 7 der VOB/A DIN 1960, wonach die Beschreibung der Leistung eindeutig und erschöpfend zu erfolgen hat.

Die über eine in Abschnitt 3.2.2 der ATV DIN 18340 beschriebene Oberflächengüte hinausgehende Anforderung stellt immer eine besonders zu vergütende Leistung dar, siehe Abschnitt 3.2.3 der ATV DIN 18340. Diese ist immer in einer gesonderten Position zu erfassen. Dabei empfiehlt sich die Klassifizierung des Merkblattes, also Q1, Q2, Q3 oder Q4 zu verwenden, da diese bereits in der Praxis üblich sind.

Wie bei Maßnahmen zur Erfüllung erhöhter Anforderungen an die Ebenheit und Maßhaltigkeit sind die Maßnahmen zum Erreichen einer höherer Oberflächengüte ebenfalls immer gesondert zu vereinbaren.

> Auch bei der höchsten Oberflächengüte können sichtbar werdende Unebenheiten bei Streiflicht nicht vermieden werden. Solche „Unebenheiten“ stellen keinen Mangel dar, wenn sie innerhalb der Toleranzen der DIN 18202 liegen. Z. B. ist bei vollflächig abgestuckten Gipsplattenoberflächen eine geforderte Streiflichtfreiheit bei einer dynamischen Beleuchtungssituation nicht vollständig herzustellen.
>
> Das bedeutet, dass es nur bei Lichtverhältnissen, die auch während der Montage vorhanden bzw. künstlich erzeugt werden, möglich ist, annähernd diese Forderung zu erfüllen.
>
> Weitergehende Erläuterungen hierzu befinden sich in der Kommentierung zu Abschnitt 3.1.3 der ATV DIN 18340.

Werden Randanschlüsse (z. B. Randwinkel) an aufgehenden, bauseitigen oder selbst gestellten Wänden montiert, so können kleinere Unebenheiten auf den Wänden entstehen, auch wenn die Ebenheit der Wände die zugelassene Toleranz der DIN 18202 erfüllt. Diese Unebenheiten können zu hässlichen Hohlräumen zwischen Randwinkel und Wand führen.

Das Schließen dieser Hohlräume z. B. mit geeigneten Spachtelmassen oder anderen Maßnahmen (Hinter- bzw. Auffütterung) ist keine Nebenleistung. Sind die zulässigen Maßtoleranzen der Wand überschritten, muss dies zusätzlich angezeigt werden. Oftmals sind diese geringfügigen Fehlstellen, die aber optisch stark hervortreten können, erst bei der Montage des Randwinkels sichtbar.

Umso mehr ist es geboten, unmittelbar nach Feststellung der Situation Bedenken anzumelden und eine Klärung über evtl. zu ergreifende Maßnahmen herbeizuführen.

Die Forderung vieler Auftraggeber, dass der Auftragnehmer bei Prüfung der Vorleistung hätte früher auf diesen Mangel hinweisen müssen, ist in der Praxis nicht zu erfüllen, da besonders der Bereich, in der der Randwinkel montiert werden soll, ohne Gerüst nicht zugänglich ist. Eine solch aufwändige Prüfung des Untergrundes ist nach 3.1.1 der DIN 18340 nicht zumutbar.

Sollten es die eigenen Wände sein, die zu den Hohlräumen der Randwinkel zum Randbereich führen, so muss untersucht werden, ob die Ebenheit der Wände den Anforderungen der vereinbarten DIN 18202, Tabelle 3, Zeile 6 bzw. 7, entspricht.

Sollten sich die Abweichungen der Maßtoleranzen im zulässigen Rahmen halten, besteht beim Anbringen der Randwinkel ein Anspruch auf eine entsprechende Vergütung dieser zusätzlichen Leistung, wenn der Auftraggeber wünscht, dass die Randwinkel im Anschlussbereich keine Hohlräume aufweisen.

Die Qualität von Fußbodenoberflächen lässt sich erst nach Aufbringung des Oberbelages bewerten. Vorgaben hierfür enthält unter anderem die ATV DIN 18365 Bodenbelagsarbeiten.

4.2.9 Herstellen und Anbringen von Musterflächen, Musterkonstruktionen und Modellen.

Entsprechend Abschnitt 4.1.3 der ATV DIN 18340 erfolgt die Bemusterung einer zu erbringenden Leistung im Regelfall durch vorgefertigte Oberflächen- und Farbmuster. Verlangt der Auftraggeber zur Entscheidungsfindung Musterflächen, Musterkonstruktionen oder gar Modelle, die der Auftragnehmer der Trockenbauarbeiten eigens zu diesem Zwecke herstellen und anbringen muss, so handelt es sich hierbei um eine Besondere Leistung, die in der Leistungsbeschreibung nach Art, Anzahl und Abmessungen zu erfassen ist (siehe auch Abschnitt 0.2.27 der ATV DIN 18340).

Oftmals werden großflächige Muster oder gar die Montage ganzer Musterräume gewünscht.

Eine Abrechnung nach einer normalen Leistungsverzeichnisposition benachteiligt den Auftragnehmer, da er die Leistungen ja vorgezogen, in mehreren kleinen Flächen und oftmals mit zahlreichen Unterbrechungen und Zusatzwünschen des Auftraggebers erbringen muss.

Häufig findet man in Vorbemerkungen den Satz „Herstellen der erforderlichen Proben in angemessenem Verhältnis zum Umfang des Auftrages“ o. Ä. Dies ist nicht kalkulierbar. Lediglich die Vorlage von Oberflächen- und Farbmustern als Handmuster gilt als Nebenleistung.

Ebenfalls in die Leistungsbeschreibung gehören Informationen darüber, was mit entsprechenden Musterkonstruktionen, -flächen bzw. Modellen nach der Begutachtung geschehen soll (Rückbau und Entsorgung oder Verbleib im Gebäude?).

Fehlen in der Leistungsbeschreibung die erforderlichen Ansätze, so ist der Auftragnehmer verpflichtet, vor Herstellung und Montage von Musterflächen usw., die über die Nebenleistung gemäß Abschnitt 4.1.3 der ATV DIN 18340 hinausgehen, entsprechend § 2 (6) der VOB/B seinen Anspruch auf Vergütung anzukündigen.

4.2.10 Herstellen vollflächiger Bewehrungen.

Werden besonders hohe Anforderung an die Oberflächengüte gestellt, z. B. soll auf eine mit Gipsplatten bekleidete Dachschräge eine hochwertige Beschichtung wie Seidenglanzlackierung oder Lackierung in Hochglanz gewünscht werden, so erfordert dies bereits bei der Grundverspachtelung erhöhte Maßnahmen bei der Behandlung der Fugen. Es empfiehlt sich dabei, die Fugen durch das Einlegen eines Fugendeckstreifens je nach den Herstellerrichtlinien zu bewehren. Darüber hinaus ist eine Dachfläche durch Winddruck, Schneelast o. Ä. immer einer leichten Bewegung ausgesetzt, die oftmals dazu führt, dass Risse in den Fugen der Gipsplatten auftreten.

Eine weitere zusätzliche Maßnahme zur Verminderung von Rissen ist dafür das Einbetten einer vollflächigen Bewehrung in die vollflächige Verspachtelung oder Gipsglättputzarbeiten (siehe hierzu auch ATV DIN 18363 Maler- und Lackierarbeiten, Beschichtungen Abschnitt 3.2.1.2).

4.2.11 Liefern bauphysikalischer Nachweise sowie statischer Berechnungen und der für diese Nachweise erforderlichen Zeichnungen.

Dabei handelt es sich um Ingenieurleistungen, die in den Bereich der Planung gehören.

Bauphysikalische Nachweise sind z. B. Schallberechnungen, Schallmessungen sowie Wärme-, Feuchte- und Brandschutzberechnungen u. Ä.

Statische Nachweise sind für Bewegungsfugen erforderlich. Besonders können zu erwartende Deckendurchbiegungen vom Trockenbauer nicht erkannt werden. Hierzu sind Angaben des Fachingenieurs erforderlich. Alle sich daraus ergebenden Maßnahmen sind Besondere Leistungen.

Diese Leistungen können nicht mit Angaben in den Vorbemerkungen abgegolten sein.

Entsprechend § 3 (1) VOB/B hat der Auftraggeber dem Auftragnehmer unentgeltlich und rechtzeitig alle zur Ausführung seiner Leistung erforderlichen Unterlagen zu übergeben. Dazu gehören auch besondere bauphysikalische Nachweise sowie statische Berechnungen und die dazugehörenden Zeichnungen.

Verlangt der Auftraggeber jedoch vom Auftragnehmer derartige Leistungen, so stellt dies für den Auftragnehmer eine Besondere Leistung dar, die vom Auftraggeber zu vergüten ist. Der Anspruch dafür ist jedoch vom Auftragnehmer entsprechend § 2 (6) rechtzeitig anzukündigen.

Ist bereits vor der Vergabe der Leistung bekannt, dass der Auftragnehmer derartige Leistungen zu erbringen hat, so sind diese in der Leistungsbeschreibung genau aufzuführen und zu beschreiben. Dies ist immer in einer gesonderten Position zu erfassen (siehe auch Abschnitt 0.2.26 der ATV DIN 18340).

Es ist auch eindeutig zu beschreiben, wie viele Messungen wo und wann durchgeführt werden sollen.

Das Liefern von Produktblättern oder Prüfzeugnissen, die bei der Industrie vorliegen, gilt als Nebenleistung, soweit der Aufwand gewerbeüblich bleibt, d. h. nicht über Kopieren und Versand hinausgeht. Besonderer Aufwand kann z. B. auf Auslandsbaustellen entstehen.

Da auch in Innenräumen Windlasten, z. B. bei geöffneten Fenstern und Türen, auftreten können, die die für Metalldecken ausgelegten Druck- und Sogbelastung von 0,04 kN/m^2 übersteigen, sind durch den Planer in der Leistungsbeschreibung Angaben darüber zu machen, in welchem Maße Zusatzhalterungen vorzusehen sind, damit sich die eingelegten Deckenelemente nicht abheben können. Solche Maßnahmen sind Besondere Leistungen. Siehe Abschnitte 0.2.8 und 3.3.1.

4.2.12 Versuche zum Nachweis der Standsicherheit am Bauwerk, z. B. Kugelschlagprüfung, Dübelauszugsversuche, Probebelastungen.

Werden Dübelauszugsversuche, Probebelastungen oder sonstige Nachweise zur Standsicherheit gefordert, so sind diese Besondere Leistungen.

Dies gilt sowohl in Bezug auf Versuche an der eigenen Leistung als auch an bauseitig vorhandener Substanz.

Insbesondere wenn Zweifel an der Tragfähigkeit von Anschluss-, Befestigungs- bzw. Verankerungsgründen bestehen (z. B. in Sanierungsbereichen mit alter Bausubstanz unbekannter Qualität bzw. hinsichtlich Abhängungen unter Hohlsteindecken und dergleichen), sollten vor Ausführung der eigenen Leistung gemäß § 4 (3) VOB/B

Bedenken angemeldet und gegebenenfalls entsprechende Nachprüfungen als Besondere Leistung angeboten werden.

Werden bei geforderten Überprüfungen der eigenen Leistung Mängel an dieser festgestellt, so gehen diesbezügliche Nachuntersuchungen zu Lasten des Auftragnehmers.

Die erste Untersuchung selbst bleibt jedoch eine Besondere Leistung und ist dem Auftragnehmer immer zu vergüten, es sei denn, ihm kann eindeutig nachgewiesen werden, dass seine Leistung für den Mangel allein ursächlich ist (diese Regelung gilt gleichermaßen für bauphysikalische Prüfungen).

4.2.13 Erstellen von Verlege- und Montageplänen sowie Überarbeiten vorgegebener Verlege- und Montagepläne.

Auch hier handelt es sich um eine Planungsleistung, die dem Auftragnehmer entsprechend § 3 (1) der VOB/B unentgeltlich und rechtzeitig vor Beginn der Arbeiten zu übergeben ist.

Sämtliche Unterlagen sind in dreifacher Ausfertigung erforderlich. Eine Ausfertigung ist immer an der Baustelle erforderlich, damit die Leistung auch entsprechend den Vorgaben ausgeführt werden kann. Weitere Ausführungen dienen zur Überwachung des Leistungsstandes, zur Überprüfung der Vorgaben des Leistungsverzeichnisses und zur Dokumentation des Aufmaßes und der Abrechnung.

Werden derartige Leistungen aus dem Aufgabenbereich des Auftraggebers dennoch vom Auftragnehmer verlangt, so sind diese gesondert auszuschreiben und zu vergüten.

Der Umfang der gewünschten Leistung ist genau zu beschreiben, damit sie auch kalkuliert werden kann.

Hierunter sind selbstverständlich nicht nur Konstruktionszeichnungen, sondern auch die Lieferung detaillierter Termin- bzw. Bauablaufpläne zu verstehen.

Behinderungen, die sich aus der Verletzung dieser Verpflichtung ergeben, kann der Auftragnehmer geltend machen, wenn er zuvor eine Behinderungsanzeige entsprechend § 6 (1) der VOB/B abgegeben hat.

Es ist zu beachten, dass die notwendigen Unterlagen immer häufiger, wie in § 3 VOB/B beschrieben, auf Datenträgern übergeben werden. Dadurch entstehen dem Auftragnehmer für das Herstellen von Kopien erhebliche Kosten. Die Kosten für die gewerbeüblich erforderliche Anzahl Plansätze (in der Regel 3 Stück) sind dem Auftragnehmer zu erstatten. Denn der Auftraggeber ist gemäß § 3 (1)

VOB/B verpflichtet, die für die Ausführung nötigen Unterlagen dem Auftragnehmer unentgeltlich und rechtzeitig zu übergeben.

Das Gleiche gilt bei Nachreichung von Planänderungen und/oder Ergänzungen sowie von grundsätzlichen Planüberarbeitungen.

Änderungen müssen dem Auftragnehmer mitgeteilt werden. Sie sind in den Plänen so kenntlich zu machen, dass sie ohne großen Suchaufwand sichtbar werden. Ist dies nicht der Fall, können zusätzlich zu vergütende Leistungen entstehen.

4.2.14 Herstellen, Anarbeiten bzw. Anpassen und Schließen von Aussparungen für Türen, Fenster, Dachflächenfenster, Nischen, Stützen, Pfeilervorlagen, Rohre, Einzelleuchten, Lichtkuppeln, Lüftungsauslässe, Schalter, Steckdosen, Kabel, Oberlichtbänder, Kabelkanäle, Führungsschienen, Einbauteile, Revisionselemente, Profile, Leisten, Sockelleisten, Randstreifen und dergleichen. Provisorisches Schließen und Öffnen von Aussparungen in Systemböden, z. B. für Steckdosen, Lüftungsauslässe.

Das Herstellen, Anarbeiten bzw. Anpassen und Schließen von Aussparungen, gleichgültig ob es im Zuge auszuführender Trockenbauarbeiten oder nachträglich stattfindet, stellt einen erheblichen Aufwand dar und ist gesondert nach Fläche (m^2), Längenmaß (m) oder Anzahl (Stück) entsprechend den Abschnitten 0.5 ff. der ATV DIN 18340 auszuschreiben. Fehlen entsprechende Positionen in der Leistungsbeschreibung, so ist bei Anfall dieser Leistungen ein Nachtrag zu stellen.

Die in Abschnitt 4.2.14 der ATV DIN 18340 vorgegebene Aufzählung von Bauteilen ist nicht abschließend und kann sinngemäß ergänzt werden. Dies gilt auch für das Anarbeiten bzw. Anpassen und Anspachteln von Konstruktionen und Bekleidungen an Sanitäranschlüsse (z. B. in Feuchträumen wie Küchen und Bädern).

Der Oberbegriff „Aussparung“ erfasst die unterschiedlichsten auszuschneidenden bzw. auszuklinkenden Oberflächen, Baustoffe, Konstruktionen und Bauteilzuordnungen. Genaue Angaben hierzu in der Leistungsbeschreibung sind deshalb zur Bestimmung der erforderlichen Maßnahmen und des zu kalkulierenden Aufwandes unabdingbar (siehe Abschnitt 0.2.11). Es ist zudem ein erheblicher Unterschied, ob entsprechende Arbeiten an Rohren, Kabel- und Lüftungskanälen und dergleichen im Zuge der Montage oder nachträglich z. B. an schon vorhandenen, bauseitigen Leistungen ausgeführt werden. Informationen hierüber gehören ebenfalls in eine eindeutige Leistungsbeschreibung, um die unterschiedlichen Zeitansätze korrekt ermitteln zu können.

Es wird ausdrücklich darauf hingewiesen, dass das Herstellen von z. B. Tür- oder Fensteröffnungen eine gesondert zu vergütende Leistung ist, die nicht mit dem Übermessen oder gar mit der Vergütung von Leibungsverkleidungen abgegolten werden kann.

4.2.15 Einbau von Zargen, Türen, Fenstern, Einzelleuchten, Lichtkuppeln, Lüftungsauslässen, Lüftungsgittern, Oberlichtbändern, Führungsschienen, Revisionselementen, Profilen, Leisten, Sockelleisten, Randstreifen, Dichtungsbändern, Dichtungsprofilen und dergleichen.

Sämtliche Bauteile, die in Trockenbaukonstruktionen eingesetzt werden, sind auszuschreiben, da die Montage z. B. von Zargen, Türen, Fenstern, Einzelleuchten usw. jeweils eine Besondere Leistung darstellt.

Es ist immer sinnvoll, hierfür gesonderte Positionen im Leistungsverzeichnis aufzunehmen. Dabei muss neben der Angabe, was eingebaut werden soll, auch die genaue Einbausituation beschrieben werden (siehe dazu auch die Abschnitte 0.2.13 und 3.7 der ATV DIN 18340).

4.2.16 Nachträgliches Anarbeiten an Einbauten und Installationen.

Nachträglich auszuführende Arbeiten verursachen immer einen besonderen Kostenaufwand. Gegebenenfalls muss für derartige Leistungen sogar erneut ein Gerüst erstellt werden. Es handelt sich hier um Besondere Leistungen, die nicht mit den Positionen gemäß Abschnitt 4.2.14 der ATV DIN 18340 abgegolten sind.

Leistungen, die unter Abschnitt 4.2.14 bzw. 4.2.15 der ATV DIN 18340 genannt werden, jedoch nachträglich, also nicht im Zuge der Erstellung der Hauptleistungen, ausgeführt werden können (z. B. nachträglich eingebaute Zargen), sind Besondere Leistungen, die nicht mit den Einheitspreisen der Hauptleistung im Leistungsverzeichnis abgerechnet werden können. Da der Mehraufwand für diese nachträglichen Leistungen erheblich ist, sind für solche Leistungen andere Kostenansätze erforderlich.

Dies gilt selbstverständlich nicht für Leistungen, die der Auftragnehmer vergessen hat oder bei erbrachter mangelhaft ausgeführter Leistung nachzuarbeiten hat.

4.2.17 Fertigstellung von Trenn- und Montagewänden sowie Vorsatzschalen, soweit die Leistungen nicht im Zuge gleichartiger Trockenbauarbeiten kontinuierlich ausgeführt werden können (siehe Abschnitt 4.1.4).

Siehe hierzu die Kommentierung in Abschnitt 4.1.4 der ATV DIN 18340.

Wird es durch eine verzögerte Leistung von Technikgewerken erforderlich, die Baustelle zu verlassen und neu anzufahren, um einseitig geschlossene Wände beidseitig zu schließen, dann ist das keine Nebenleistung gemäß Abschnitt 4.1.4 der ATV DIN 18340 mehr, sondern der dadurch entstehende Mehraufwand ist zu vergüten. Dies gilt auch bereits, wenn z. B. aufgrund von Störungen im Bauablauf ein vorgegebenes Taktverfahren nicht eingehalten werden kann (siehe hierzu Bild 4.1.4 auf Seite 194).

Wenn z. B. stattdessen anders geartete Trockenbauarbeiten, wie das Herstellen von abgehängten Decken, Trockenputz, das Einbauen von Dämmungen in Dachschrägen oder das Einbauen von Unterkonstruktionen und Beplankungen an anderen Flächen und dergleichen, durchgeführt werden sollen, entstehen unter anderem Umrüstkosten, zusätzliche Einarbeitungskosten usw. Alle diese andersartigen Arbeiten stellen gemäß Abschnitt 4.1.4 der ATV DIN 18340 keine Leistungen dar, die im Zuge *„gleichartiger Trockenbauarbeiten kontinuierlich erbracht“* werden. Immer handelt es sich um eine Unterbrechung der kontinuierlichen Arbeit an den Montagewänden.

Die Mehrkosten, die eine solche Unterbrechung verursacht, oder die Mehrkosten für das Eintakten und Organisieren andersartiger Leistungen am Bauvorhaben sind besonders zu vergüten.

Erhebliche zusätzliche Rüstkosten können auch dann anfallen, wenn die gleichartigen Trockenbauarbeiten (Wände und Vorsatzschalen) nur in anderen Gebäudeteilen weitergeführt werden können und dies aus der Leistungsbeschreibung nicht hervorging.

Der zusätzliche Aufwand ist dem Bauherrn unmittelbar nach Bekanntwerden der Änderung des Bauablaufes mitzuteilen.

4.2.18 Schließen von Decken- und Bodenkonstruktionen, wenn Unterkonstruktionen und Bekleidungen im Arbeitsbereich nicht in einem Arbeitsgang ausgeführt werden können.

Bei Decken- und Bodenkonstruktionen ist eine Trennung zwischen der Montage der Unterkonstruktion und der Beplankung zum Zwecke der Einbringung von Installationen nicht als Nebenleistung vorgesehen, da sämtliche Installationen und Einbauten in Decken und Böden vor der Montage der Decken- oder Bodenkonstruktion erfolgen können. Die Einbausituation ist bei Decken und Böden eine völlig andere als bei Trennwänden.

Bei Decken und Böden stellt die Montage in zwei Abschnitten deshalb keine zwingende Notwendigkeit für das Einbringen von Installationen dar.

Die übliche Kalkulation beinhaltet die Ausführung von Decken- und/oder Bodenkonstruktionen deshalb immer als eine in einem Zuge auszuführende Leistung, also für das Herstellen der Unterkonstruktion und das Bekleiden der Konstruktion bei Decken.

Soll dennoch die Ausführung solcher Leistungen in zwei oder mehreren Abschnitten erfolgen, z. B. bei Kühldecken, so entstehen dabei für den Auftragnehmer der Trockenbauarbeiten immer Mehrkosten, die besonders zu vergüten sind. Ist also beispielsweise bei einer Deckenkonstruktion zuerst die Unterkonstruktion und dann mit zeitlichem Abstand die Beplankung zu montieren, so sind die Mehrkosten zur üblichen Kalkulation als Besondere Leistung abzurechnen. Neben den Mehrkosten durch erneutes Ausrichten der Unterkonstruktion besteht ein erhöhtes Beschädigungsrisiko durch Dritte, ohne die Möglichkeit, die Leistung schützen zu können.

4.2.19 Arbeiten für Leistungen anderer Unternehmer, z. B. Einmessarbeiten, Ein-, Aus- und Wiedereinbau von Bekleidungselementen und Einbauten, teilweise Bekleidung von Wänden für Bodenverlegungen, Ausbildung von Heizkörpernischen.

Zur Raum gestaltenden Trockenbauleistung entstehen im Bauablauf in der Regel eine Vielzahl von Schnittstellen mit anderen Gewerken, die flexible Verzahnungen von Arbeitsabläufen und dabei häufig auch Leistungen des Trockenbauers für andere Unternehmer erfordern.

Werden solche Leistungen erforderlich, so sind diese immer besonders zu vergüten, soweit sie nicht schon in der Leistungsbeschreibung als Positionen mit Ordnungsziffer konkret beschrieben und gefordert wurden.

Um unfachgemäße Ausführungen, Beeinträchtigungen oder gar Beschädigungen und daraus folgende Streitigkeiten an der Trockenbauleistung zu vermeiden, sollte der Auftraggeber immer den ausführenden Trockenbauer selbst beauftragen, die notwendigen vorgezogenen Teilleistungen oder nachträglichen Eingriffe in die eigene Leistung vorzunehmen.

Einmessarbeiten, Ein-, Aus- und Wiedereinbau von Bekleidungselementen werden erforderlich, wenn z. B. eine bereits vorhandene Bekleidung abgebaut werden muss oder in einer solchen Beplankung zum Zwecke der Montage oder Installation von Einbauteilen anderer Unternehmer Öffnungen angelegt und ausgeschnitten werden müssen.

Eine teilweise Beplankung im Bodenanschlussbereich von Trennwänden ist z. B. erforderlich, wenn der Estrich vor Fertigstellung der Wandkonstruktionen erfolgen soll. Dies kann notwendig werden, wenn Installationen – aus welchen Gründen auch immer – noch nicht in die Wandkonstruktion eingebaut werden können oder wenn der Estrich witterungsbedingt vor der Fertigstellung der Wände eingebracht werden muss.

Auch das Herstellen von Heizkörpernischen muss in zahlreichen Fällen vor dem eigentlichen Beginn der Trockenbauarbeiten erfolgen, damit die Zuleitungen und Heizflächen in dafür vorgesehene Nischen eingebaut und die Leitungsführung abgedrückt werden kann.

Auch vorgezogene Einmessarbeiten für Sanitärgewerke oder die vorgezogene Montage von Fußboden- und Decken-U-Wandanschlussprofilen gelten als besonders zu vergütende Leistungen.

4.2.20 Entfernen des Überstandes von Randdämmstreifen und Einstellen des Oberbelagabschlussprofiles nach Verlegen der Bodenbeläge.

Aus schall- und arbeitstechnischen Gründen sollte der Überstand von Randdämmstreifen jedoch erst abgeschnitten werden und kann das Einstellen des Oberbelagsabschlussprofiles überhaupt erst erfolgen, wenn Bodenaufbauten fertig gestellt und etwaige Oberbeläge eingebaut sind.

Sollen Randstreifen vom als Nachfolgegewerk im Arbeitsbereich tätigen Trockenbauer entfernt werden, so handelt es sich um Leistungen für andere Unternehmer, die dem Ausführenden als Besondere Leistungen zusätzlich zu vergüten sind (siehe auch Abschnitt 4.2.19).

4.2.21 Zuschnitte von Bekleidungen oder werkmäßig vorgefertigten Elementen zur Anpassung an Schrägen und gebogene oder nicht rechtwinklige Bauteile, z. B. an Trapezprofile.

Zuschnitte von Bekleidungen oder werkmäßig vorgefertigten Elementen zur Anpassung an begrenzende Bauteile wie z. B. an Schrägen, gebogene bzw. nicht rechtwinklige Bauteile sind immer eine besonders zu vergütende Leistung. Einzelne Schnitte können dabei durchaus auch gerade sein.

4.2.22 Liefern von werkseitig zu fertigenden Sonderformaten.

Werden bei Decken- oder Wandbekleidungen Sonderformate erforderlich, so müssen diese in der Regel nach Maß bestellt werden. Dabei fallen bei der werkseitigen Herstellung immer Rüstkosten und zusätzliche Frachtkosten an. Die Rüstkosten werden dabei für jedes sich ändernde Längen- oder Breitenmaß erforderlich, da die Maschine für diese Einzelmaße immer umgestellt werden muss. In gleichem Maße gilt dies auch für das Herstellen solcher Platten in verschiedenen Abmessungen oder für Farben, die nicht zur Standardpalette einer Lieferfirma gehören.

Zu diesen Mehrkosten der Herstellung und Lieferung gehört natürlich auch der erforderliche Lohnanteil zur Montage dieser Sonderplatten. In der Regel können solche Sondermaße erst nach Fertigstellung der Deckenkonstruktion festgelegt werden, sodass dabei auch erhebliche Lieferzeiten in Kauf genommen und eingeplant werden müssen. Die besondere Montageleistung entsteht z. B. im Zusammenhang mit Abschnitt 4.2.18 der ATV DIN 18340.

Sonderformate sollten bereits entsprechend Abschnitt 0.2.3 der ATV DIN 18340 in der Leistungsbeschreibung berücksichtigt werden. Ergänzend hierzu ist ebenfalls Abschnitt 5.1.8 der ATV DIN 18340 zu beachten.

Sonderformate, z. B. Passplatten, sind Besondere Leistungen und sind mit Angabe der Lage und den exakten Abmessungen sowie den geometrischen Formen zu beschreiben. Sie sind in der Regel in einer Mehrkostenposition zu beschreiben.

Werden aus Termingründen derartige Sonderformate vom Auftragnehmer in seiner eigenen Werkstatt oder in Ausnahmefällen vor Ort von ihm hergestellt, so gilt ebenfalls die Regelung entsprechend Abschnitt 4.2.22 der ATV DIN 18340.

4.2.23 Verstärken von angeschnittenen Elementen im Bereich von Anschlüssen und Aussparungen.

Entsprechend Abschnitt 3.3.6 der ATV DIN 18340 sind angeschnittene Metall- und Kunststoffkassetten sowie Metallpaneele an ihren Rändern so auszusteifen, dass der Schnittrand sich nicht wellt und die Fläche nicht mehr als nach DIN EN 13964 zulässig durchhängt. Diese Leistung stellt jedoch eine Besondere Leistung dar, d. h., sie ist in einer Leistungsposition zu beschreiben. Diese Regelung gilt für den Bereich sämtlicher Anschlüsse und Aussparungen. Die Aussteifungsart bleibt dem Auftragnehmer überlassen, wenn sie nicht ausdrücklich im Leistungsverzeichnis definiert wurde.

4.2.24 Herstellen von besonderen Unterkonstruktionen als Verstärkung zur Aufnahme von Lasten oder Überbauung von Installationsteilen, Aufbau- und Einbauelementen, Beleuchtungskörpern, Revisionsklappen, Türelementen, Unterzügen und dergleichen.

Trockenbaukonstruktionen haben systembedingt festgelegte Unterkonstruktionen, die nur begrenzte Lasten zusätzlich aufnehmen können. Auch kann das vorgegebene Raster einer Unterkonstruktion im Trockenbau nicht beliebig geändert oder unterbrochen werden.

Ist aufgrund besonderer konstruktiver Anforderungen die systembedingt vorgegebene Unterkonstruktion in bestimmten Bereichen nicht ausführbar, werden in der Regel konstruktive Zusatzmaßnahmen erforderlich, um die Systemstabilität in den vorgegebenen Toleranzen zu erhalten. Entsprechende Hilfskonstruktionen in Gestalt von verstärkten Profilen, Weitspannträgern, zusätzlichen oder verstärkten Abhängungen stellen immer eine Besondere Leistung dar und sind entsprechend den Abschnitten 0.2.1, 0.2.5, 0.2.6, 0.2.16 der ATV DIN 18340 gesondert zu beschreiben. Dabei sind neben Angaben über Art und Abmessungen der Bauteile vor allem auch die zusätzlichen Lasten genau zu benennen.

Ebenso werden konstruktive Verstärkungen erforderlich, wenn Gewichte von Einbauteilen über der zulässigen Belastbarkeit der Konstruktion liegen, z. B. bei Einbau-, Aufbau- oder Pendelleuchten, bei Lautsprechern, Lüftungsauslässen in eckiger oder runder Form bzw. als Schlitzschienen, bei in die Decke eingebauten Schaltgeräten, Transformatoren, Motoren o. Ä., bei integrierten Leinwänden und dergleichen.

Auswechselungen, Verstärkungen oder Überbrückungen für Unterkonstruktionen im Deckenbereich sind z. B. erforderlich bei Lüftungskanälen, Unterzügen und dergleichen, die keine Regelabhängung bzw. -befestigung im vorgegebenen Raster zulassen.

Als weitere Beispiele sind Queraussteifungen bei Achsbandrasterkonstruktionen und Diagonalaussteifungen von Bandrastern zur Rohdecke zu nennen, um Seitenschubbelastungen (z. B. im Bereich von Türelementen) aufnehmen zu können.

Zu den besonderen Unterkonstruktionen gemäß Abschnitt 4.2.24 zählen ebenso notwendige Verstärkungen von Wandkonstruktionen, z. B. für Tür- und Fensteröffnungen entsprechend Abschnitt 3.7.2 der ATV DIN 18340 oder für Wandhängeschränke oder Einbauteile sowie

Verstärkungen, die beim Einbau von Sanitärgegenständen entsprechend Abschnitt 3.7.4 der ATV DIN 18340 erforderlich werden.

Die Abrechnungseinheiten für diese Leistungen sind in Abschnitt 0.5 der ATV DIN 18340 beschrieben.

4.2.25 Nachbehandeln angeschnittener Elemente, z. B. Entgraten, Schutz der Schnittkanten durch Versiegelung oder Beschichtung.

Nachbehandlungen angeschnittener Elemente sind im Regelfall nicht erforderlich. Notwendig werden solche Nachbehandlungen zum Schutz der Schnittkanten, wenn bei Unterlassung Schäden an der Konstruktion nicht auszuschließen sind, z. B. für Unterkonstruktionen in Schwimmbädern mit aggressiven Soledämpfen oder in chem. Labors, also immer dann, wenn eine Beschädigung durch das in einem Raum erzeugte Klima nicht auszuschließen ist, z. B. Korrosionsschutz bei Metallkassetten, Feuchteschutz von Doppelbodenrandplatten bzw. Holzspanplatten, aber auch von Gipskartonschnittkanten in Bädern, Abflussbereichen bzw. Bodenbereichen mit aufsteigender Feuchtigkeit.

Das Nachbehandeln und/oder Entgraten angeschnittener Elemente ist entsprechend Abschnitt 0.2.25 der ATV DIN 18340 gesondert auszuschreiben und nicht in eine Hauptposition zu integrieren, da ohne separate Angabe der Menge nachzubehandelnder Schnittkanten deren Kalkulation auch nicht möglich ist.

Es empfiehlt sich, hier eine gesonderte Position aufzunehmen, da das Nachbehandeln nicht in allen Bereichen erforderlich sein wird.

Die Art der Versiegelung, der farblichen Nachbehandlung, der Beschichtung oder des Korrosionsschutzes muss genau beschrieben werden.

4.2.26 Herstellen von Stelen und Gesimsen, Auskragungen, Abstufungen und Aufkantungen.

Um eine eindeutig kalkulierbare Leistung im Leistungsverzeichnis auszuweisen, müssen neben den Profilformen und -größen auch z. B. die Anzahl der Abtreppungen in ihren Abmessungen eindeutig beschrieben werden. Siehe hierzu auch die Abschnitte 0.2.2, 0.2.3, 0.2.4, 0.5.2 der ATV DIN 18340.

Diese gestalterischen Sonderformen sind immer nach Art, Maß, Profilierung und Beschaffenheit besonders zu beschreiben. Soweit Formteile verbaut werden, gilt ebenfalls Abschnitt 4.2.30. Gegebenenfalls erleichtern dem Leistungsverzeichnis beigelegte Detailzeichnungen die Erklärung und damit die Kalkulation solcher Leistungen, z. B. bei einer Abtreppung im Decken-Wand-Anschlussbereich.

Dabei gilt auch hier, dass die Angaben im Leistungsverzeichnis widersprüchlichen Angaben in der Zeichnung vorgehen.

Zeichnungen sollen lediglich zum Verständnis für die beschriebene Konstruktion oder Position beitragen.

4.2.27 Herstellen von Abschottungen, Brandschutzummantelungen, Schürzen, Scheinunterzügen und seitlichen Bekleidungen.

Das Herstellen von Abschottungen, Schürzen, Brandschutzummantelungen, Scheinunterzügen und seitlichen Bekleidungen ist immer mit besonderen konstruktiven Maßnahmen verbunden, die gegenüber der Ausführung normaler flächiger Decken- oder Wandkonstruktionen immer zu höherem Materialbedarf und höheren Lohnkosten führen. Entsprechende Leistungen, wie z. B. Rohrummantelungen, Stützenbekleidungen, horizontale oder vertikale Abschottungen in Wand- oder Deckenkonstruktionen zum Zwecke erhöhten Wärme- oder Schallschutzes, sind deshalb in besonderen Leistungspositionen auszuschreiben. Auch das seitliche Bekleiden von Bauteilen oder Konstruktionen ist gesondert auszuschreiben.

Besonders wichtig ist dabei die genaue Angabe von Maßen der auszuführenden Leistungen.

Vergleiche dazu auch Abschnitte 0.5 ff. der ATV DIN 18340. Darin ist genau festgelegt, wann eine dieser Leistungen im Flächenmaß, Längenmaß oder nach Stück auszuschreiben ist.

Dazu gehört auch die Angabe, ob z. B. eine Rohrummantelung zwei- oder dreiseitig und eine Stütze z. B. zwei-, drei- oder vierseitig zu bekleiden ist.

Die bei derartigen Leistungen erforderliche Kantenausbildung mit Kantenprofilen oder V-Fräsungen ist in einer gesonderten Leistungsposition zu erfassen.

4.2.28 Herstellen von Gehrungen, z. B. bei Friesen und Rundungen im Bereich von Kehlen, Schürzen, Abschottungen, Abtreppungen.

Unter einer Gehrung ist die Ausbildung einer Ecke zu verstehen, z. B. bei Friesen, Rundungen, Kehlen, Schürzen, Abschottungen, Abtreppungen, Randwinkel und sonstigen Profilen.

Das Herstellen, Ausbilden, An- und Einpassen und Verspachteln einer solchen Gehrung (Ecke) erfordert immer einen erhöhten Zeitaufwand und ist deshalb besonders auszuschreiben und zu vergüten.

Es ist ein großer Unterschied, ob eine Ecke eines einfachen Randwinkels als Gehrung auszubilden ist oder ob eine Gehrung für eine mehrfache Abstufung als dekoratives Verbindungselement zwischen Decke und Wand herzustellen ist. Voraussetzung einer sicheren Kalkulation sind deshalb genaue Angaben über die Maße, Abwicklung und Art der Leistung, für die eine Gehrung herzustellen ist (siehe Abschnitt 4.2.27 der ATV DIN 18340). Zum besseren Verständnis empfiehlt sich auch hier, Detailzeichnungen dem Leistungsverzeichnis beizufügen.

4.2.29 Herstellen von Sohlbänken, Fenster- und Türumrahmungen, hinterschnittenen und/oder hinterlegten Sockelanschlüssen, Faschen, Leibungen, Stufen und Rampen sowie Herstellen von freien Wand- und Deckenenden.

Das Herstellen von Sohlbänken, darunter sind Simse, Ablagen und dergleichen zu verstehen, Fenster- und Türumrahmungen ist in der gewünschten Art genau nach Maßen zu beschreiben. Hinterschnittene und/oder hinterlegte Sockelanschlüsse am Wand/Bodenanschluss einer Wand können auf verschiedene Art ausgeführt werden. Deshalb ist auch hier anzugeben, ob z. B. bei einer Wandbeplankung mit Trockenputz die Beplankung in einer bestimmten Höhe für den bauseits einzubringenden Sockel enden soll und ob dabei auch die rückseitige Fläche des Sockels zu bekleiden oder zu spachteln ist. Bei einer zweilagigen Beplankung ist zu beschreiben, ob die erste Lage bis zum Fußboden geführt werden soll und die zweite Beplankungslage für den einzubringenden Sockel entsprechend höher zu setzen ist. Bei einer Wandkonstruktion mit schalldämmender oder wärmedämmender Funktion ist anzugeben, welche Maßnahmen bei einer derartigen Sockellösung für den Erhalt der Schall- oder Wärmedämmung ergriffen werden sollen.

Für das Herstellen von Faschen, Stufen und Rampen sind ebenfalls die Art, die Maße und auch die Lage und Beschaffenheit genau anzugeben.

Besonders bei der Herstellung von Wand- und Deckenenden gibt es eine Vielzahl von Ausführungsmöglichkeiten, sodass hierfür immer eine detaillierte Beschreibung für den Einzelfall notwendig ist.

Bei der Schaffung der neuen ATV DIN 18340 für Trockenbauarbeiten wurde auch für alle anderen relevanten ATV der Bezug einer Leibung zur Größe einer Aussparung, Öffnung oder Nische aufgegeben.

Dadurch erfahren zahlreiche, in der Praxis oft strittige Aufmaßregelungen eine eindeutige Regelung.

Die in Abschnitt 5.1.8 der alten ATV DIN 18350 enthaltene Regelung, dass das Herstellen und Ausbilden von Leibungen bei einer Aussparung, Öffnung oder Nische $>2{,}5\ m^2$ eine besonders zu vergütende Leistung ist, wurde aufgegeben. Damit entfällt auch der aus Abschnitt 5.1.8 sich ergebende Umkehrschluss, dass das Herstellen und Ausbilden von Leibungen bei Aussparungen, Öffnungen und Nischen $<2{,}5\ m^2$ nicht besonders vergütet wird.

Daraus resultiert, dass das Herstellen und Ausbilden von sämtlichen Leibungen eine eigenständige in gesonderter Position auszuschreibende und zu vergütende Leistung darstellt. Entsprechend Abschnitt 0.5.2 der ATV DIN 18340 werden Leibungen, sofern deren Maß nicht breiter oder tiefer als 100 cm beträgt, immer im Längenmaß vergütet. In der Leistungsbeschreibung ist deshalb für eine eindeutige Kalkulation immer die Breite oder Tiefe einer Leibung anzugeben.

4.2.30 Einbau von An- und Abschlussprofilen, z. B. Wand- und Randwinkel, von Kantenprofilen und dergleichen sowie Herstellen und Einbauen von Formteilen.

Kantenprofile, An- und Abschlussprofile, Wand- und Randwinkel, aber auch Formteile sind eine gesonderte Leistung und sind im Leistungsverzeichnis als gesonderte Position zu beschreiben. (Siehe dazu auch Abschnitt 0.2.15 der ATV DIN 18340.)

Allein die Erwähnung dieser An- und Abschlussbauteile in den Vorbemerkungen oder deren Nutzungserfordernis im Zusammenhang mit anderen Hauptpositionen, wie z. B. zur Erstellung von Decken und Wandflächen, reicht für die Preisermittlung nicht aus.

Derartige Leistungen sind nicht in anderen Positionen einer Leistungsbeschreibung zu integrieren, wie z. B. beim „*Herstellen von Trockenputzarbeiten, einschließlich Ausbilden von Ecken und Kanten und Einbauen von Kantenprofilen*“. Eine solche Vermischung von Leistungen, die im Flächenmaß, und Leistungen, die im Längenmaß abzurechnen sind, lässt sich nicht kalkulieren und ist deshalb auch nicht statthaft. Auszunehmen sind Beschreibungen, aus denen eindeutig hervorgeht, dass in ein genau anzugebendes Flächenmaß eine ebenso genau anzugebende Menge von Profilen einzukalkulieren ist, wie z. B.: „*in die auszuführende Trockenputzfläche von 550 m² sind 85 m Profile einzukalkulieren*“. Nur bei so eindeutigen Angaben, ist eine Kalkulation möglich und zugelassen.

Dasselbe gilt auch für Formteile. Hierfür sind jedoch immer die Maße der einzelnen Formteilseiten zu beschreiben, insbesondere dann, wenn es sich dabei um mehrere Abkantungen handelt. Zur Verdeutlichung sind hierfür Detailzeichnung dem Leistungsbeschreibungstext beizufügen. Auch dabei gilt der Text der Leistungsbeschreibung vorrangig zur Zeichnung.

Sollen Kantenprofile unter einem größeren oder kleineren Winkel als 90° eingebaut oder Kanten hergestellt werden, so ist dies eine Besondere Leistung

Die Formulierung in den Vorbemerkungen zum Leistungsverzeichnis wie z. B. „alle erforderlichen Eck-, Kantenprofile, Einfassprofile, V-Fräsungen sind mit den Einheitspreisen abgegolten“ ist unzureichend, nicht zu kalkulieren und ist bereits mehrfach als unwirksame Vertragsklausel festgestellt. Der Anspruch für eine Vergütung wird dadurch nicht verwirkt.

Derart unklare Angaben führen immer zur Unwirksamkeit der Klausel mit der Folge, dass der Auftragnehmer trotzdem einen Mehrvergütungsanspruch nach VOB/B § 2 (6) hat.

4.2.31 Herstellen von Anschlüssen an Bauteile als elastische, dicht angearbeitete, gleitende, mit Trennstreifen angespachtelte oder offene Anschlüsse, Nuten oder Schattenfugen.

Im Gegensatz zu stumpf ausgeführten Standardanschlüssen nach Abschnitt 3.1.8 stellen vorgenannte Anschlüsse an begrenzende Bauteile, egal ob sie geschlossen oder offen ausgeführt werden, ob sie dicht angearbeitet, gleitend oder mit Trennstreifen angespachtelt werden, immer eine Besondere Leistung dar, die entsprechend Abschnitt 0.2.20 der ATV DIN 18340 gesondert auszuschreiben ist. Dasselbe gilt für Nuten und Schattenfugen.

Dicht anzuarbeitende Anschlüsse sind nicht gleichzusetzen mit luftdichten Anschlüssen. Siehe dazu auch Abschnitt 4.2.34 der ATV DIN 18340.

Das Einbauen von Trennwandstreifen zwischen Decke und Wandanschluss ist immer eine Besondere Leistung und deshalb auch auszuschreiben und zu vergüten. Siehe auch dazu Abschnitt 3.1.8 der ATV DIN 18340.

Die in verschiedenen Verarbeitungsvorschriften der Produkt- und Systemhersteller enthaltenen Beschreibung von Fugentrennstreifen führt nicht dazu, dass diese Ausführung eine Regelausführung nach VOB darstellt und deshalb nicht besonders zu vergüten sei.

Bei gleitenden Anschlüssen, die einen erheblichen Mehraufwand erfordern, ist genau anzugeben, welches Maß z. B. bei einer Deckendurchbiegung dieser gleitende Anschluss aufzunehmen hat. Je nach Maß der vorgegebenen Durchbiegung der statischen Konstruktion sind verschiedenen Maßnahmen zu treffen und zu kalkulieren.

Siehe Abschnitt 0.2.34 der ATV DIN 18340.

Eine Durchbiegung von bis 10 mm kann in einer Wandkonstruktion innerhalb des oberen UW-Wandprofiles durch Kürzen der CW-Ständerprofile aufgenommen werden. Größere Durchbiegungen erfordern weitere Maßnahmen, wie z. B. das Einbauen von gebündelten Gipsstreifen, sog. Streifenstiele. Die für gleitende Anschlüsse notwendig werdenden Maßnahmen gelten jedoch auch für andere Anschlüsse. Der Anschluss bei Deckendurchbiegungen ist hier nur beispielhaft zu sehen.

Die Abrechnungseinheiten sind dem Abschnitt 0.5 der ATV DIN 18340 zu entnehmen.

Dabei ist zu beachten, dass auch die Behandlung der sichtbaren, seitlichen, zurückgeschnittenen Gipsplattenkanten eine Besondere Leistung gemäß Abschnitt 4.2.30 der ATV DIN 18340 ist. Insbesondere dann, wenn zusätzliche Abschlussprofile erforderlich sind, weil der Anschluss sichtbar bleibt.

Es sind immer gesonderte Positionen unter Berücksichtigung der bauphysikalischen Anforderungen und der speziellen Durchbiegung im Einzelfall vorzusehen.

4.2.32 Herstellen von Bewegungs- und Scheinfugen sowie Fugendichtungen (siehe Abschnitte 3.1.4 und 3.1.5).

Das Herstellen von Bewegungs-, Arbeits- oder Scheinfugen sowie Fugendichtungen an andere Bauteile, an Einbauteilen und das Ausbilden von Bewegungs- und Gebäudetrennfugen erfordern Konstruktionsangaben des Auftraggebers. Solche Angaben müssen die Art der Fuge, mögliche Bewegungen sowie besondere Belastungen beschreiben. Dazu gehören auch Angaben über die Fugenabdichtung selbst, ihre Maße, ihre Lage und gegebenenfalls Aussagen über die Farbe der Fugendichtung. Diese Leistungen sind in besonderen Positionen auszuschreiben und zu vergüten. Siehe für die Erstellung des Leistungsverzeichnisses Abschnitte 0.2.17, 0.2.18 und 0.2.20 der ATV DIN 18340 und für die Ausführung Abschnitte 3.1.4 und 3.1.5 der ATV DIN 18340.

Die Verwendung von besonderem Fugenmaterial ist ausdrücklich zu vereinbaren. Werden überstreichbare Acrylatdichtstoffe geplant, so sind die eingeschränkte Elastizität von ca. 10–20 % (laut Herstellerangaben) und die Materialalterung zu berücksichtigen. Bei der Planung und Ausschreibung muss beachtet werden, dass die Anschlüsse geforderten Schall- und Brandschutzanforderungen genügen (z. B. keine brennbaren Acrylate).

Die Ausführung mit Acrylmaterial (Hohlkehle an Übergängen von Wand/Decke o. Ä.) ist üblich, aber nicht fachgerecht (siehe IVD-Merkblatt Nr. 16 von 03/2006 Anschlussfugen im Trockenbau – Einsatzmöglichkeiten von spritzbaren Dichtstoffen Nr. 3.3.3). Derartige und andere Fugen mit Dichtstoffen sind immer Wartungsfugen.

Verwirft der Architekt oder Bauherr aus optischen Gründen die Bedenken des Auftragnehmers zur Herstellung von Dehnungs-, Schein- oder Arbeitsfugen, so sollten diese Angaben schriftlich festgehalten werden. Die Haftung für daraus entstehende Mängel und Folgeschäden geht dann auf den Auftraggeber über.

4.2.33 Herstellen von Schwert- und Reduzieranschlüssen bei Trenn- und Montagewänden und freien Wand- und Deckenabschlüssen.

Schwert- und Reduzieranschlüsse sind unter Angabe von Art und Maße in gesonderter Position zu beschreiben.

Zur Verdeutlichung der Beschreibung empfiehlt es sich, diese durch Detailzeichnungen zu ergänzen.

Bei bauphysikalische Anforderungen ist in der Leistungsbeschreibung zu vermerken, dass z. B. die Längsschalldämmung der angrenzenden Bauteile (z. B. der Fassaden) mit der Beschreibung zur Ausführung von Schwert- bzw. Reduzieranschlüssen abgestimmt ist.

Dem Auftragnehmer der Trockenbauarbeiten obliegt keine Prüfung bauphysikalischer Zusammenhänge im Bereich von Anschlüssen an vorgegebene Bauteile.

Freie Wand- und Deckenanschlüsse sind in ihrer Art und mit ihren Maßen zu beschreiben.

Der Planer und gegebenenfalls der Fachingenieur müssen prüfen, ob die ausgeschriebenen Anschlüsse – bei fachgerechter Ausführung – die geforderten Werte erfüllen.

4.2.34 Herstellen von luftdichten Anschlüssen an angrenzende Bauteile, Einbauteile, Durchdringungen und dergleichen.

Das Herstellen luftdichter Anschlüsse an angrenzende Bauteile, Einbauteile, Durchdringungen und dergleichen stellt eine besondere Anforderung und einen erheblichen Aufwand dar.

Die hierfür von der Herstellerfirma der Abdichtungsprodukte vorgegebenen Angaben zur Ausführung solcher Leistungen sind zu beachten. Die Forderung und Notwendigkeit luftdichter Anschlüsse haben nach Einführung der Energieeinsparverordnung (EnEV) eine besondere Wertstellung erhalten. Die darin geforderten Maßnahmen sind in der Leistungsbeschreibung besonders anzugeben und in einer gesonderten Position aufzuführen. Siehe dazu Abschnitt 0.2.20 der ATV DIN 18340.

Grundsätzlich bedürfen luftdichte Anschlüsse einer sorgfältigen Planung und Ausschreibung sowie gemäß DIN 4108-7 auch der engen Abstimmung mit allen am Bau Beteiligten.

Lapidare Aussagen wie „Anschlüsse sind luftdicht auszuführen“ eignen sich weder für die Kalkulation, noch für die richtige Ausführung, noch für die Abrechnung und werden der Forderung aus der Energieeinsparverordnung nicht gerecht.

4.2.35 Grundierungen und Imprägnierungen von Oberflächen, z. B. in Feuchträumen. Aufbringen von Haftbrücken und dergleichen.

Ungeeignete Beschaffenheiten von Untergründen erfordern vom Auftragnehmer der Trockenbauarbeiten mitunter Zusatzmaßnahmen, bevor die eigentliche Trockenbauleistung – z. B. das Anbringen von Trockenputz – erfolgen kann.

Solche Zusatzmaßnahmen für eine Vorbehandlung sind: für nicht saugende Untergründe das Auftragen einer Haftbrücke, für stark saugende oder unterschiedlich saugende Untergründe das Auftragen einer geeigneten Grundierung.

Das Grundieren und Imprägnieren der eigenen, fertig gestellten Leistung – z. B. von Wand- und/oder Deckenflächen in Feuchträumen – zählen üblicherweise zum Leistungsbereich des für eine Beschichtung zuständigen Nachfolgegewerkes (in der Regel der Maler) und sind für den Auftragnehmer der Trockenbauleistungen nicht gewerbeüblich. Werden entsprechende Maßnahmen dennoch vom Trockenbauer gefordert, so sind diese gesondert auszuschreiben und zu vergüten.

Nachbehandlungen wie z. B. die Imprägnierung nicht geschützter Kanten, Anschnitte bzw. Ausschnitte von Gipsplatten sind in Abschnitt 4.2.25 erfasst.

Auch sind Aussagen in den Vorbedingungen, wie z. B. „sämtliche Vorbehandlungen des Untergrundes und die Nachbehandlung von Flächen und Schnittkanten sind in die Einheitspreise einzukalkulieren“, nicht zulässig. Solche Aussagen beinhalten keine für die Kalkulation erforderlichen Angaben. Siehe dazu auch Abschnitte 0.2.8, 0.2.24 und 0.2.29 der ATV DIN 18340.

4.2.36 Maßnahmen für den Brand-, Schall-, Wärme-, Feuchte- und Strahlenschutz, soweit diese über die Leistungen nach Abschnitt 3 hinausgehen, sowie zur Erfüllung akustischer und lichttechnischer Anforderungen.

Die Regelausführungen für Trockenbauarbeiten entsprechend Abschnitt 3 dieser ATV sehen keine Maßnahmen für Brand-, Schall-, Wärme-, Feuchte- und Strahlenschutz vor. Dasselbe gilt für akustische und lichttechnische Anforderungen.

Erforderliche Maßnahmen, die über die in Abschnitt 3 beschriebenen Standards hinausgehen, sind in die Leistungsbeschreibung in besonderen Positionen genau zu beschreiben. Entsprechend der Vielfalt der möglichen Konstruktionen sind z. B. für den Brandschutz die Klassifizierung des Feuerwiderstandes von tragenden Bauteilen mit Raum abschließender Funktion (Wände) anzugeben, ebenso für die Bekleidung von Stützen oder Unterzügen und für Deckenkonstruktionen die entsprechenden geprüften Konstruktionen.

Für Schallschutzkonstruktionen sind ebenfalls nur geprüfte Konstruktionen entsprechend den gewünschten Vorgaben auszuschreiben. Hierbei kommt dem Anschluss an flankierende Bauteile eine besondere Bedeutung zu. Auch die dabei erforderlichen Maßnahmen sind besonders zu beschreiben.

Dasselbe gilt in gleichem Maße für Feuchte- und Strahlenschutz sowie für Konstruktionen zur Wärmedämmung.

Erforderliche Maßnahmen zur Erfüllung akustischer bzw. lichttechnischer Anforderungen sind in besonderem Maße zu beschreiben, da es hierfür kaum geprüfte Konstruktionen gibt.

Die für die jeweiligen Maßnahmen erforderlichen Konstruktionen sind möglichst vom entsprechenden Fachplaner festzulegen und zu beschreiben. Gerade bei derart schwierigen Beschreibungen kommt es darauf an, diese so genau und detailliert wie möglich vorzunehmen. Dabei empfiehlt es sich immer, vorhandene geprüfte und zugelassene Konstruktionen einzelner Systemhersteller mit der Nummer des Prüfzeugnisses auszuschreiben.

Bei allen Konstruktionen ist auf Anschlüsse an flankierende Bauteilen besonders zu achten. Solche Maßnahmen sind immer besonders genau zu beschreiben. Siehe dazu auch Abschnitt 0.2.19 der ATV DIN 18340.

Generell gilt: Statisch bedingte und bauphysikalische Maßnahmen sind sorgfältig und genau zu beschreiben. Sie dürfen keinen Auslegungsspielraum lassen. Die Beschreibung solcher Leistungen kann in der Regel nur von Fachingenieuren angemessen erfolgen.

Der Fachingenieur des Auftraggebers hat z. B. zu prüfen, ob die bauseitige Ausbildung sämtlicher flankierender Bauteile inklusive der Trockenbauleistung den Anforderungen an den Schallschutz von Raum zu Raum gerecht wird. Ferner ist vom Fachingenieur anzugeben, ob Deckendurchbiegungen zu berücksichtigen sind. Ist dies der Fall, so sind entsprechende Positionen im Leistungsverzeichnis vorzusehen. Der Planer bzw. Fachingenieur trägt hierfür die planerische Verantwortung.

Der Trockenbauer muss ein vom Fachingenieur z. B. aus schallschutztechnischen Gründen ausgesuchtes Wandsystem zwar fach- und sachgerecht einbauen können, er ist aber nicht für Mängel aufgrund der Gesamtplanung verantwortlich. Denn über seine fachgerechte Leistungsausführung hinaus hat er keine oder nur sehr geringe Einflussmöglichkeit auf die Planung anderer bauseitiger Ausführungen oder Einbauten in seine Leistung, z. B. in Form von Durchbrüchen und gleitenden Deckenanschlüssen.

In vorgenannten Fällen ist es deshalb sinnvoll, dass der Auftragnehmer der Trockenbauleistungen Bedenken anmeldet, wenn er kritische Punkte erkennen kann.

Der Architekt als verantwortlicher Planer sollte deshalb sehr vorsichtig mit bauphysikalischen Forderungen in der Leistungsbeschreibung sein, wenn diese nicht durch fachmännische Gesamtprüfung im Vorfeld gesichert sind.

4.2.37 Einmessen fehlender Bezugspunkte zur Durchführung notwendiger Messungen nach ATV DIN 18299, Abschnitt 4.1.3.

Messungen für das Ausführen und Abrechnen der eigenen Leistung sind gemäß ATV DIN 18299 Abschnitt 4.1.3 Nebenleistung jedes Auftragnehmers. Zum Einmessen der eigenen Leistung müssen allerdings Bezugspunkte vorgegeben sein.

In § 3 Nr. 2 VOB/B ist geregelt, dass das Abstecken der Hauptachsen der baulichen Anlagen, ebenso der Grenzen des Baugeländes und das Schaffen der notwendigen Höhenfestpunkte in der Nähe der Arbeitsstelle Sache des Auftraggebers ist.

Hieraus ergibt sich bereits, dass das Einmessen fehlender Bezugspunkte, wie dies auch in Abschnitt 4.1.3 der ATV DIN 18299 beschrieben ist, immer eine Besondere Leistung darstellt. Soll der Unternehmer der Trockenbauarbeiten fehlende Messungen selbst vornehmen, so sind ihm diese Leistungen zu vergüten.

Entsprechendes gilt für das Einmessen von Aussparungen in Trockenbaukonstruktionen. Das Herstellen von Aussparungen ist in Abschnitt 4.2.14 als Besondere Leistung geregelt. Abschnitt 4.1.3 der ATV DIN 18299 regelt jedoch, dass das Einmessen der eigenen Leistung als Nebenleistung zu werten ist. Aussparungsanordnungen sind in der Leistungsbeschreibung genau zu beschreiben, damit ihre Vermaßung nicht als gewerbeübliche Nebenleistung eingestuft wird. Das Einmessen von Aussparungen in gestreuter, willkürlicher Anordnung, z. B. als Sternenbild, als Mikadoanordnung o. Ä., bedeutet einen erhöhten Aufwand. Solche Einmessarbeiten sind keine Nebenleistung, sondern Besondere Leistungen, die in einer gesonderten Leistungsposition eindeutig auszuschreiben sind.

Aus einer Nebenleistung entsprechend ATV DIN 18299 Abschnitt 0.4.1 wird eine Besondere Leistung, da die Kosten für das Einmessen eine erhebliche Bedeutung für die Preisbildung einnehmen.

5 Abrechnung

Ergänzend zur ATV-DIN 18299, Abschnitt 5, gilt:

5.1 Allgemeines

Abschnitt 5 der ATV DIN 18340 regelt die Abrechnung von Trockenbauarbeiten.

Im Trockenbau erfolgt die Ermittlung der Leistung prinzipiell raumweise (d. h. in jedem abgeschlossenen Raum separat) und entsprechend ATV DIN 18299 in erster Linie aus der Zeichnung, soweit die ausgeführte Leistung diesen Zeichnungen entspricht. Sind solche Zeichnungen nicht vorhanden, ist die Leistung raumweise aufzumessen.

Ein raumübergreifendes Aufmaß z. B. durch Übermessen Raum begrenzender Bauteile (siehe Begriffsdefinition „begrenzende Bauteile“) ist nicht zulässig!

Unter dieser Grundvoraussetzung sind alle in Abschnitt 5 definierten Regeln zu interpretieren und wie folgt anzuwenden:

1.) **Es gilt immer das längste Konstruktionsmaß der fertigen Leistung.** Für jedes Aufmaß und alle Schichtaufbauten ist gemäß Abschnitt 5.1.3 immer das größte, d. h. längste ggf. abgewickelte, Bauteilmaß zugrunde zu legen. Schichtaufbauten (siehe z. B. Bilder 5.1.1-1, 5.1.1-2) sind immer nach dem längsten äußeren Maß der eigenen fertigen Leistung aufzumessen und abzurechnen. Dies gilt analog bei der Ermittlung von Abzugsmaßen gemäß den Abschnitten 5.2 ff. Aussparungen in der eigenen Leistung sind deshalb immer mit ihrem kleinsten Maß zwischen den längsten Konstruktionsmaßen der eigenen fertigen Leistung zu ermitteln, auch bei Schichtaufbauten.

2.) **Für Flächen ohne begrenzende Bauteile:** Das Aufmaß entsprechender Leistungen im Innenausbau orientiert sich in erster Linie an den tatsächlichen erstellten Abmessungen („Flächen ohne begrenzende Bauteile“, siehe Abschnitt 5.1.1) und erfolgt nach dem jeweils längsten Bauteilmaß nach Abschnitt 5.1.3. Entsprechend Abschnitt 5.1.11 sind Flächen bis 5 m^2 Einzelgröße getrennt zu rechnen (0.5.3).

3.) **Für Flächen mit (Raum) begrenzenden Bauteilen:** Bei Flächen mit (Raum) begrenzenden Bauteilen erfolgt das Aufmaß in der Regel bis zum begrenzenden ungeputzten, ungedämmten, unbekleideten Bauteil. Begrenzende Bauteile sind übliche Raum abschließende Konstruktionen des Rohbaus zuzüglich ausschließlich für den Trockenbau: Systemböden, Trockenunterböden, Estriche, leichte Trennwände sowie Unterdecken und abgehängte Decken, sofern ihre Oberflächen nicht durchdrungen werden.

4.) **Für an die eigene Leistung (bzw. Leistungsposition) angrenzende Konstruktionen** und das Übermessen derselben gilt Abschnitt 5.1.6. Anschlüsse, Reduzieranschlüsse, Friese, Randfriese, offene Fugen, Vertiefungen, Verkofferungen und dergleichen werden bis 30 cm Breite (bis zu einem Raum begrenzenden Bauteil) übermessen und gesondert gerechnet.

5.) **Für Aussparungen** bzw. das Aufmaß der eigenen Leistung im Bereich von Aussparungen gilt Abschnitt 5.2.1.1 (2,5-m^2-Regel bzw. 0,5-m^2-Regel, siehe dazu auch Begriffsdefinition „Aussparungen“).

6.) **Für Unterbrechungen innerhalb der eigenen Leistung** (bzw. Leistungsposition) bzw. für das Aufmaß der flächigen eigenen Leistung im Bereich von diesen Unterbrechungen gilt

Abschnitt 5.2.1.2 (siehe dazu auch die Begriffsdefinition „Unterbrechungen"), d. h., Unterbrechungen werden bis zu einer Breite von 30 cm (Abschnitt 5.2.1.2) oder als Aussparung bis zu einer Fläche von 2,5 m^2 (Abschnitt 5.2.1.1) übermessen. Für Aufmaße von Unterbrechungen bei der Abrechnung im Längenmaß gilt Abschnitt 5.2.2.

Aufmaß und Abrechnung von Trockenbauleistungen stehen gemäß Abschnitt 5 in engem Zusammenhang mit den in Abschnitt 0.5 der ATV DIN 18340 definierten Abrechnungseinheiten.

In VOB/B § 14 (2) wird ausdrücklich darauf hingewiesen, die vorgenannten Abrechnungsbestimmungen der VOB/C zu beachten und diese Abrechnungseinheiten, die für alle Leistungen vorzusehen und zu vereinbaren sind, gemäß § 8 (5) VOB/A unverändert zu übernehmen.

Sinn und Zweck der Abschnitte 0.5 und 5 einer jeden ATV sind die Vereinheitlichung und Vereinfachung der Ermittlung und Abrechnung der Leistung. Die in der ATV DIN 18340 niedergelegten Regelungen wurden für beide Vertragspartner, Auftraggeber und Auftragnehmer, ausgewogen und ohne Benachteiligung einer Seite festgelegt. Eine Benachteiligung erfolgt nur dann, wenn einseitig diese Regelungen geändert werden und damit auch in die Kalkulationsgrundlage der einzelnen Anbieter eingegriffen wird.

Es kommt nicht darauf an, ob ein Vertragspartner die eine oder andere Regelung als ungerecht empfindet. Allein entscheidend ist, dass alle Parteien auf einer einheitlichen Grundlage kalkulieren und abrechnen können!

Gerade zur Vermeidung von Meinungsverschiedenheiten bei der Abrechnung und aus Gründen der Einheitlichkeit und Systematik der VOB werden in den Abschnitten 5 ff. der ATV DIN 18340 Abrechnungsregelungen getroffen, die auch mit nachstehenden Beispielen hinterlegt werden.

Es muss Schluss sein mit den Spitzfindigkeiten, hintergründigen Kommentierungen und Auslegungen, die nur demjenigen Vorteile verschaffen, der über die entsprechende Durchsetzungs- und Argumentationsstärke verfügt. Die Regelungen müssen deshalb so klar und für alle gleichermaßen verständlich sein, dass kaum noch Raum für strittige Auslegungen bleibt (siehe hierzu auch BGB § 320 – Prinzip der Berechenbarkeit von Leistung und Gegenleistung).

Dies gewährleisten die Abschnitte 0.5 und 5 dieser ATV DIN 18340 „Trockenbauarbeiten“!

Richtet sich der Verwender dieser ATV (der Ausschreibende) nach den Forderungen des § 7 der VOB/A DIN 1960 und erstellt er sein Leistungsverzeichnis entsprechend den Vorgaben des Abschnittes 0.2 der ATV DIN 18340, so können alle Bewerber die Leistungsbeschreibung in gleichem Sinne verstehen und entsprechend in gleichem Sinne kalkulieren.

Nur dann erhält der Auftraggeber auch vergleichbare Angebote. Nur dann kann er bei seiner Vergabeentscheidung davon ausgehen, den günstigsten Bieter gewählt zu haben.

Meinungsverschiedenheiten können immer auftreten. Sie lassen sich jedoch bei der unabgeänderten Verwendung dieser Norm und dieses Fachkommentars ausräumen.

Dem Auftragnehmer ist in VOB/B § 14 (1) 1 die Verpflichtung auferlegt, „seine Leistungen prüfbar abzurechnen“.

Je übersichtlicher eine Abrechnung aufgestellt ist und je einfacher Maße und Preise nachprüfbar sind, umso schneller erfolgt die Prüfung und damit die Bezahlung der Leistung.

Hilfreich dabei sind u. a.:

- das Beilegen von Zeichnungen mit den Maßen der Leistung,
- eine klare und übersichtliche Aufstellung des Aufmaßes,
- eine Rechnungsaufstellung, in der die Leistungspositionen entsprechend dem Angebot und den Nachträgen in derselben Reihenfolge erscheinen,
- das Kenntlichmachen von Änderungen und Ergänzungen des Vertrages,
- das Beilegen weiterer Belege für die Festlegung einer Leistung.

Für fertige Leistungen, die aufgrund des Baufortschrittes nicht mehr aufgemessen werden können, hat der Auftragnehmer gemäß VOB/B § 14 (2) rechtzeitig ein (möglichst gemeinsames) Aufmaß zu beantragen. Dies ist z. B. dann geboten, wenn etwa Brandschutzbekleidungen um Kanäle im Deckenhohlraum gefertigt wurden, die später – nach Schließen der Decken – nicht mehr zugänglich sind.

Nur so können Unklarheiten und zeitraubende Rückfragen vermieden werden.

Um allen Vertragspartnern eine ausgewogene Regelung im Ganzen zu gewährleisten, wurden die nachstehenden Abschnitte ATV DIN 18340 als Aufmaßregeln festgelegt.

5.1.1 Der Ermittlung der Leistung – gleichgültig, ob sie nach Zeichnung oder nach Aufmaß erfolgt – sind für Bekleidungen, Unterkonstruktionen, Dampfbremsen, Dämmstoff-, Trenn- und Schutzschichten, Schüttungen, Oberflächenbehandlungen, Schutzfolien, Haftbrücken und dergleichen die Maße der Bekleidung zugrunde zu legen.

5.1.2 Bei Flächen mit begrenzenden Bauteilen werden die Maße bis zu den sie begrenzenden ungeputzten, ungedämmten, unbekleideten Bauteilen zugrunde gelegt.

Systemböden, Trockenunterböden, Estriche, leichte Trennwände sowie Unterdecken und abgehängte Decken gelten als begrenzende Bauteile, sofern ihre Oberflächen nicht durchdrungen werden.

Die in den folgenden Abschnitten 5 ff. der ATV DIN 18340 definierten Regeln folgen alle dem Grundprinzip, dass die Ermittlung von Trockenbauleistungen für jeden abgeschlossenen Raum separat durchgeführt werden kann. Sie legen im Einzelnen fest, wie die erbrachte Leistung abzurechnen ist.

Bei der Abrechnung nach den Abschnitten 5.1.1 oder 5.1.2 sind immer auch folgende Abschnitte zu beachten:

- 5.1.3 (Ermittlung der Maße),
- 5.1.6 (Übermessen von Anschlüssen und dergleichen bei Bekleidungen und bekleideten Flächen bis 30 cm Breite, am Rande der eigenen Leistung)
- 5.1.11 (Abrechnung von Kleinflächen bis 5 m^2 Einzelfläche nach Stück),
- 5.2.1.1 (Übermessen von Aussparungen bis 2,5 m^2 bei Decken- und Wandflächen bzw. 0,5 m^2 Einzelgröße bei Bodenflächen),
- 5.2.1.2 (Übermessen von Unterbrechungen durch Bauteile bis 30 cm Breite).

Ein raumübergreifendes Aufmaß z. B. durch Übermessen Raum begrenzender Bauteile ist nicht zulässig!

5.1.1 Flächen ohne begrenzende Bauteile

Nach Abschnitt 5.1.1 der ATV DIN 18340 gelten für Flächen ohne begrenzende Bauteile die größten Maße der fertig gestellten Leistung.

Daraus ergeben sich vor allem bei der Bekleidung von Pfeilern, Stützen und Unterzügen je nach Unterkonstruktion und Bekleidungsdicke Abmessungsgrößen, die sich nach der längsten gegebenenfalls abgewickelten Bekleidungslänge ergeben.

Das Maß der fertigen äußeren Bekleidung, die vom Auftragnehmer der Trockenbauarbeiten erstellt wurde, gilt als Abrechnungsgrundlage auch für alle Schichtaufbauten dieser Konstruktion, unabhängig davon, ob die einzelnen Leistungsanteile separat oder in einer gemeinsamen Position ausgeschrieben wurden.

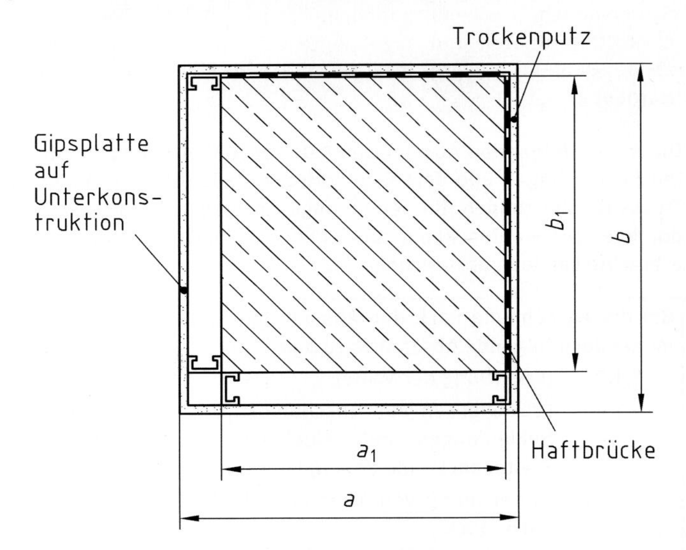

Bild 5.1.1-1: Freistehende verkofferte bzw. mit Trockenputz bekleidete Stütze, einschließlich Vorbehandlung

Die Maße der Betonstütze = a_1 und b_1

Die Abrechnung erfolgt je Seite Ansichtsfläche nach Flächenmaß, bei a und $b > 1$ m

Trockenputz: $F = (a + b) \times$ Bekleidungshöhe (auch für die Haftbrücke, Grundierung, Spachtelung usw.)

Verkofferung: $F = (a + b) \times$ Bekleidungshöhe.

Die Abrechnung erfolgt je Seite Ansichtsfläche im Längenmaß für den Trockenputz, bei $a < 1$ m und $b < 1$ m je Seite.

Für den Trockenputz: 2 × Bekleidungshöhe.

Für die Verkofferung mit einer Abwicklung < 1 m: $a + b =$ im Längenmaß = 1 × Bekleidungshöhe.

(Anmerkung: Diese Systematik findet durchgängig auch bei der Ermittlung der Abzugsmaße in den Abschnitten 5.2 ff. Anwendung.)

So werden beispielsweise Grundierungen, Unterkonstruktionen, eventuell eingebaute Dämmungen, Dampfbremsen und dergleichen mit den Maßen der letzten vom Auftragnehmer der Trockenbauarbeiten erstellten äußeren Bekleidung abgerechnet.

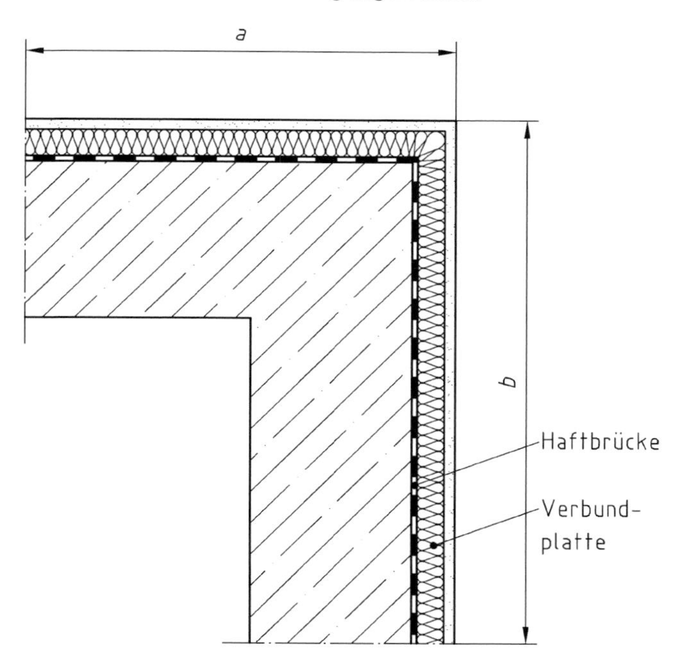

Bild 5.1.1-2: Gipskarton-Verbundplatte mit Haftbrücke auf „begrenzender" Stahlbetonwand

Die Abrechnung erfolgt nach Flächenmaß, wobei das jeweils längste (äußere) Maß der Abwicklung für Haftbrücke, Mineralwolle, Gipsplatte = $(a + b)$ × Bekleidungshöhe anzunehmen ist (auch, wenn die einzelnen Schichtaufbauten in getrennten Positionen ausgeschrieben sind).

5.1.2 Flächen mit begrenzenden Bauteilen

Grundsätzlich bleibt die Möglichkeit, nach Zeichnung aufzumessen. Denn bei Flächen mit begrenzenden Bauteilen gilt im Prinzip nach wie vor die so genannte „Rohbau-Regelung". Dabei gilt beim Anschluss von Trockenbaukonstruktionen und Beplankungen an massive Bauteile das Maß der zu behandelnden Flächen bis zu den sie begrenzenden ungeputzten, ungedämmten, unbekleideten Bauteilen. Verläuft z. B. eine Metallständerwand als Raumtrennwand von einer Massivwand bis zu einer anderen Massivwand, so gilt hierbei als Längenmaß das Maß bis zum Beton bzw. Mauerwerk, gleichgültig ob diese Massivwand verputzt, gedämmt, mit Trockenputz bekleidet oder mit einer Vorsatzschale versehen ist.

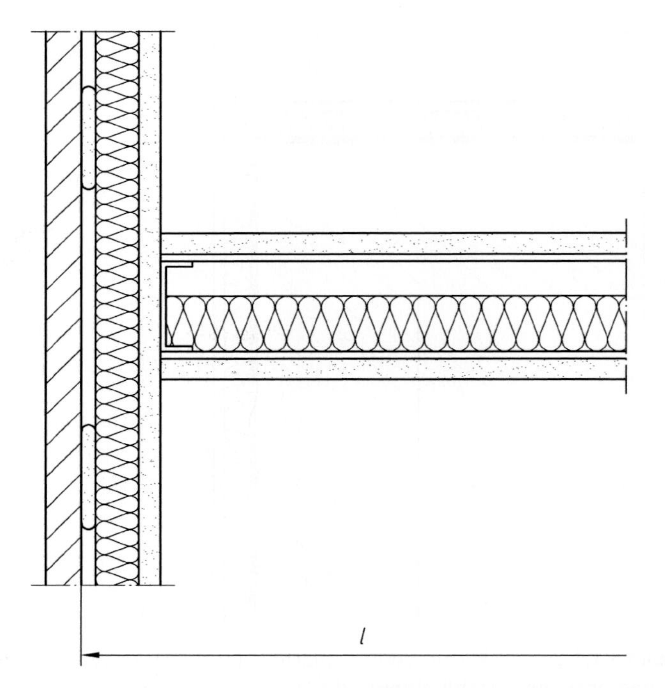

Bild 5.1.2-1: Gipstrennwand, die auf eine Vorsatzschale (hier: GK-Verbundplatte, direkt auf Beton geklebt) stößt

Die Vorsatzschale ist kein begrenzendes Bauteil und daher für die Abrechnung der Gipsplattenwand nicht relevant.

Die Abrechnung der Gipsplattenwand erfolgt deshalb bis zur begrenzenden, ungeputzten, ungedämmten, unbekleideten Rohbauwand.

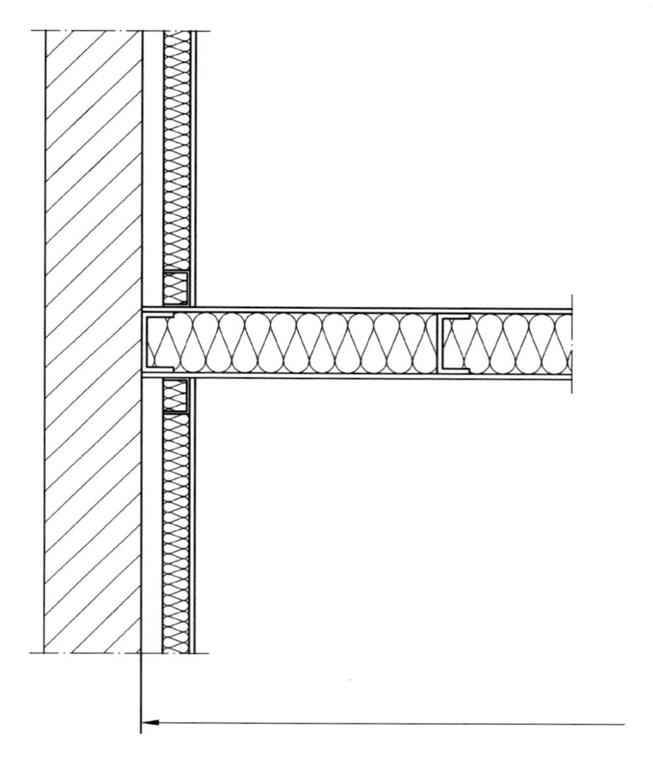

Bild 5.1.2-2: Gipsplattentrennwand, die eine Vorsatzschale durchdringt

Die Abrechnung Gipsplattenwand erfolgt bis zur begrenzenden, ungeputzten, ungedämmten, unbekleideten Rohbauwand.

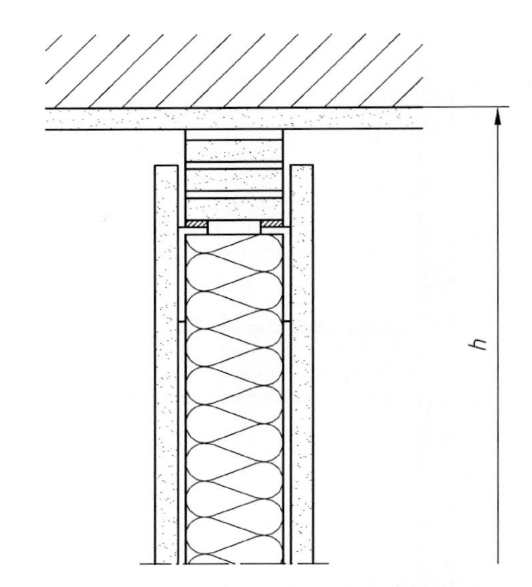

Bild 5.1.2-3: Gipsplattentrennwand mit gleitendem Deckenanschluss an verputzte Rohbaudecke

Die Abrechnung der Gipsplattenwand erfolgt bis zur begrenzenden, ungeputzten, ungedämmten, unbekleideten Rohbaudecke.

Unverändert zur Erstausgabe der ATV DIN 18340 bleibt ebenfalls die Klarstellung, dass unter „begrenzenden Bauteilen" nicht nur die üblichen Raum abschließenden Konstruktionen des Rohbaus, sondern auch bestimmte Trockenbaukonstruktionen fallen, die den Raumabschluss im Bereich der Decke, der Wand oder des Bodens herstellen.

„Damit wurde auf früher relativ häufig aufgetretene Streitfälle bei Einbausituationen reagiert, bei denen ein relativ hoher, tatsächlich aber nicht vorhandener oder nicht behandelter Flächenanteil errechnet wurde." (Zitat aus der offiziellen „Einführung zur ATV DIN 18340" des Hauptausschusses Hochbau im Deutschen Vergabe- und Vertragsausschuss.)

Die ergänzende Definition „begrenzender Bauteile" folgt aber auch konsequent der Forderung, dass die Ermittlung der Leistung raumweise erfolgen soll und ein Raum übergreifendes Aufmaß bzw. Übermessen Raum begrenzender Bauteile nicht zulässig ist. Sie birgt damit wesentliche Vorteile:

Sie lautet:

> Systemböden, Trockenunterböden, Estriche, leichte Trennwände sowie Unterdecken und abgehängte Decken gelten als begrenzende Bauteile, sofern ihre Oberflächen nicht durchdrungen werden.

Die Aufzählung zusätzlich begrenzender Bauteile wurde dabei bewusst konkret (und nicht beispielhaft, d. h. erweiterbar) gefasst. Daraus folgt zwingend, dass neben den üblichen Raum begrenzenden Konstruktionen des Rohbaus nur die explizit genannten Bauteile überhaupt „begrenzend" für die Leistungsabrechnung wirken können. **Die Dachschräge gilt als Unterdecke und gilt deshalb ebenfalls als begrenzendes Bauteil.**

Damit gilt bei der Ermittlung der Maße von Flächen mit begrenzenden Bauteilen sowohl das Begrenzungsmaß des Rohbaus wie auch in bestimmten Fällen das Begrenzungsmaß vorgenannter, Raum begrenzender Bauteile.

Merke: Vorsatzschalen sind als begrenzendes Bauteil nicht explizit erwähnt und werden deshalb nicht als solche gewertet!

Gleiches gilt beispielsweise für Putze, Trockenputzbekleidungen, Gipsplattenverbundplatten mit oder ohne Unterkonstruktion, freistehende oder mit der Rohbaukonstruktion verbundene Vorsatzschalen. Diese sind niemals „begrenzende Bauteile".

Bekleidungen von Dachschrägen gelten allerdings als Unterdecken (nicht etwa als Vorsatzschalen) und somit als Raum begrenzende Bauteile. (Siehe dazu auch die Begriffsdefinition der „Dachschräge" bzw. „Vorsatzschale" als vertikal aufgehendes Bauteil.)

Anschlüsse mit Befestigungsmitteln an die neu definierten, Raum begrenzenden Bauteile des Trockenbaus gelten nicht bereits als Durchdringung (... der Oberfläche)!

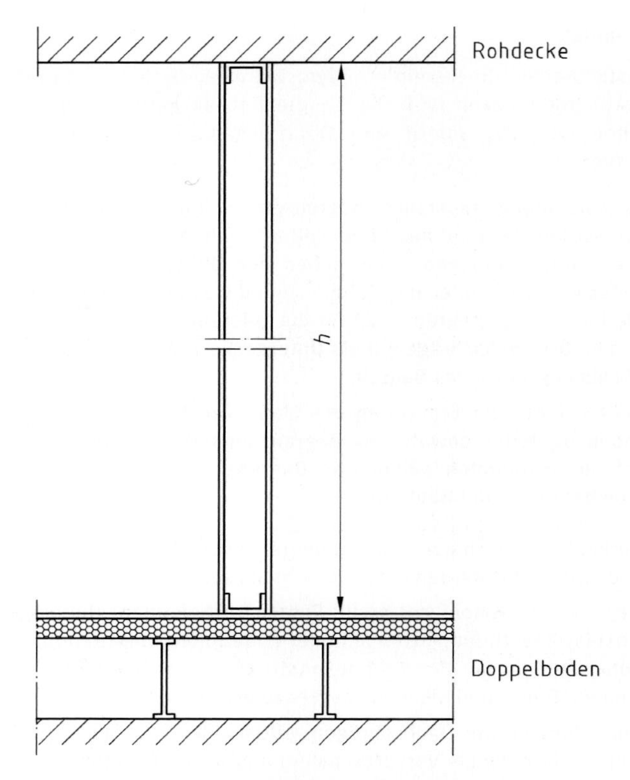

Bild 5.1.2-4: Gipsplattentrennwand auf Doppelboden mit Deckenanschluss an Rohbaudecke

Die Abrechnung der Gipsplattenwand erfolgt von Oberkante des begrenzenden Doppelbodens bis zur begrenzenden, ungeputzten, ungedämmten, unbekleideten Rohbaudecke.

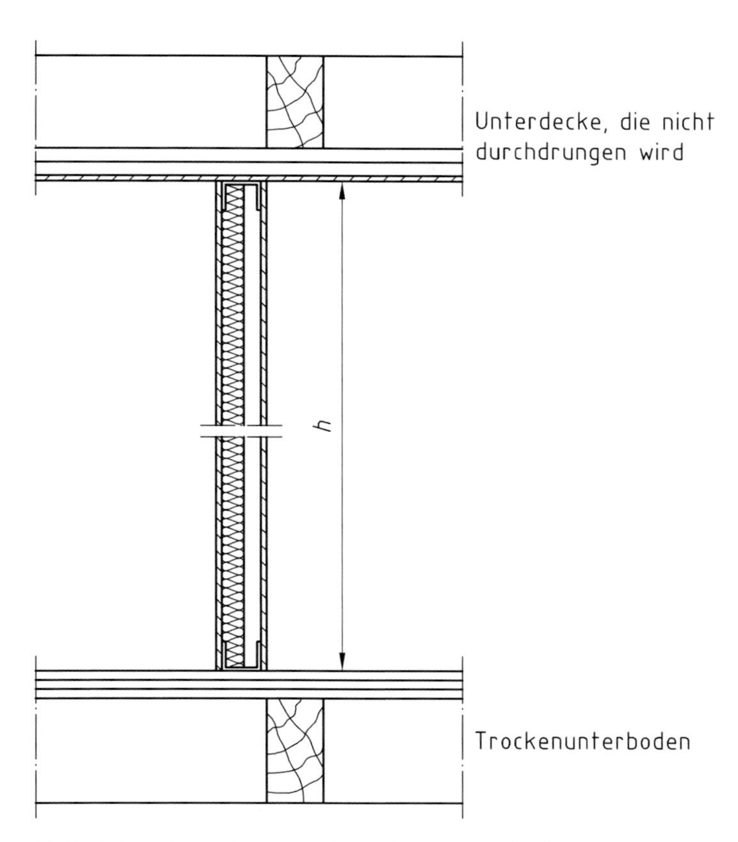

Bild 5.1.2-5: Gipsplattenwand auf Trockenunterboden mit Anschluss an Unterdecke

Die Abrechnung der Gipsplattenwand erfolgt von Oberkante des begrenzenden Trockenunterbodens bis zur begrenzenden Unterdecke.

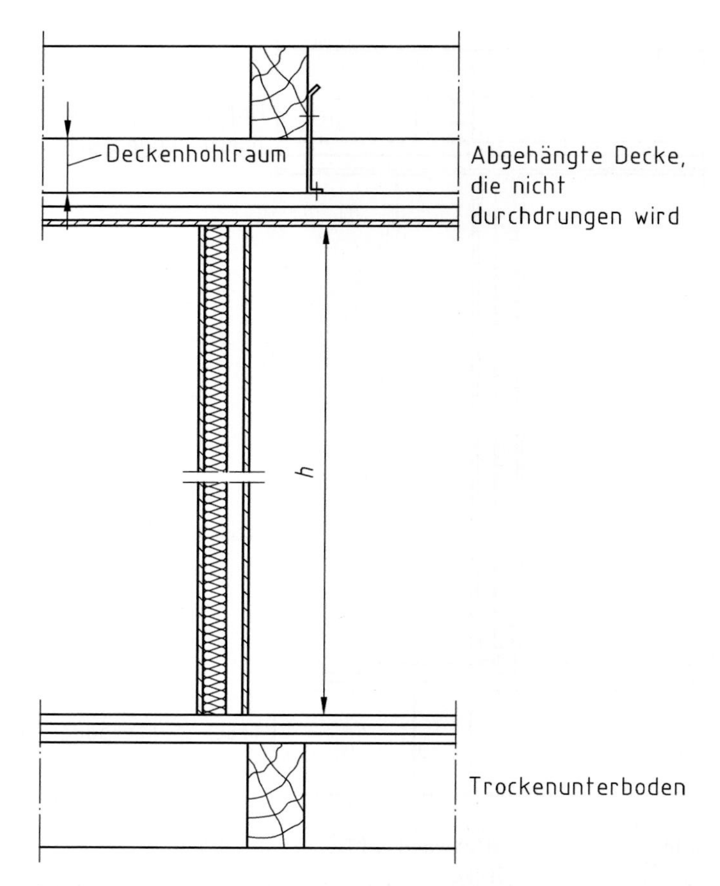

Bild 5.1.2-6: Gipsplattenwand auf Trockenunterboden mit Anschluss an abgehängte Decke

Die Abrechnung der Gipsplattenwand erfolgt von Oberkante des begrenzenden Trockenunterbodens bis zur begrenzenden abgehängten Decke.

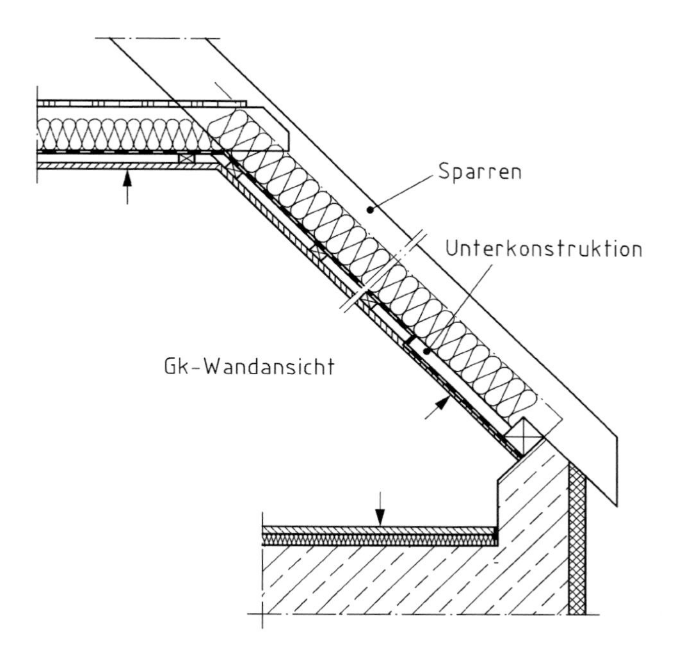

Bild 5.1.2-7: Gipsplattenwand auf Estrich mit Anschluss an Unterdecke bzw. Dachschräge

Die Abrechnung der Gipsplattenwand erfolgt von Oberkante Estrich bis zur begrenzenden Unterdecke bzw. Dachschräge.

Durchdringt eine Trockenbaukonstruktion oder Bekleidung diese neu definierten begrenzenden Bauteile und wird beispielsweise ein Anschluss an die dahinter liegende Konstruktion des Rohbaus hergestellt, so wird die gesamte Trockenbaukonstruktion bis zum begrenzenden ungeputzten, ungedämmten, unbekleideten Bauteil abgerechnet. In der Dachschräge ist dies in der Regel die Unterkante des tragenden Sparrens bzw. Stahlträgers (auch als „gedachte" Ebene).

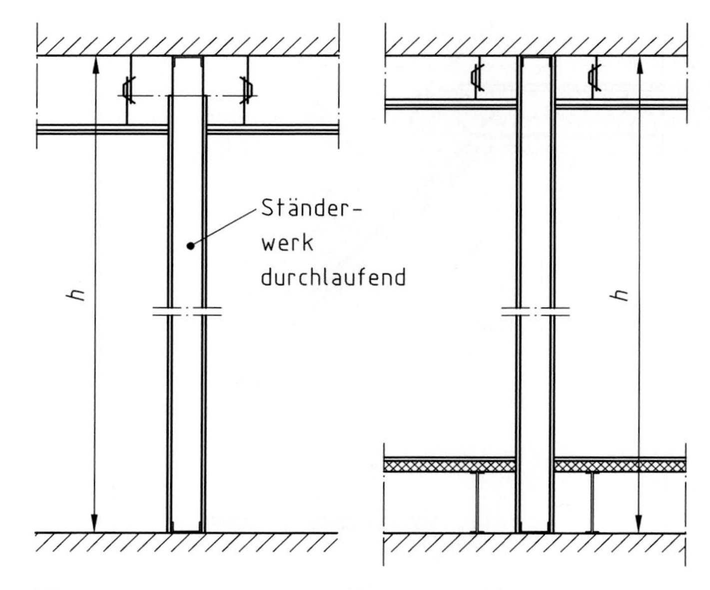

Bild 5.1.2-8: Gipsplattenwand, die Systemboden und abgehängte Decke durchdringt und an dahinter liegende begrenzende Bauteile des Rohbaus anschließt

Die Abrechnung der Gipsplattenwand erfolgt von Oberkante Rohfußboden bis zur begrenzenden Rohdecke.

Wird eine Wand aus statischen Gründen ohne direkten Deckenanschluss diagonal zur Rohdecke abgesteift, dann ist die Rohdecke ihr begrenzendes Bauteil. Die Wand ist dann abzurechnen, als wenn ihr Metallständerwerk direkt an die Rohdecke anschließen würde.

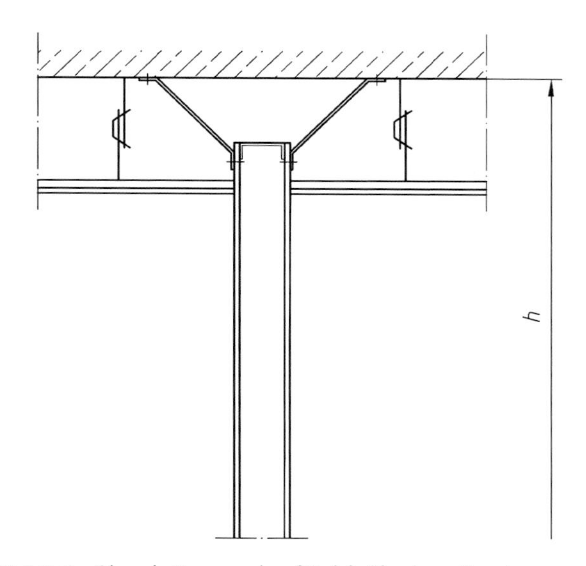

Bild 5.1.2-9: Gipsplattenwand auf Rohfußboden, die eine abgehängte Decke mit freiem Ende durchdringt und Diagonalabsteifungen (einseitig oder zweiseitig) zur Rohdecke hat

Die Abrechnung der Gipsplattenwand erfolgt von Oberkante Rohfußboden bis zur Rohdecke (Längenmaß h), unabhängig von der Höhe des Deckenhohlraumes.

Abrechnung von Schildwänden überwölbter Räume: Der frühere Abschnitt 5.1.3, demnach Wandhöhen überwölbter Räume bis zum Gewölbeanschnitt und Wandhöhen von Schildwänden bis zu 2/3 des Gewölbestichs gerechnet wurden, ist in der neuen ATV DIN 18340 ersatzlos entfallen, so dass auch hier nun die allgemeine Abrechnung für Flächen mit begrenzenden Bauteilen nach Abschnitt 5.1.2 erfolgt. Die entsprechenden Flächen sollen also nun mit ihren tatsächlichen (längsten) Maßen bestimmt und abgerechnet werden. Die mathematische Formel für die entsprechende Flächenberechnung würde lauten:

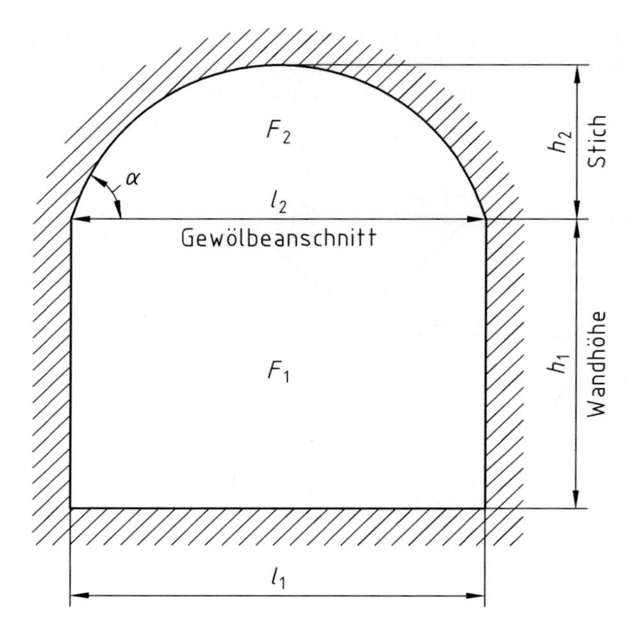

Bild 5.1.2-10: Schildwandfläche

$F_{ges} = F_1 + F_2 = l_1 \times h_1 + 0{,}5 \times r^2 \times (\pi \times \alpha°/180° - \sin \alpha)$ [m²]

(r = Radius des Kreisabschnittes, $\pi \sim 3{,}14$)

Falls Sie sich und dem Auftraggeber ein aufwändiges gemeinsames Aufmaß mit elektronischem Winkelmesser ersparen wollen, dann empfehlen wir Ihnen, weiterhin auf die bisherige, wesentlich einfachere Aufmaßregel zurückzugreifen, die bis auf (im Toleranzbereich liegende) geringe Abweichungen gleiche Ergebnisse liefert und deshalb nachfolgend nochmals veranschaulicht wird:

Schildwandfläche = $F_{ges} = F_1 + F_2 = l_1 \times (h_1 + 2/3 \times h_2)$ [m²]

Die Abweichung zur mathematischen Formel ist sehr gering.

5.1.3 Bei der Ermittlung der Maße wird jeweils das größte, gegebenenfalls abgewickelte Bauteilmaß zugrunde gelegt, z. B. bei Gewölben, Teilbeplankungen, Wandanschlüssen, Wandecken, Wandeinbindungen und Wandabzweigungen, umlaufenden Friesen. Gleiches gilt bei Anarbeitungen an vorhandene und Einarbeitungen von vorhandenen Bauteilen, Einbauteilen und dergleichen. Fugen werden übermessen.

Für jede Leistung wird grundsätzlich in allen Dimensionen (Länge, Breite, Höhe oder Tiefe) das größte Bauteilmaß bei der Abrechnung zugrunde gelegt. Das heißt insbesondere bei

- Gewölben das größte ggf. abgewickelte Maß des Gewölbebogens,
- Teilbeplankungen: Hier gilt immer das größte Maß der Gesamtkonstruktion. Schließt z. B. eine Metallständerwand mit ihrer Unterkonstruktion durch eine abgehängte Decke an der darüber liegenden Rohdecke an, und ist diese Konstruktion nur teilweise beplankt, so gilt dennoch das größte Maß der Gesamtkonstruktion,
- Wandanschlüssen immer das längste abgewickelte Maß der Anschlüsse im Längenmaß,
- Wandecken immer das längste Maß der Kantenausbildung,
- Wandeinbindungen und -abzweigungen im Bereich von Nischen bzw. verschieden tiefen Vor- oder Rücksprüngen das größte Maß der Konstruktion bzw. einseitig weitergeführten Bekleidung,
- umlaufenden Friesen immer das längste gegebenenfalls das abgewickelte Bauteilmaß, d. h. nicht das Maß der Mittellinie.

Dabei kann es beim Aufmaß zu Seitenversprüngen kommen.

Das längste Maß der Konstruktion bei einer Metallständerwand ist in der Regel das die Wand nach oben und unten abschließende UW-Profil bzw. das an den horizontalen Enden abschließende Ständerprofil. Dabei ist nicht maßgeblich, ob diese Konstruktion ganz oder nur teilweise beplankt ist (siehe auch Abschnitt 5.1.2 der ATV DIN 18340, sowie Bild 5.1.2-2, 5.1.2-8 und 5.1.2-9).

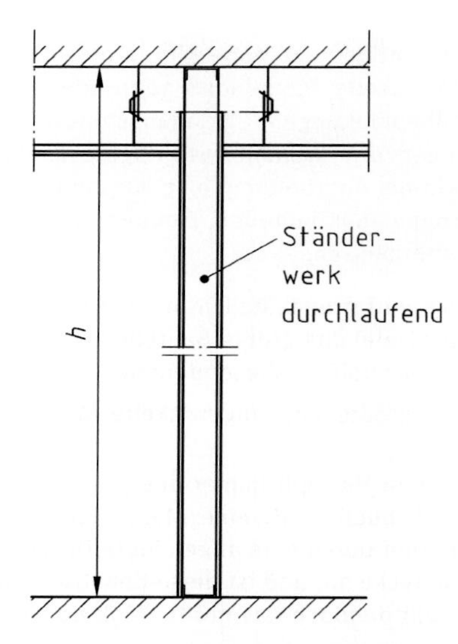

Bild 5.1.3-1: Gipsplattenwand auf Rohfußboden, die eine abgehängte Decke durchdringt, jedoch ohne Beplankung an Rohdecke anschließt

Die Abrechnung der Gipsplattenwand erfolgt von Oberkante Rohfußboden bis zur Rohdecke, (Längenmaß *h*).

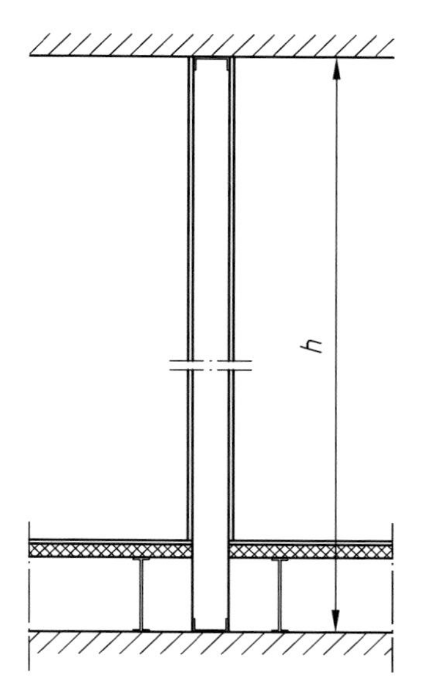

Bild 5.1.3-2: Gipsplattenwand auf Rohfußboden, die einen Systemboden durchdringt, jedoch ohne Beplankung an Rohfußboden anschließt

Die Abrechnung der Gipsplattenwand erfolgt von Oberkante Rohfußboden bis zur Rohdecke, (Längenmaß h).

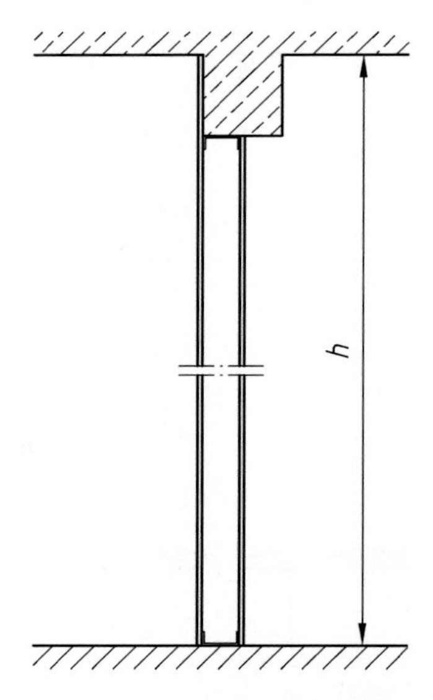

Bild 5.1.3-3: Gipsplattenwand auf Rohfußboden, die einseitig mit ihrer Beplankung an einem Unterzug vorbeiläuft und an einer Rohdecke anschließt

Die Abrechnung der Gipsplattenwand erfolgt von Oberkante Rohfußboden bis zur Rohdecke, (Längenmaß h).

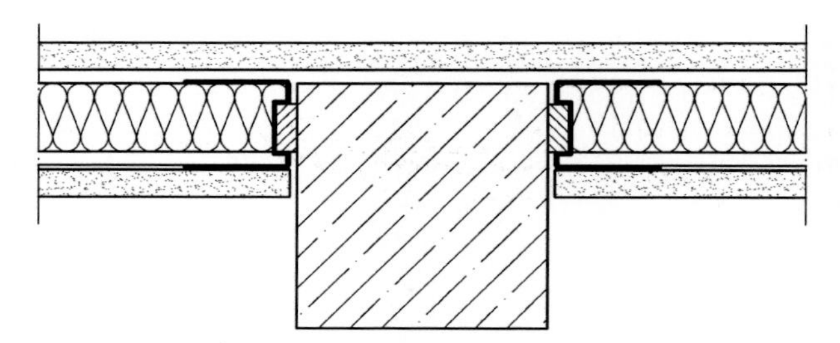

Bild 5.1.3-4: Gipsplattenwand, die einseitig mit Beplankung an freistehender Stütze vorbeigeführt wird

Die Gipsplattenwand wird unabhängig von der Breite der Stütze durchgemessen (die Stütze wird übermessen).

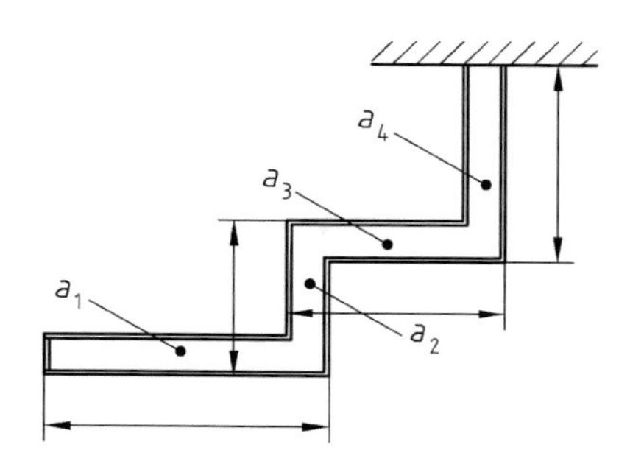

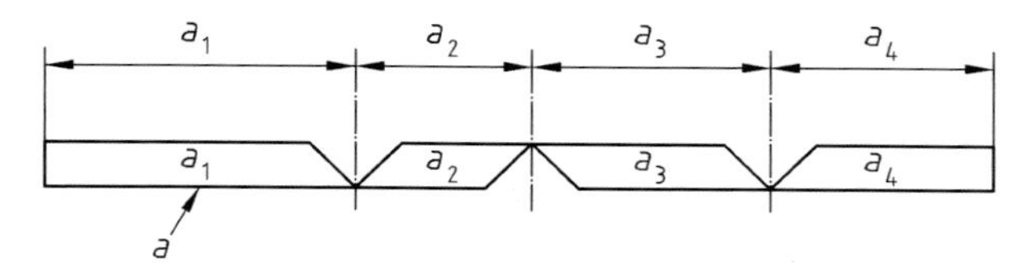

Bild 5.1.3-5: Abgewinkelte Gipsplattenwand

Bei Ermittlung des Längenmaßes wird das längste ggf. abgewickelte Maß der Gipsplattenwand zugrunde gelegt (Längenmaß = $a_1 + a_2 + a_3 + a_4$).

Die aufgeklappte Wandabwicklung bestimmt das Längenmaß. Hinweis: Das freie Wandende ist gesondert abzurechnen gemäß Abschnitt 5.1.7.

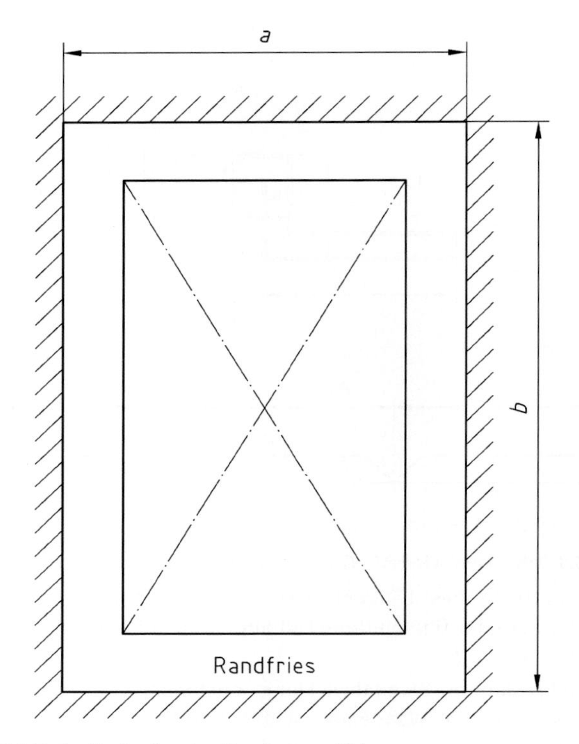

Bild 5.1.3-6: Umlaufendes Deckenrandfries

Bei Ermittlung des Längenmaßes wird das längste ggf. abgewickelte Außenmaß des Frieses zugrunde gelegt (Längenmaß = $2 \times (a + b)$).

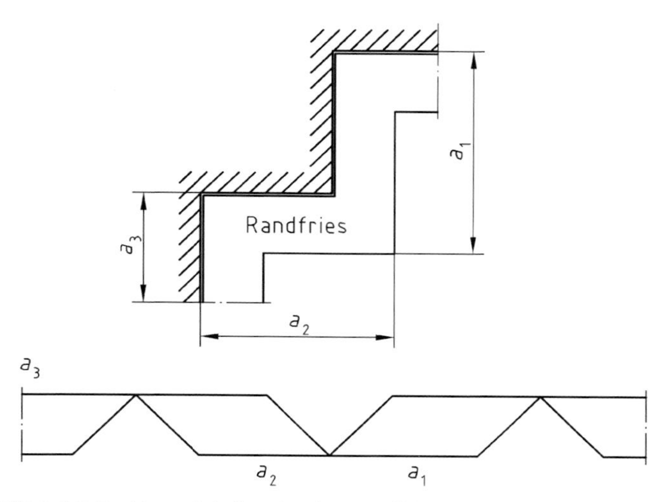

Bild 5.1.3-7: Abgewinkeltes Deckenrandfries

Bei Ermittlung des Längenmaßes wird das längste ggf. abgewickelte Maß des Frieses zugrunde gelegt (Längenmaß = $a_1 + a_2 + a_3$).

Die aufgeklappte Abwicklung bestimmt das Längenmaß.

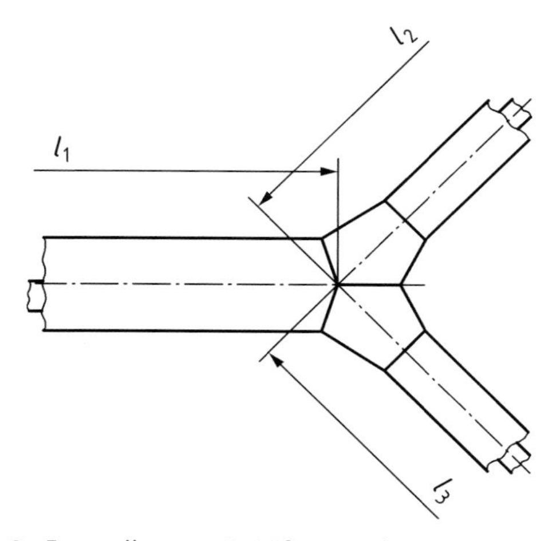

Bild 5.1.3-8: Formteile um z. B. Lüftungsrohre

Bei der Ermittlung des Längenmaßes wird das längste gegebenenfalls abgewickelte Maß der Formteile zugrunde gelegt.

5.1.4 Unmittelbar zusammenhängende, verschiedenartige Aussparungen, z. B. Öffnung mit angrenzender Nische, werden getrennt gerechnet. Gleichartige Aussparungen, die durch konstruktive Elemente getrennt sind, werden ebenfalls getrennt gerechnet.

Bei Aussparungen sind grundsätzlich folgende Arten zu unterscheiden:

- durchgehende Aussparungen = Öffnungen,
- einseitige Aussparungen = Nischen, z. B. Vertiefungen im Wand- oder Deckenbereich,
- durchgehende Aussparungen aufgrund einbindender Bauteile = Unterbrechungen.

(Siehe Begriffsdefinition „Aussparungen".)

Liegt eine Nische z. B. unter einem Fenster, so sind dies verschiedenartige Aussparungen. Fenster und Nische sind getrennt zu rechnen, wie dies nachfolgend dargestellt ist.

Anders verhält sich dies allerdings bei einer durchgehenden Öffnung ohne konstruktive Trennung des Trockenbauers z. B. für eine Tür-Fenster-Kombination. Da der Trockenbauer nur eine gleichartige durchgehende Aussparung (nämlich eine Öffnung) anlegt, ist diese bei der Abrechnung seiner Leistung auch durchgehend als eine Einheit zu werten.

Andere Interpretationen folgen an dieser Stelle eindeutig nicht dem Normentext dieses Abschnittes.

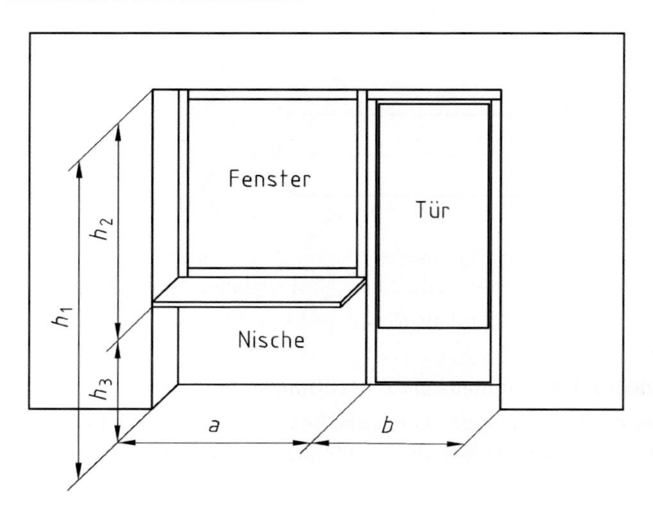

Bild 5.1.4-1: Verschiedenartige Aussparungen

Kombination einer durchgehenden Tür- und Fensteraussparung mit darunter liegender Nische

Die Abrechnung erfolgt getrennt für verschiedenenartige Aussparungen:

- die durchgehende Tür-Fenster-Kombination
  Flächenmaß $= b \times h_1 + a \times h_2$,
- die Nische
  Flächenmaß $= a \times h_3$.

Die Aussparungen werden getrennt bewertet und abgezogen, wenn sie jeweils > 2,5 m² sind.

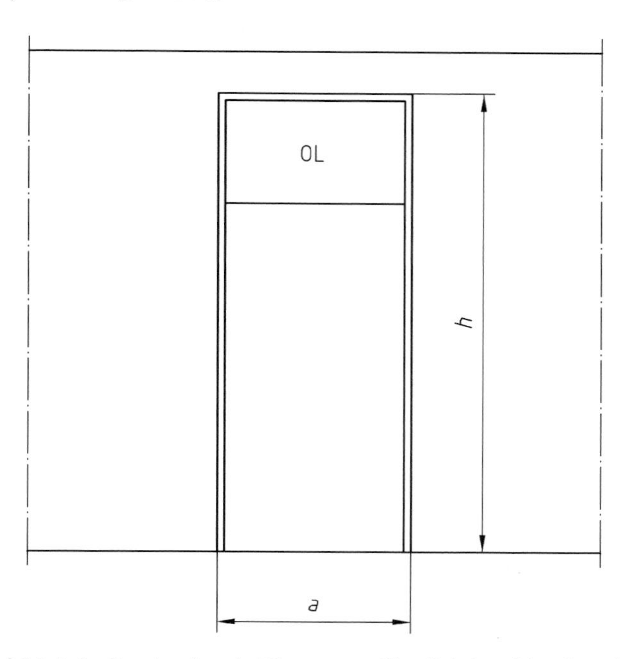

Bild 5.1.4-2: Durchgehende Türzargen-, Oberlichtkombination ohne konstruktive Trennung durch den Trockenbauer

Die Kombination wird als ein Bauteil geliefert und eingebaut.

Das Aufmaß der Aussparung erfolgt als eine einzige durchgehende gleichartige Öffnung.

Flächenmaß $= a \times h$

Die Aussparung wird abgezogen, wenn sie > 2,5 m² ist.

Unmittelbar zusammenhängende gleichartige Aussparungen werden nur dann als Einzelaussparung z. B. Öffnung gerechnet, wenn diese durch konstruktive Elemente vom Trockenbauer getrennt werden. Das heißt, dass z. B. Öffnungen getrennt behandelt werden, wenn dazwischen Ständerwerksprofile (z. B. zwischen Zarge und anschließendem Fensterelement) eingebaut werden müssen.

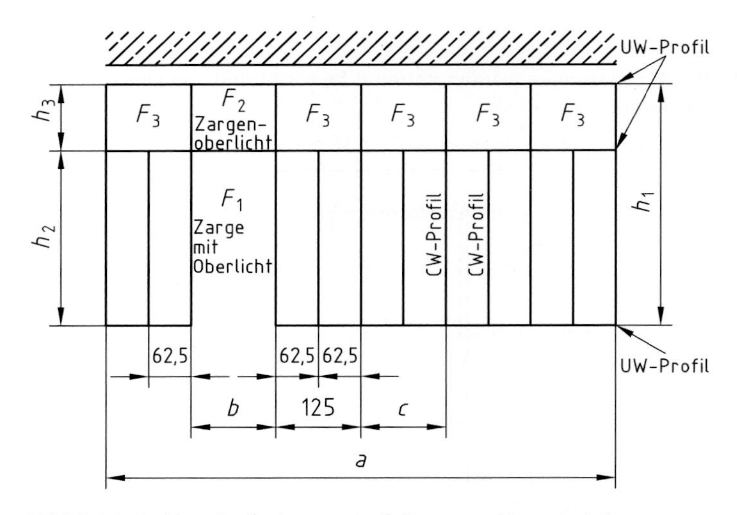

Bild 5.1.4-3: Metallständerwand mit Zarge und konstruktiv getrennter Oberlichtkombination

Die Aussparungen der Zarge sowie der Oberlichter werden getrennt gerechnet, soweit sie durch konstruktive Elemente des Trockenbauers getrennt wurden.

Flächenmaß der Zargenöffnung $F_1 = b \times h_2$

Flächenmaß der Öffnung für das Oberlicht über der Zarge $F_2 = b \times h_3$

Flächenmaße der Öffnungen für die Oberlichter über der Ständerwand $F_3 = c \times h_3$

Die Aussparungen werden getrennt bewertet und abgezogen, wenn sie jeweils $> 2,5$ m^2 sind.

Werden werkseitig gefertigte Zargen mit Oberlicht oder Oberlichtbänder in Ständerwänden ohne konstruktive Trennelemente eingebaut, d. h., der Trockenbauer legt hierfür nur eine Öffnung an, dann wird diese komplett betrachtet und bei einer Einzelgröße über 2,5 m^2 abgezogen.

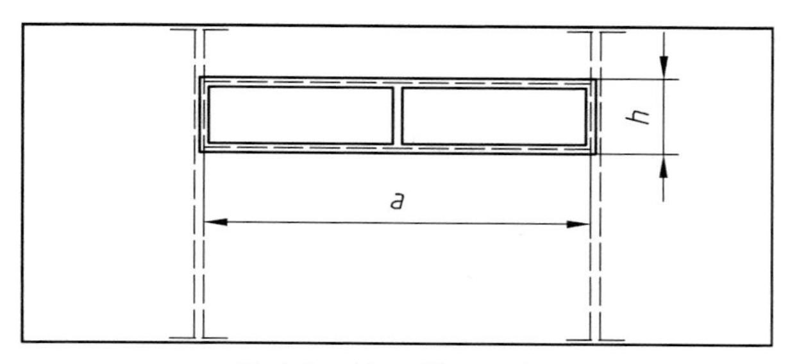

Gleichartige Elemente

Bild 5.1.4-4: Metallständerwand mit Oberlichtern ohne konstruktive Trennung durch den Trockenbauer im Lichtband

Für die Oberlichtkombination wird nur eine Aussparung angelegt.
$F = a \times h$

Die Aussparung wird abgezogen, wenn sie $> 2{,}5\ m^2$ ist.

Die Ermittlung der Aussparungsmaße erfolgt in jedem Fall nach Abschnitt 5.2.1.1 der ATV DIN 18340.

Hier geht es nur um Aussparungen. Andere Leistungen, die beim Einbau von Oberlichtern erforderlich werden, z. B. das Anlegen und Verstärken der Öffnung oder das Ausbilden von Leibungen, werden entsprechend den Abschnitten 4.2 ff. der ATV DIN 18340 immer separat abgerechnet.

5.1.5 Bindet eine Aussparung anteilig in angrenzende, getrennt zu rechnende Flächen ein, wird zur Ermittlung der Übermessungsgröße die jeweils anteilige Aussparungsfläche gerechnet.

Liegt eine Aussparung, z. B. eine Öffnung, in zwei getrennt abzurechnenden Flächen, so wird die Aussparung in ihrer Größe anteilig den getrennt abzurechnenden Flächen zugeordnet. Sind die in getrennt abzurechnenden Flächen anteilig einbindenden Öffnungsgrößen in beiden Flächen $\leq 2{,}5\ m^2$, werden sie beide übermessen, unabhängig davon, ob die Gesamtgröße der Aussparung größer $2{,}5\ m^2$ ist.

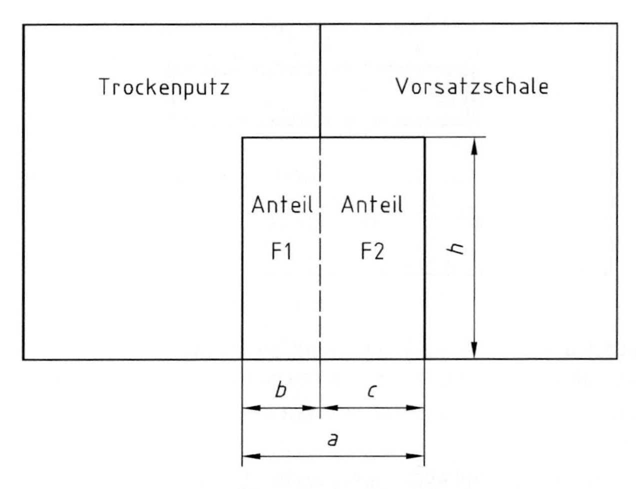

Bild 5.1.5-1: Anteilig in zwei verschiedenartige Flächen einbindende Öffnung

Die Öffnung ist jeweils nach ihrer Flächeneinbindung aufzuteilen und den getrennt zu rechnenden Wandflächen zuzuordnen.

$F_1 = b \times h$

$F_2 = c \times h$

Sind die anteiligen Aussparungsflächen $\leq 2{,}5$ m, so werden sie übermessen, unabhängig davon, ob die Gesamtöffnung ($F = a \times h$) $> 2{,}5$ m² ist.

Aussparungen über Eck bzw. in Richtungswechselbereichen werden grundsätzlich getrennt betrachtet.

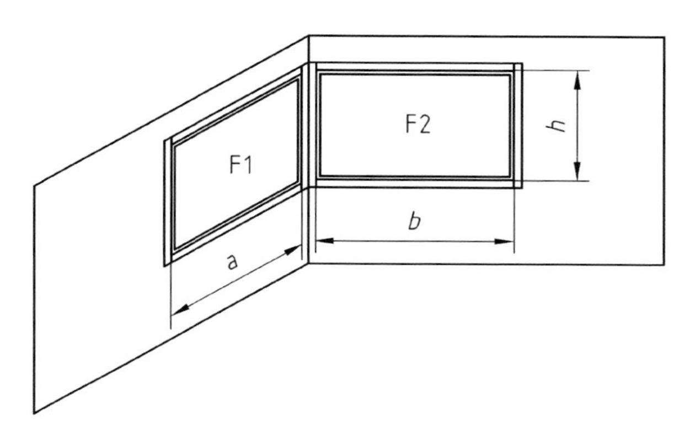

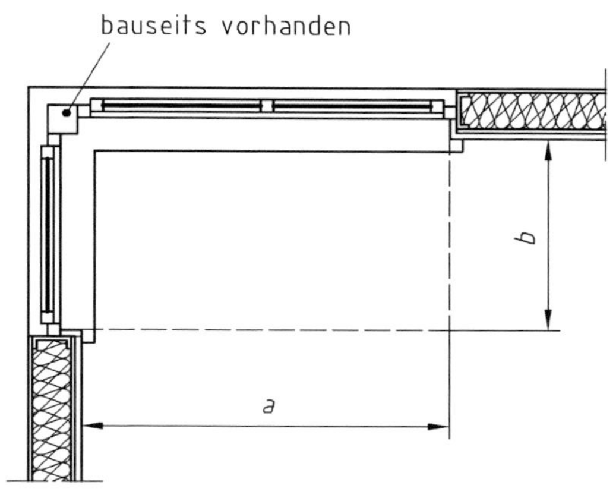

Bilder 5.1.5-2/5.1.5-3: Anteilig über Eck in zwei gleichartige Flächen einbindende Öffnung

Die Öffnung ist jeweils nach ihrer Flächeneinbindung aufzuteilen und den getrennt zu rechnenden Wandflächen zuzuordnen, unabhängig davon, ob konstruktive Elemente des Trockenbauers im Eckbereich eingebaut wurden oder nicht.

$F_1 = a \times h$

$F_2 = b \times h$

Sind die jeweiligen Aussparungsflächen $\leq 2{,}5\ m^2$, so werden sie übermessen. Hierbei gilt entsprechend 5.2.1.1: Bei der Ermittlung der Abzugsmaße sind die kleinsten Maße der Aussparung zugrunde zu legen.

5.1.6 Bei Bekleidungen und bekleideten Flächen werden Anschlüsse, Reduzieranschlüsse, Friese, Randfriese, offene Fugen, Vertiefungen, Verkofferungen und dergleichen bis 30 cm Breite übermessen und gesondert gerechnet.

Der Abschnitt 5.1.6 regelt sämtliche Anschlüsse am Rande der eigenen Leistung, während Abschnitt 5.2.1.2 Unterbrechungen innerhalb der eigenen Leistung regelt.

Merke: Mit dem neuen Abschnitt 5.1.6 wird eindeutig bestätigt und festgelegt, dass an die Leistung (bzw. Leistungsposition) angrenzende Konstruktionen und Bauteile (egal ob bauseitig vorhanden oder vom ausführenden Unternehmer mit separat abzurechnender anderer Leistungsposition eingebaut) bis 30 cm Einzelbreite grundsätzlich zu übermessen sind! Dies gilt auch für angrenzende Fugen und Vertiefungen, sprich: Auch für freien Luftraum!

Die Abschnittsformulierung „und dergleichen" weist in diesem Zusammenhang klar darauf hin, dass die Aufzählung von „Anschlüssen, Reduzieranschlüssen, Friesen, Randfriesen, offenen Fugen, Vertiefungen, Verkofferungen" nur beispielhaft ist und sinngemäß erweitert werden kann.

Zur Einschätzung, bis wohin eine flächige Leistung abzurechnen ist, ist neben dieser Regelung immer auch die Regelung im

- Abschnitt 5.2.1.1 für das Aufmaß der eigenen Leistung im Bereich von Aussparungen sowie
- Abschnitt 5.2.1.2 für das Aufmaß der eigenen Leistung im Bereich von Unterbrechungen, die innerhalb der eigenen Leistung liegen, zu beachten.

Das heißt: Ist z. B. eine Vertiefung breiter als 30 cm, ist weitergehend zu prüfen, ob die Vertiefungsfläche größer als 2,5 m^2 ist. Wenn nicht, wird die Vertiefung als Aussparung gemäß Abschnitt 5.2.1.1 übermessen.

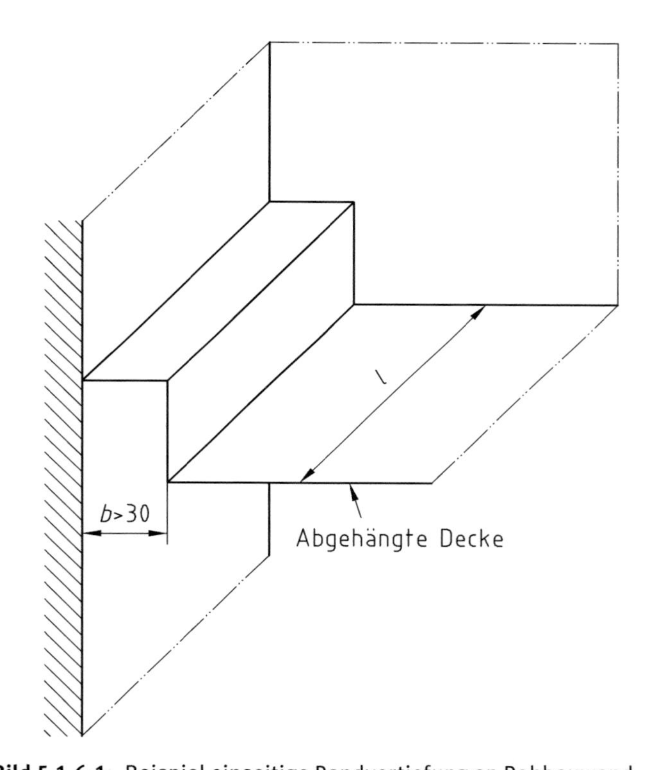

Bild 5.1.6-1: Beispiel einseitige Randvertiefung an Rohbauwand

Vertiefungsfläche $F = b \times l$ (jeweils „lichte" kleinste Maße) $\leq 2{,}5$ m²/Vertiefungsbreite $b > 30$ cm. Weil die Vertiefungsfläche („lichte" kleinste Maße, gemäß Abschnitt 5.2.1.1) im Randbereich der abgehängten Decke kleiner als 2,5 m² ist, wird die Decke (gemäß Abschnitt 5.1.2) bis zur ungeputzten, ungedämmten, unbekleideten begrenzenden Rohbauwand abgerechnet.

Alle vorgenannten Abschnitte zusammenfassend und kombinierend ergibt sich für die Abrechnung von Flächen mit bzw. ohne begrenzende Bauteile, unter Berücksichtigung von Aussparungen, Unterbrechungen und Anschlussbereichen folgende grundsätzliche Vorgehensweise.

1. **Am Rand der zu erstellenden Leistung** (Bekleidung und bekleidete Fläche) werden Anschlüsse, Reduzieranschlüsse, Friese, Randfriese, offene (durchgängige) Fugen, Vertiefungen, Verkofferungen und dergleichen gemäß den Abschnitten 5.1.6 und 5.2.1.1 der ATV DIN 18340 abgerechnet.
   - Ist deren Breite ≤ 30 cm, dann werden sie übermessen.
   - Ist deren Breite > 30 cm und deren Fläche ≤ 2,5 m^2, dann werden sie übermessen.
   - Ansonsten erfolgt keine Übermessung und nur die tatsächlich erstellte Leistung (Bekleidung/bekleidete Fläche) ist abzurechnen gemäß Abschnitt 5.1.2 der ATV DIN 18340.
   - Das Herstellen eines Abschlusses bzw. Anschlusses an ein angrenzendes Bauteil wird davon unabhängig gesondert abgerechnet.
2. **Jede Aussparung**, egal ob sie durchgängig (z. B. raumhoch) ist oder nicht, innerhalb oder am Rand der eigenen Leistung liegt, wird gemäß Abschnitt 5.2.1.1 der ATV DIN 18340 abgerechnet, wobei bei der Ermittlung des Abzugsmaßes das kleinste Maß der Aussparung zugrunde zu legen ist.
   - Ist sie ≤ 2,5 m^2, so wird sie übermessen.
   - Ist sie > 2,5 m^2 erfolgt keine Übermessung.
   - Das Anlegen der Aussparung wird davon unabhängig gesondert abgerechnet.

Eine Wand, die beispielsweise mit freiem oberen Ende eine Decke durchdringt, wird in der Regel an ihrem oberen Ende mit ihrem tatsächlichen Maß gemessen. Es sei denn, der Abstand zum oberen Begrenzungsbauteil (ggf. Rohdecke) ist ≤ 30 cm oder die Fläche des durchgehenden Hohlraumes oberhalb der Wand ist ≤ 2,5 m^2, dann liegt gemäß Abschnitt 5.1.6 ein Anschluss an ein begrenzendes Bauteil oder gemäß Abschnitt 5.2.1.1 eine durchgehende Aussparung vor, die übermessen werden kann.

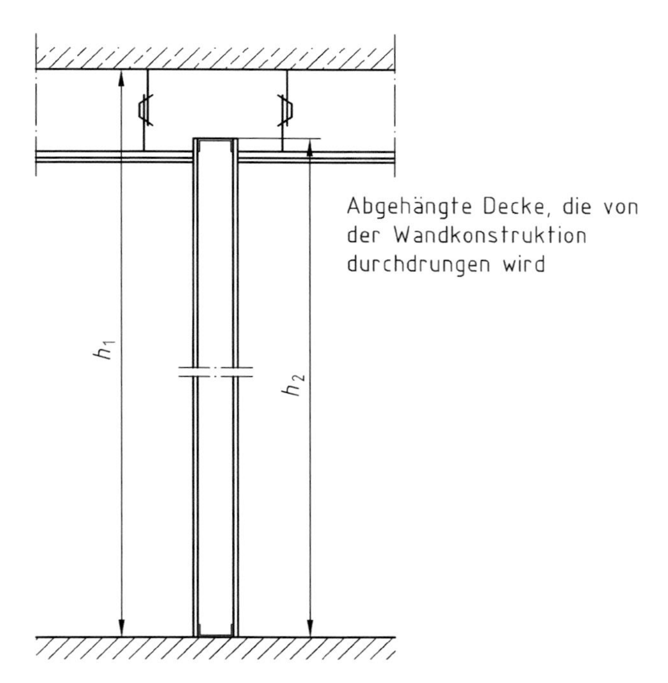

Bild 5.1.6-2: Gipsplattenwand auf Rohfußboden, die eine abgehängte Decke mit freiem Ende durchdringt

Die Abrechnung der Gipsplattenwand erfolgt von Oberkante Rohfußboden bis zur Rohdecke (Längenmaß h_1), wenn der durchgehende Hohlraum oberhalb der Gipsplattenwand $\leq 2,5$ m^2 bzw. der Abstand zur Rohdecke ≤ 30 cm ist.

Ansonsten erfolgt die Abrechnung mit längstem Maß bis zum freien Wandende (Längenmaß $= h_2$).

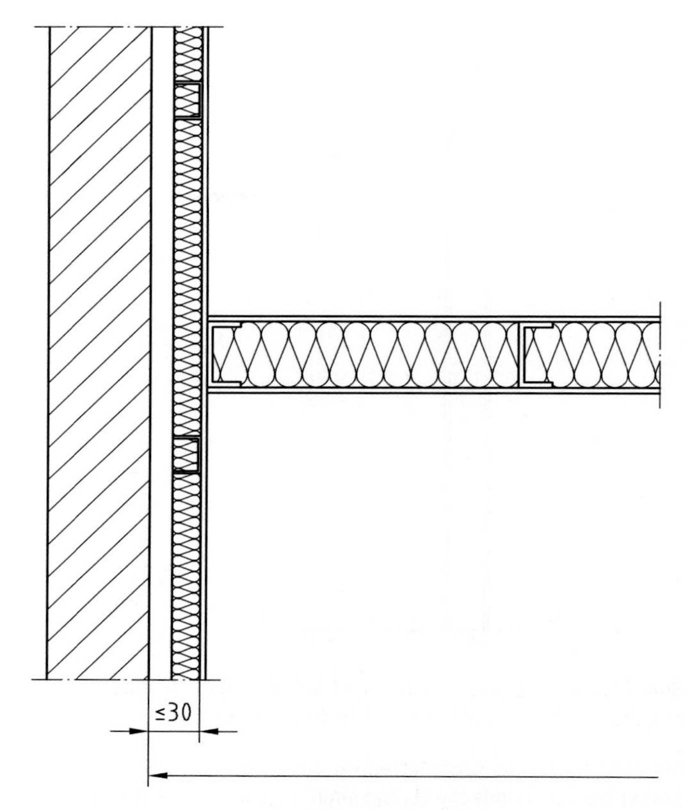

Bild 5.1.6-3: Gipsplattenwand, die auf eine Vorsatzschale stößt

Die Vorsatzschale ist kein begrenzendes Bauteil gemäß Abschnitt 5.1.2. Die Abrechnung der Gipsplattenwand erfolgt bis zur begrenzenden, ungeputzten, ungedämmten, unbekleideten Rohbauwand, sofern der Abstand zwischen Rohbauwand und abschließendem CW-Profil der Gipsplattenwand ≤ 30 cm. Gleiches gilt, wenn die entsprechende Abstandsfläche 2,5 m² nicht überschreitet. Ansonsten wird die Wand mit ihrem tatsächlichen Maß abgerechnet.

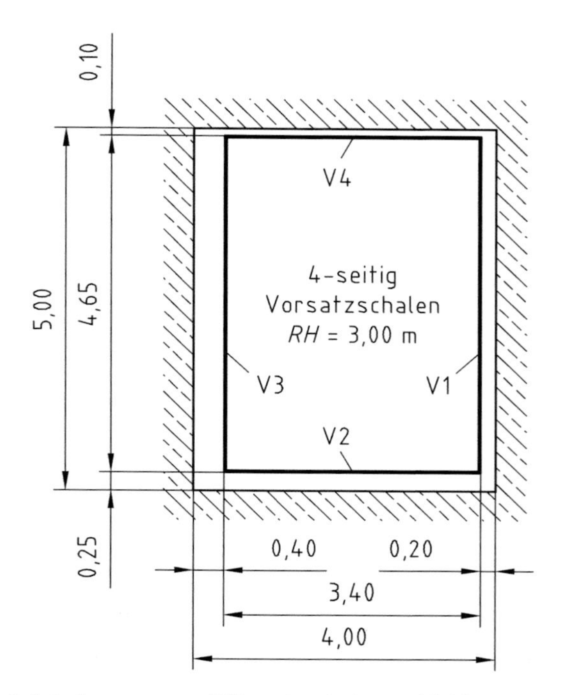

Bild 5.1.6-4: Innenraum mit Vorsatzschalen verkleidet

- Bei einem Abstand von Massivwand zur Vorsatzschale <30 cm (siehe dazu auch Bild 5.1.6-3) werden die Vorsatzschalen bis zum begrenzenden Bauteil (hier Betonwände) gemessen.
  $2 \times (4{,}00\ m + 5{,}00\ m) \times 3{,}00\ m = 54{,}00\ m^2$
- Bei einem Abstand von Massivwand zur Vorsatzschale >30 cm und einer Fläche zwischen der Betonwand und der Vorsatzschale <2,5 m^2 (im Bild gilt das für Vorsatzschalen V2 + V4) werden V2 und V4 ebenfalls bis zu den begrenzenden Bauteilen gemessen.
  $(0{,}40\ m \times 3{,}00\ m = 1{,}20\ m^2)$
- Sonst gilt das Maß der einzelnen Vorsatzschalen.

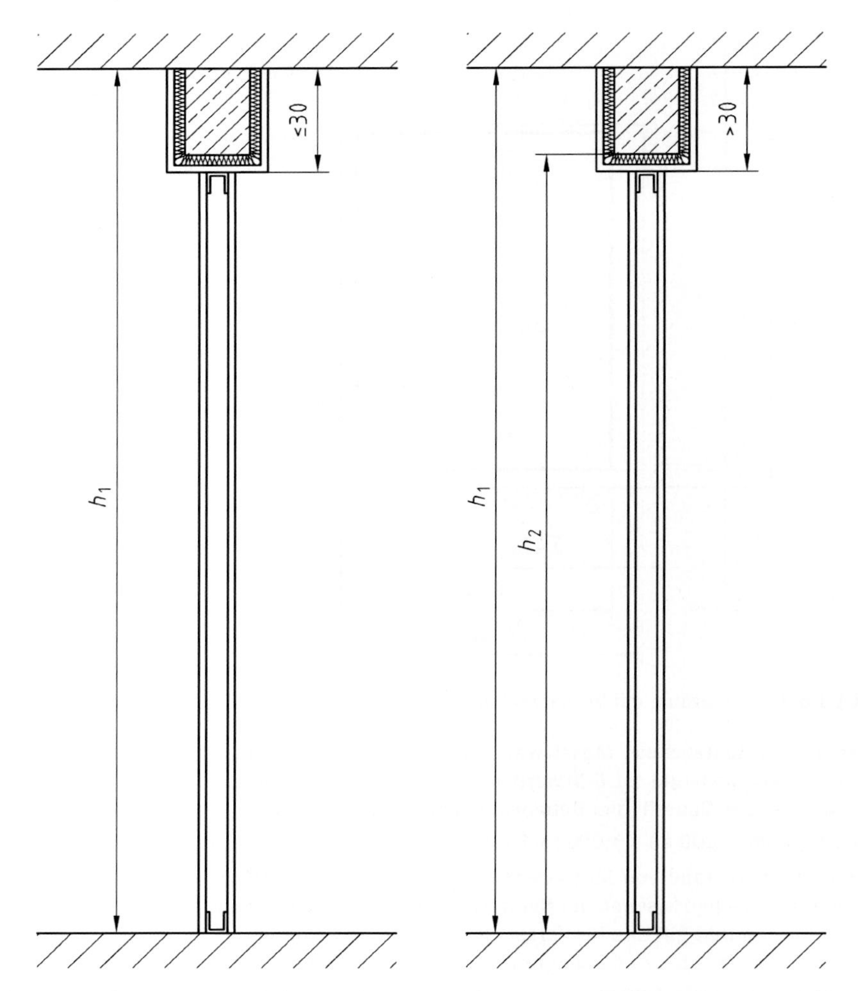

Bilder 5.1.6-5/5.1.6-6: Beispiel: Gipsplattenwandfläche unter Stahlbetonunterzug, der mit einer Gips-Verbundplatte ummantelt ist

- Ist der ummantelte Unterzug ≤ 30 cm hoch, dann wird die Wand bis zur Rohdecke durchgemessen (Wandhöhe = h_1, Bild 5.1.6-5).
- Ist der ummantelte Unterzug > 30 cm hoch, dann ist zu unterscheiden, ob seine seitliche Ansicht oberhalb der Gipsplattenwand > oder ≤ 2,5 m² ist.
- Ist diese Fläche ≤ 2,5 m², dann wird die Wand bis zur Rohdecke durchgemessen (Wandhöhe = h_1, Bild 5.1.6-6).

- Ist diese Fläche $>2{,}5\ m^2$, dann wird die Wand bis zum ungeputzten, ungedämmten, unbekleideten Rohunterzug gemessen (Wandhöhe $= h_2$, Bild 5.1.6-6).

Merke: Die Ummantelung des Unterzuges wird gesondert gerechnet.

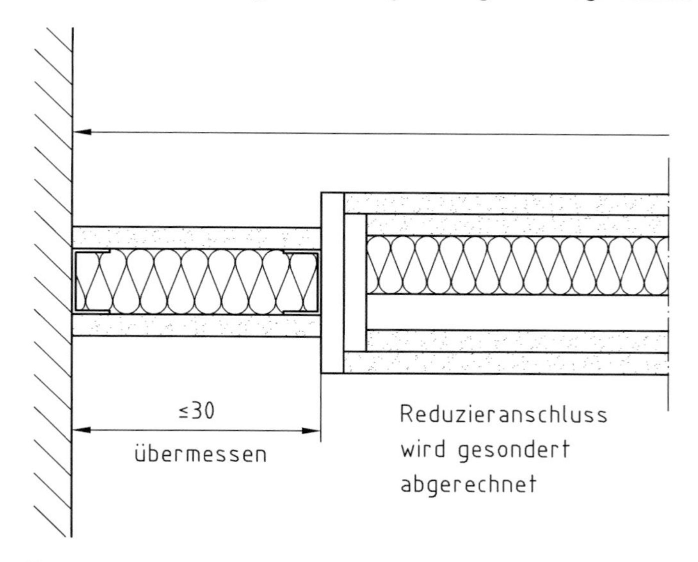

Bild 5.1.6-7: Gipsplattenwand mit reduziertem Anschluss an Rohbau-Fassadenelement

Der unterbrechende Reduzieranschluss ist ≤ 30 cm breit, deshalb wird die Wand bis zum ungeputzten, ungedämmten, unbekleideten Rohbau-Fassadenelement durchgemessen. Wäre er >30 cm breit, so wäre zu prüfen, ob die Größe der sichtbaren Fläche des Reduzieranschlusses $\geq 2{,}5\ m^2$ ist. Der Reduzieranschluss wird gesondert gerechnet.

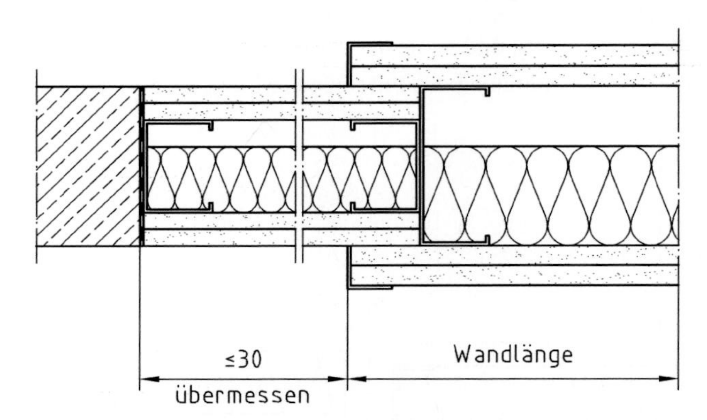

Bild 5.1.6-8: Gipsplattenwand mit einbindendem reduziertem Anschluss an Rohbau-Fassadenelement

Der kleinste sichtbare Anteil des Reduzieranschlusses ist ≤ 30 cm breit, deshalb wird die Wand bis zum ungeputzten, ungedämmten, unbekleideten Rohbau-Fassadenelement durchgemessen. Wäre er > 30 cm breit, so wäre zu prüfen, ob die Größe der sichtbaren Fläche des Reduzieranschlusses $\geq 2{,}5$ m² ist. Der Reduzieranschluss wird gesondert gerechnet.

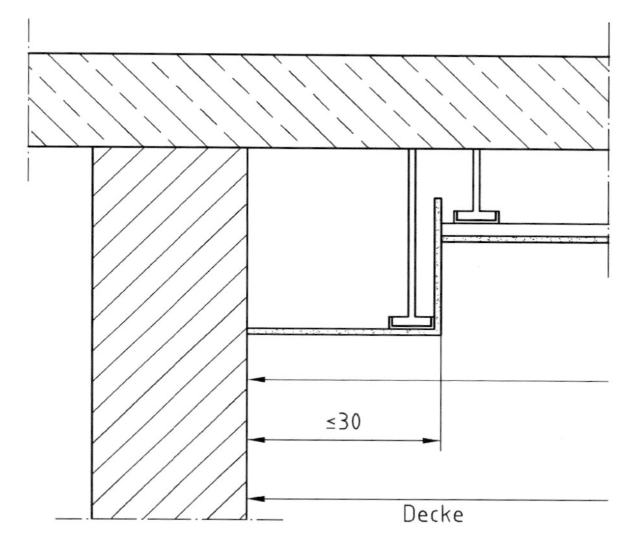

Bild 5.1.6-9: Abgehängte Decke mit Randfries/Verkofferung

Die abgehängte Decke wird bis zur begrenzenden Rohbauwand durchgemessen, weil das Fries/Verkofferung ≤ 30 cm breit ist. Andernfalls wäre die Größe der Friesfläche bzw. Verkofferung gemäß Abschnitt 5.2.1.1 zu überprüfen, ob es sich hierbei um eine Aussparung < oder > 2,5 m² handelt. Randfries bzw. Verkofferung werden gesondert gerechnet.

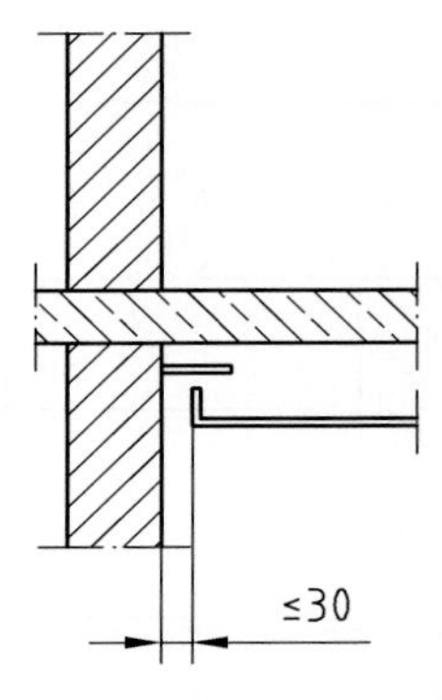

Bild 5.1.6-10: Abgehängte freischwebende Decke wird bis zur begrenzenden Rohbauwand durchgemessen, weil der Luftraum (Fuge) ≤ 30 cm breit ist

Das Herstellen der offenen (bzw. abgedeckten) Fuge (Schattenfuge) wird gesondert gerechnet.

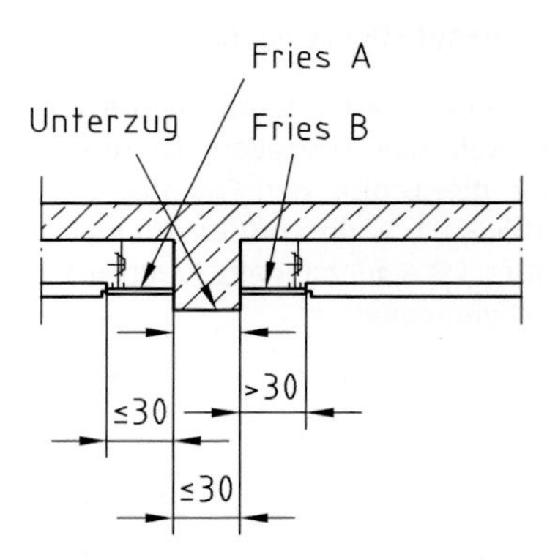

Bild 5.1.6-11: Abgehängte Deckenflächen mit verschieden breiten Anschlussbauteilen (Friese) an Unterzug

- Fries „A" wird übermessen, da seine Breite ohne Fuge ≤ 30 cm ist.
- Die Fuge wird gemäß Abschnitt 5.1.3 zur Ermittlung des längsten Maßes der Aufmaßfläche immer übermessen.
- Fries „B" wird trotz Breite > 30 cm übermessen, wenn seine Friesfläche ≤ 2,5 m² ist.

Der Unterzug gilt als „Unterbrechung" innerhalb der Gesamtdeckenfläche und ist gemäß Abschnitt 5.2.1.2 gesondert zu betrachten. Er wird hier übermessen, weil seine Breite ≤ 30 cm ist.

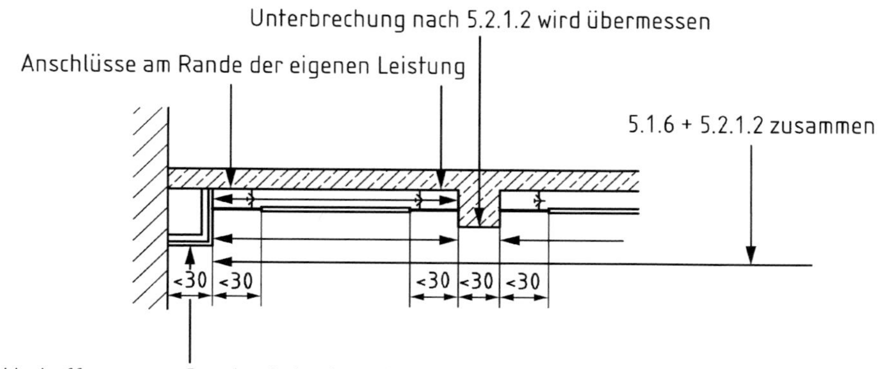

Bild 5.1.6-12: Anschlüsse am Rande der eigenen Leistung (5.1.6) und Unterbrechungen (5.2.1.2). Das Maß für die abgehängte Decke verläuft erstmals vom begrenzenden Bauteil (hier Unterzug) bis zur Verkofferung. Die Friese der Decke werden beidseitig übermessen. Die Verkofferung wird nicht übermessen. Sie wird jedoch als Leistung gesondert gerechnet. Da die Leistung jedoch nach dem Unterzug weitergeht, stellt dieser, entsprechend 5.2.1.2, eine Unterbrechung dar und wird bei einer Breite kleiner 30 cm übermessen (siehe Erklärung im umrahmten Feld).

Abschnitt 5.1 regelt das Aufmaß (+) einer abzurechnenden Fläche. Abschnitt 5.2 regelt die Abzugsflächen (–). Ein gegeneinander Aufrechnen von Aufmaß und Abzug innerhalb einer Leistung ist nicht statthaft.

Bei der Aneinanderreihung von Anschlüssen wie Friese, Randfriese, offene Fugen, Vertiefungen, Verkofferungen und dergleichen kleiner 30 cm innerhalb des Abschnittes 5.1.6 (Aufmaß +) sowie bei der Aneinanderreihung von mehreren Unterbrechungen kleiner 30 cm innerhalb des Abschnittes 5.2.1.2 (Abzug –) sind nur die direkt an die eigene Leistung angrenzenden Bauteile <30 cm zu übermessen.

Bei einer Aneinanderreihung mehrerer Anschlüsse, Abschnitt 5.1.6, wird nur ein Anschluss kleiner 30 cm gemessen. Dies gilt auch bei Unterbrechungen, Abschnitt 5.2.1.2.

Beispiel: Bei einer abgehängten Decke mit umlaufendem Randfries <30 cm und anschließender Verkofferung, ebenfalls <30 cm, endet das Maß für die Decke an der Verkofferung. Die Verkofferung wird nicht übermessen, jedoch als Leistung gesondert gewertet.

Grenzt jedoch ein Anschluss am Rande der eigenen Leistung (5.1.6) unmittelbar an eine Unterbrechung (5.2.1.2), so handelt es sich nicht um eine Aneinanderreihung. Die Regel für die Aneinanderreihung gilt nur innerhalb der jeweiligen Abschnitte 5.16 oder 5.2.1.2.

Folgt also eine Unterbrechung unmittelbar nach einem Anschluss am Rande der eigenen Leistung und sind beide < 30 cm, so werden beide „Flächen" übermessen.

5.1.7 Rückflächen von Nischen, ganz oder teilweise bekleidete freie Wandenden und Wandoberseiten, Unterseiten von Schürzenbekleidungen sowie Leibungen werden unabhängig von ihrer Einzelgröße mit ihrem Maß gesondert gerechnet.

Unabhängig von der Einzelgröße der Nische wird deren Rückfläche, falls sie wie die Wandfläche oder in anderer Weise behandelt ist, stets gesondert gerechnet. In der Wandbekleidung werden Nischen zudem bei der Abrechnung wie Öffnungen behandelt. Sie werden bis zu einer Einzelgröße von 2,5 m² übermessen.

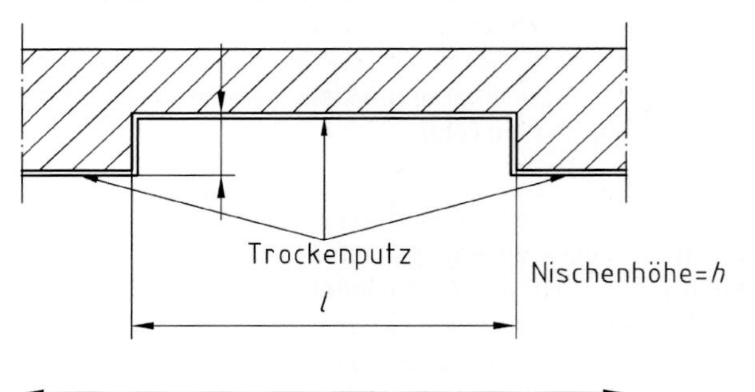

Bild 5.1.7-1: Trockenputz an Massivwand mit Nische

Die Nische wird unabhängig von ihrer Größe immer gesondert im Flächenmaß ($F = l \times h$) gerechnet.

Für die mit Trockenputz belegte Wandfläche gilt: Ist die Nische $\leq 2{,}5$ m², so wird sie übermessen.

Hinweis: Leibungen, das Anlegen und Überdecken der Öffnung und Kantenprofile usw. werden gemäß Abschnitten 4.2 f. gesondert gerechnet.

Auch Heizkörpernischen sind echte Nischen im Sinne des Abschnittes 5.1.7. Häufig kommt es beim Bearbeiten, Herstellen oder Anarbeiten von Heizkörpernischen zusätzlich zu erheblichen Erschwernissen durch das notwendige Einarbeiten und Anarbeiten von Rohren und Halterungen. Diese Erschwernisse werden entsprechend den Abschnitten 4.2.14 und 0.5.3 der ATV DIN 18340 gesondert berechnet.

Ganz oder teilweise bekleidete freie Wandenden und Wandoberseiten werden unter Abschnitt 5.1.7 der ATV DIN 18340 ebenfalls erfasst. Hierbei kann es sich beispielsweise um die Bekleidung von Wandenden (z. B. an einer Trennwand, bei einer seitlichen Bekleidung) oder eine horizontale Abdeckung einer Wandscheibe oder Vorsatzschale handeln. Diese Stirnflächen werden bis 1 m Breite im Längenmaß und jeweils mit dem größten gegebenenfalls abgewickelten Bauteilmaß abgerechnet. Dasselbe gilt auch für Schürzenbekleidungen und Leibungen.

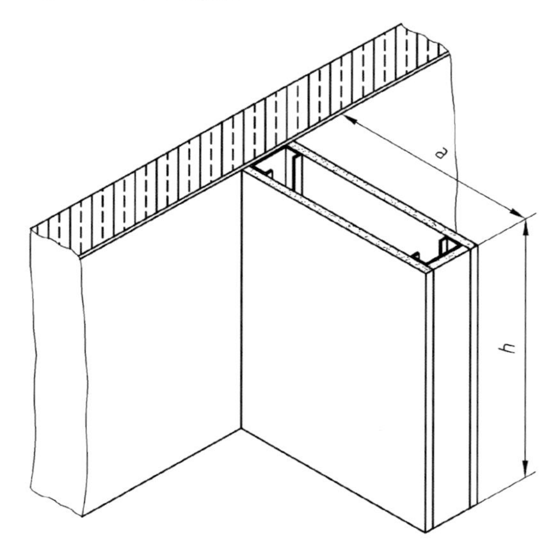

Bild 5.1.7-2: Freies Wandende

Der stirnseitige Abschluss wird gemäß Abschnitt 4.2.29 immer gesondert gerechnet. Die Abrechnung erfolgt gemäß Abschnitt 0.5.2 der ATV DIN 18340 im Längenmaß.

Aufmaß:
- Wand (m²): $F = a \times h$
- Wandende (m): $1 \times h$
- Kantenprofile (m): $2 \times h$

Alle vom Auftragnehmer der Trockenbauleistung ausgebildeten Leibungen, unabhängig von der Größe der dazugehörenden Aussparung (Öffnung bzw. Nische), werden nach Längenmaß gesondert abgerechnet! Flächenbündige Leibungen werden jedoch nicht im Längenmaß gerechnet. Die Fläche der Leibung wird der Fläche zugerechnet, die direkt ohne Kante in den Sturz oder in die Leibung verläuft.

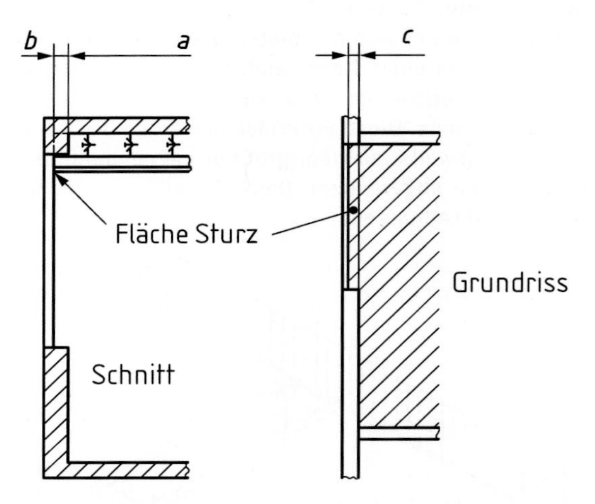

Bild 5.1.7-3: Abgehängte Decke schließt flächenbündig an das Fenster an. Die Fläche des bündige Sturzes wird dem Maß der Deckenfläche im Flächenmaß zugerechnet.

Aufmaß: Decke $1 \times$ Länge $a \times$ Breite
$+$ Sturz $1 \times$ Tiefe $b \times$ Breite des Sturzes im Flächenmaß der Decke zugerechnet.

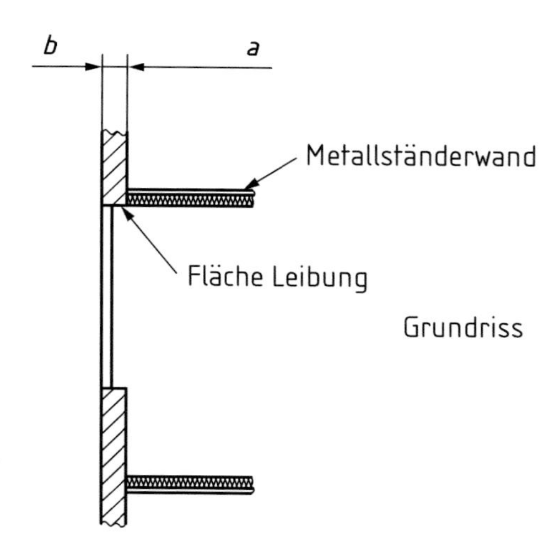

Bild 5.1.7-4: Metallständerwand schließt flächenbündig an das Fenster an. Die Fläche der bündigen Leibung wird dem Maß der Metallständerwand im Flächenmaß zugerechnet.

Aufmaß: 1 × Länge a × Wandhöhe
+ 1 × Tiefe der Leibung b × Höhe der Leibung im Flächenmaß der Fläche der Metallständerwand zugerechnet.

Noch nicht abgegolten ist dabei z. B. das Ausbilden von Kanten, Anschlüssen und Abschlüssen.

5.1.8 Sonderformate, z. B. Passplatten, werden gesondert gerechnet.

Sonderformate (z. B. Passplatten) sind insbesondere in speziellen Anschlussbereichen zu finden, z. B. im Rand- und Stützenanschlussbereich.

Es handelt sich dabei in der Regel um Platten, deren Format sich vom werkseitig produzierten Standardmaß unterscheidet. Solche Sonderformate, gleichgültig ob nachträglich vor Ort aufgekantet bzw. rückseitig verstärkt oder werkseitig hergestellt, müssen immer gesondert abgerechnet werden.

Angeschnittene standardformatige Platten, wie z. B. Gipsplatten, Metallkassetten oder Mineralfaserplatten im Randbereich einer Deckenkonstruktion, sind dabei in der Regel nicht als Sonderformate anzusehen und fallen nicht unter diese Regelung. Siehe insbesondere hierzu die Kommentierung des Abschnitts 4.2.22 der ATV DIN 18340.

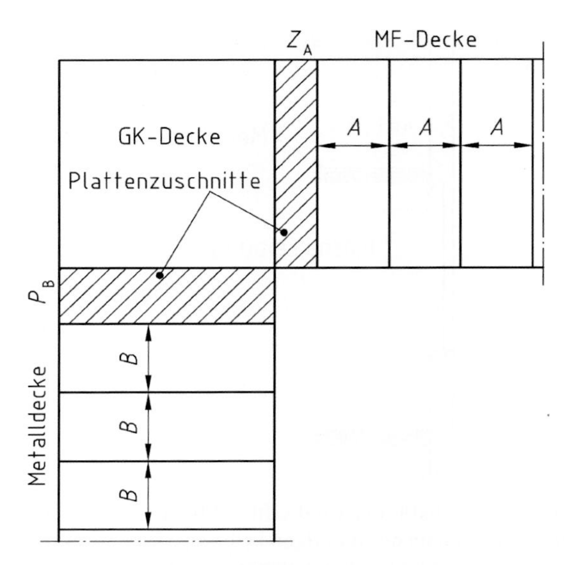

Bild 5.1.8: Passplatte in Metalldecke

Im Bereich der Mineralfaserdecke wurde eine standardformatige Platte angeschnitten (Z_A). Es handelt sich nicht um ein Sonderformat im Sinne von Abschnitt 5.1.8 der ATV DIN 18340. Im Bereich der Metalldecke wurde eine Passplatte (P_B) als Sonderformat eingefügt.

Es ist grundsätzlich sinnvoll, Sonderformate und Passplatten als separate oder besser als Zulageposition auszuweisen, da sie unstrittig einen erheblichen Mehraufwand verursachen und oftmals erst im Nachhinein, z. B. nach örtlichem Aufmaß, festgelegt, bestellt, hergestellt, geliefert und montiert werden können.

5.1.9 Gehrungen bei Friesen, Fugen, Nuten, Profilen und dergleichen werden je Richtungswechsel einmal gerechnet.

Richtungswechsel bedeuten immer einen erheblichen Mehraufwand und sind gesondert abzurechnen. Sie sollten als eigenständige Position ausgeschrieben werden.

Richtungswechsel, z. B. in Dekorprofilen, Friesen, Fugen, Nuten, Profilen und dergleichen, erfordern die Herstellung von Gehrungen. Dabei muss an zwei Profilen jeweils ein Schnitt ausgeführt werden. Die beiden zugeschnittenen Profile werden an der Gehrung zusammengefügt. Im Bereich der Gehrung entsteht dann ein Richtungswechsel.

Dabei sind nun nicht mehr, wie früher von einigen Kommentatoren behauptet, je Gehrung zwei Schnitte abzurechnen, sondern nur der Richtungswechsel. Dieser ist gemäß Abschnitt 0.5.2 der ATV DIN 18340 nach Anzahl (Stück) gesondert auszuschreiben und dementsprechend abzurechnen.

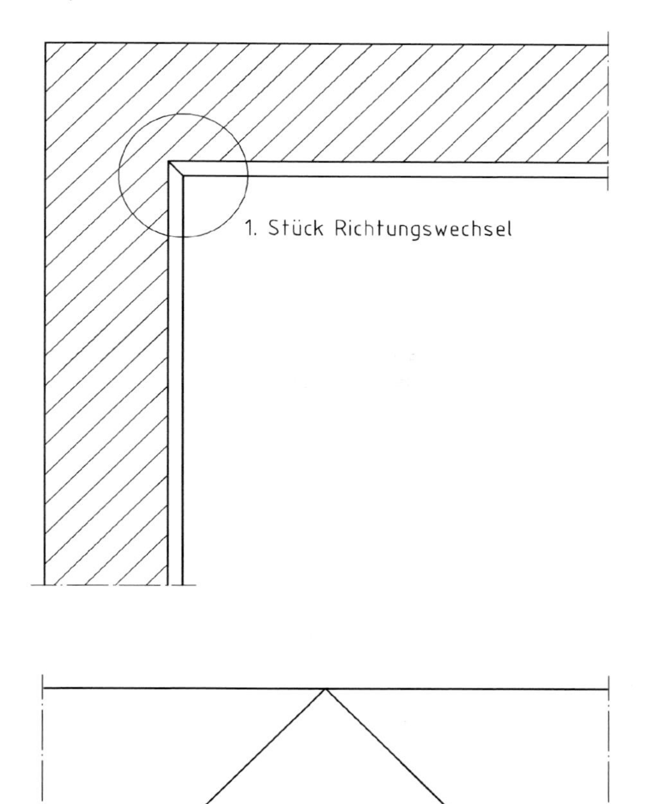

Bild 5.1.9-1: Wandanschlusswinkel mit Gehrungsschnitt
Die Gehrung wird je Richtungswechsel einmal abgerechnet.

Richtungswechsel sind natürlich auch dann abzurechnen, wenn die zugehörigen Gehrungen als solche (z. B. durch einen nicht sichtbaren Schnitt) nicht erkennbar sind, z. B. bei glatten Friesen einer Gipsplattendecke.

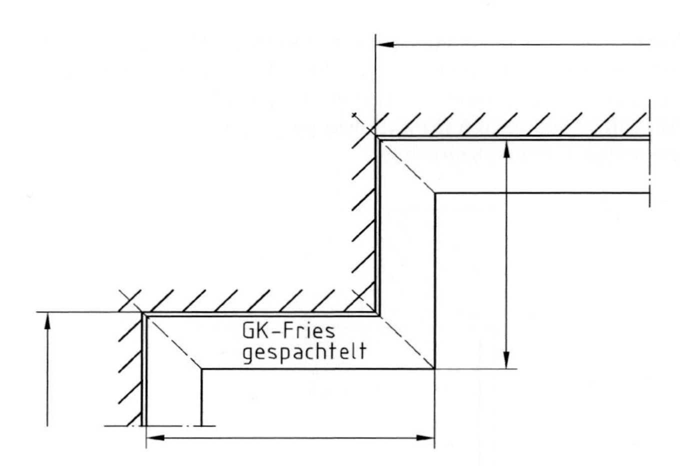

Bild 5.1.9-2: Gipsplattenfries mit Richtungswechsel

Die Gehrungsschnitte sind aufgrund einer Überspachtelung ggf. nicht mehr erkennbar. Sie werden aber dennoch einmal je Richtungswechsel abgerechnet.

5.1.10 Bei Abrechnung von Einzelteilen von Bekleidungen nach Flächenmaß wird das kleinste umschriebene Rechteck zugrunde gelegt.

Diese Regelung dient zur Vereinfachung des Flächenaufmaßes, sofern nicht z. B. aufgrund der Regelung nach Abschnitt 5.1.11 der ATV DIN 18340 die Einzelfläche nach Anzahl (Stück) abgerechnet werden soll.

Sie gilt insbesondere für unregelmäßig geformte Flächen, z. B. in gestalterischen Deckensegeln mit verschieden langen auch geschwungenen oder gebogenen Seiten und/oder Abrundungen, bei denen eine exakte Flächenberechnung unverhältnismäßigen Aufwand bedeuten und auch dem Herstellungsaufwand nicht gerecht würde.

Um entsprechend „unförmige" Bauteile wird deshalb das kleinste umschriebene Rechteck angelegt. Dieses Rechteck ergibt dann das Maß für die Flächenabrechnung. Nicht damit gemeint sind Flächen, die in einfache Berechnungsformeln wie Rechteck, Dreieck und/oder Trapez zerlegt werden können.

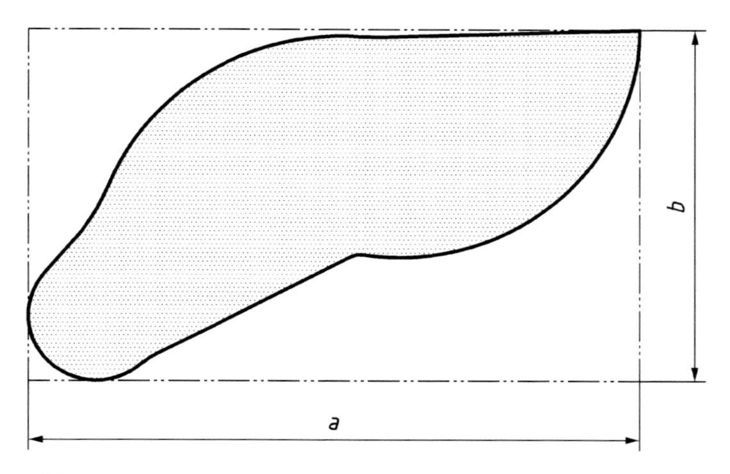

Bild 5.1.10-1: Unförmige Deckensegel
Abgerechnet wird das kleinste umschriebene Rechteck.

Das „kleinste umschriebene Rechteck" bezieht sich auf einen klar definierten Fachbegriff aus der mathematischen Geometrie, der das kleinste Rechteck bezeichnet, das tangierend um die äußeren Umrisse einer Fläche gelegt werden kann.

5.1.11 Flächen bis 5 m² werden getrennt gerechnet.

Das Herstellen von Kleinflächen bedeutet immer einen unverhältnismäßig hohen Aufwand. Dieser Aufwand darf nicht in einer zusammenfassenden Position von vielen kleinen, aber gleich gearteten Flächen untergehen, es sei denn, diese Flächen gehören zu einer einzigen Sonderkonstruktion zusammenhängender Kleinflächen (z. B. einer Abtreppung, Verkofferung etc.), die natürlich auch separat abzurechnen ist.

In der Praxis werden dennoch häufig große Massen in einer Position ausgeschrieben, die sich erst im Zuge der Ausführung als Summierung vieler Kleinflächen herausstellen.

Der für die ATV verantwortliche Hauptausschuss Hochbau im Deutschen Vergabe- und Vertragsausschuss konnte überzeugt werden, dass solche Ausschreibungen irreführend sind.

Deshalb wurde eine zwingende Regelung für Kleinflächen bis 5 m² als Einzelflächen eingeführt, die gesondert abzurechnen sind. Solche Einzelflächen können ohne Begrenzung sein, aber auch begrenzt sein durch z. B. Richtungswechsel und flankierende Bauteile.

Dies bedeutet beispielsweise frei montierte Deckensegel, Vorsatzschalen, aber vor allem auch z. B. leichte Trennwände, abgehängte Decken und Unterdecken in Bädern, WCs oder Flurbereichen werden bei Einzelfläche bis 5 m² gesondert abgerechnet.

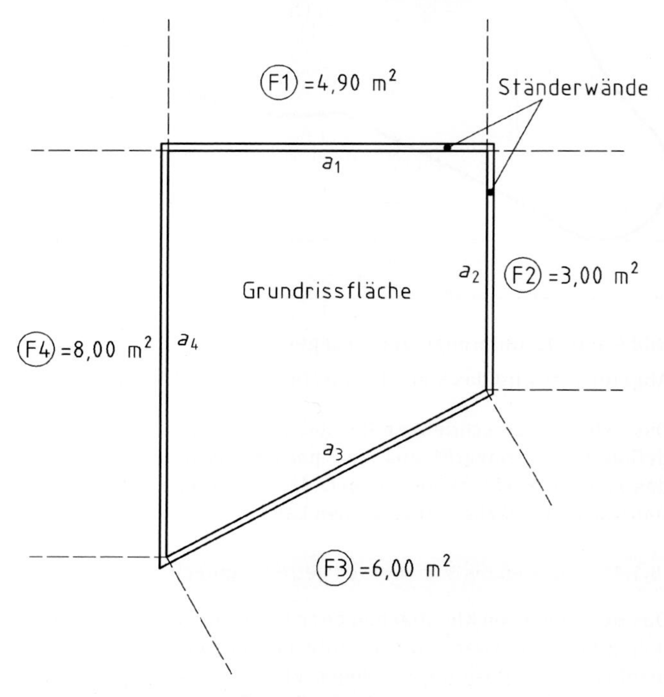

Bild 5.1.11-1: Grundriss eines kleinen Raumes

Die Beurteilung der Kleinflächen erfolgt je Wandseite.

$F_1 = a_1 \times h \leq 5$ m²: Die Abrechnung erfolgt als Stück

$F_2 = a_2 \times h \leq 5$ m²: Die Abrechnung erfolgt als Stück

$F_3 = a_3 \times h > 5$ m²: Die Abrechnung erfolgt im Flächenmaß

$F_4 = a_4 \times h > 5$ m²: Die Abrechnung erfolgt im Flächenmaß

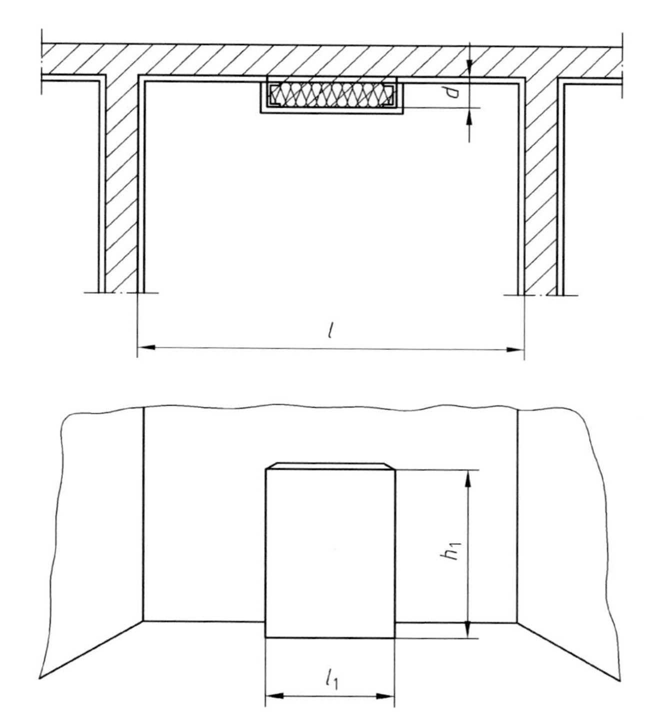

Bild 5.1.11-2: Gipsplatten-Vorsatzschale

Die Fläche der Vorsatzschale $h_1 \times l_1$ ist $\leq 2{,}5$ m². Es handelt sich um eine Kleinfläche, die gesondert auszuschreiben und abzurechnen ist (als Stück oder Zulage zu einer bestehenden Leistungsposition).

In Abschnitt 0.5.3 der ATV DIN 18340 wird empfohlen, solche Flächen bis 5 m² als Stück separat auszuschreiben. Dabei ist zu beachten, dass jeweils Art, Anzahl, Lage, Maß und Beschaffenheit beschrieben werden. Entsprechend Abschnitt 0.5.1 der ATV DIN 18340 hat diese Regelung Gültigkeit für Flächen bis 5 m² Einzelgröße.

Es bietet sich jedoch an, solche Flächen als Zulagen zu einer Hauptposition zu erfassen und abzurechnen, um den Mehraufwand zu vergüten.

Entsprechend Abschnitt 0.5.2 werden die horizontale Ablage und die seitlichen Bekleidungen sowie die Kantenprofile gesondert im Längenmaß gerechnet.

Durch die vorgestellte Vorsatzschale entsteht keine Nische entsprechend Abschnitt 5.1.7.

5.2 Es werden abgezogen:

5.2.1 Bei Abrechnung nach Flächenmaß (m^2):

5.2.1.1 Aussparungen, z. B. Öffnungen (auch raumhoch), Nischen, über 2,5 m^2 Einzelgröße, in Böden Aussparungen über 0,5 m^2 Einzelgröße.

Bei der Ermittlung der Abzugsmaße sind die kleinsten Maße der Aussparung zugrunde zu legen.

Aussparungen im Sinne dieses Abschnittes sind bewusste Fehlstellen (d. h. nicht bearbeitete Bereiche) innerhalb der eigenen Leistung oder an deren Rand. Sie binden in aller Regel darin ein, können aber auch durchgehend sein, z. B. „raumhoch“.

Insofern bleibt die bisherige Regelung der Übermessungsgröße von 2,5 m^2 Einzelgröße beim Aufmaß nach Flächenmaß für Bekleidungen, Unterkonstruktionen, Dampfbremsen, Dämmstoff-, Trenn- und Schutzschichten, Schüttungen, Oberflächenbehandlungen, Schutzfolien, Haftbrücken und dergleichen bestehen.

Zusätzlich wird klargestellt, dass diese Regelung auch für durchgängige Aussparungen, insbesondere raumhohe Öffnungen Gültigkeit hat.

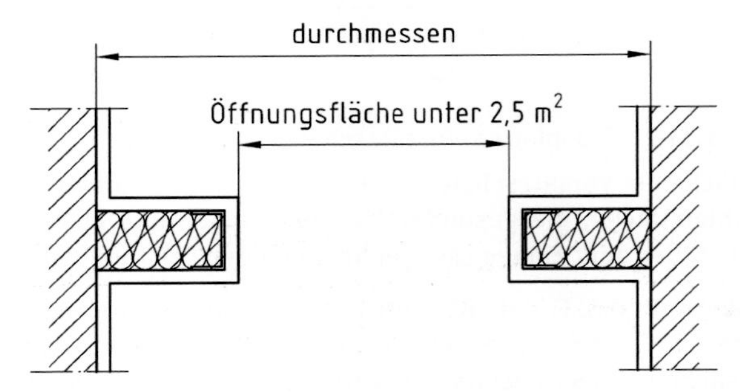

Bild 5.2.1.1-1: Raumhohe Öffnung innerhalb einer Gipsplattenwand

Die Öffnung wird übermessen, weil die kleinste (lichte) Öffnungsfläche $\leq$ 2,5 m^2 ist. Abschnitt 5.1.6 kann hier nicht angewandt werden, da es sich um eine Aussparung (Öffnung) innerhalb der Leistung handelt. Da diese Aussparung durchgängig ist, würde sie als Unterbrechung dennoch übermessen, wenn die Öffnungsbreite (lichtes Maß) $\leq$ 30 cm wäre (gemäß Abschnitt 5.2.1.2).

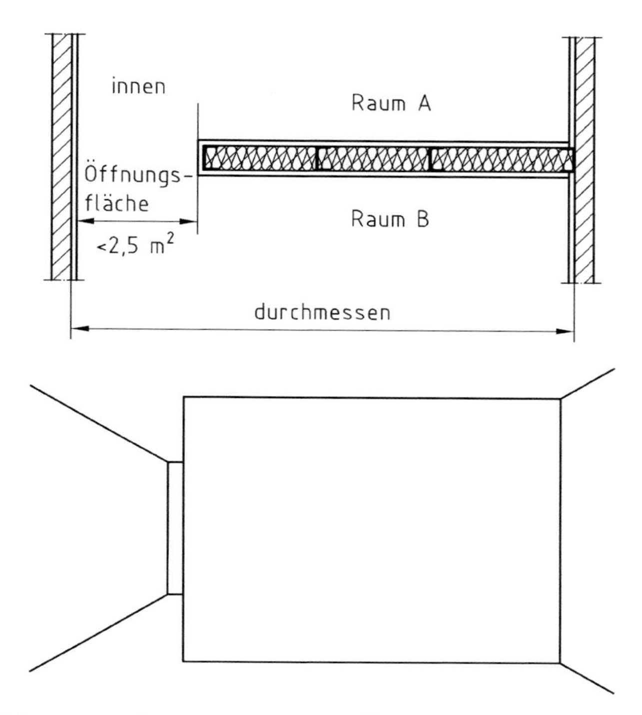

Bilder 5.2.1.1-2/5.2.1-1-3: Raumhohe Öffnung am freien Ende einer Gipsplattenwand

Die Ständerwand wird bis zum begrenzenden, ungedämmten, ungeputzten, unbekleideten Rohbauteil übermessen, weil die kleinste (lichte) Öffnungsfläche ≤ 2,5 m² ist. Wäre sie > 2,5 m², so würde die Öffnung dennoch übermessen, wenn die Öffnungsbreite (lichtes Maß) ≤ 30 cm wäre (gemäß Abschnitt 5.1.6, der hier angewandt werden darf, da es sich um durchgängigen „Luftraum" am Ende der eigenen Leistung handelt). Dabei gilt für das Maß der Öffnung das kleinste (lichte) Maß der Aussparung in der Bekleidung.

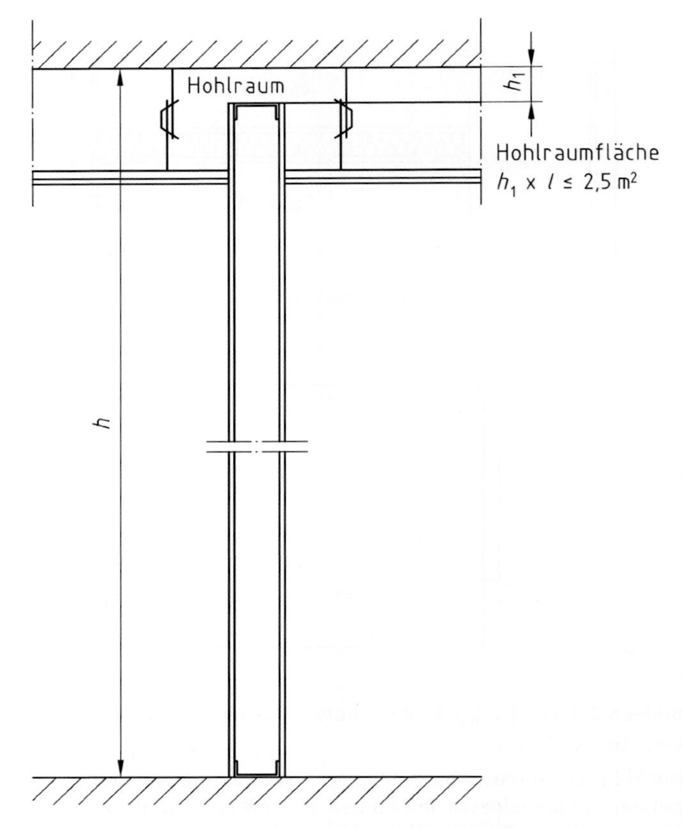

Bild 5.2.1.1-4: Deckenhohlraum über Gipsplattenwand

Die Gipsplattenwand wird bis zur Rohdecke durchgemessen (Höhe = h), weil die kleinste (lichte) Öffnungsfläche des Hohlraumes oberhalb der Wand (h_1 × Länge der Wand) $\leq 2{,}5$ m² ist. Wäre sie $> 2{,}5$ m², so würde die Öffnung dennoch übermessen, wenn die Öffnungsbreite (lichtes Maß) ≤ 30 cm wäre (gemäß Abschnitt 5.1.6, der hier angewandt werden darf, da es sich um durchgängigen „Luftraum" am Ende der eigenen Leistung handelt).

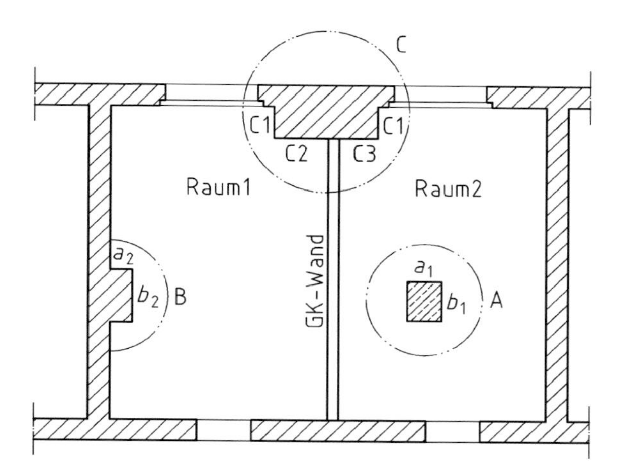

Bild 5.2.1.1-5: Pfeiler- bzw. Pfeilervorlagen in Gipsplattendecke

- Der Pfeiler (Detail A) wird als Aussparung in der Decke übermessen, da die Öffnungsfläche $(a_1 \times b_1) \leq 2{,}5$ m² ist.
- Die Pfeilervorlage (Detail B) wird als Aussparung in der Decke übermessen, da die Öffnungsfläche $(a_2 \times b_2) \leq 2{,}5$ m² ist.
- Die raumübergreifende Wandvorlage (Detail C) ist getrennt raumweise zu betrachten.
  - Für Raum 1 gilt: Die anteilige Aussparungsfläche $(c_1 \times c_2)$ in der Decke des Raumes 1 wird übermessen, da sie $\leq 2{,}5$ m².
  - Für Raum 2 gilt: Die anteilige Aussparungsfläche $(c_1 \times c_3)$ in der Decke des Raumes 2 wird übermessen, da sie $\leq 2{,}5$ m², jeweils unabhängig davon, ob die Gesamtaussparung $c_1 \times (c_2 + c_3) > 2{,}5$ m² ist.

Für Unterbrechungen bis 30 cm Einzelbreite sind zusätzlich die speziellere Regelung nach Abschnitt 5.2.1.2 der ATV DIN 18340 sowie die zugehörige Kommentierung zu beachten.

In Böden werden Aussparungen bis 0,5 m² Einzelgröße übermessen.

Grundsätzlich gilt: Bei der Ermittlung der Abzugsmaße sind die kleinsten Maße der Aussparung zugrunde zu legen. Die Bewertung des kleinsten (lichten) Maßes erfolgt immer nach Fertigstellung der vom Trockenbauer insgesamt zu erbringenden Leistung und orientiert sich dann an der äußersten von ihm erstellten „Schicht" (siehe dazu auch Abschnitt 5.1.3). Dabei ist ohne Belang, ob die Einzelleistungen (z. B. Anlegen der Türöffnung, Einbau der Zarge) separat beauftragt und ausgeführt wurden.

Dies bedeutet zum Beispiel bei einer Türöffnung in einer Ständerwand, dass das kleinste Maß der Aussparung in der Bekleidung anzusetzen ist.

Gehört aber der Einbau einer Metall- oder Holzzarge oder eines Blockrahmens ebenfalls zum Leistungsumfang des Trockenbauers, dann ergibt sich ein anderes Bild. Zur Bestimmung des kleinsten Maßes der Aussparung in der fertigen Gesamtleistung ist dann das Maß von Zargeninnenseite bis Zargeninnenseite als Breite und vom unteren begrenzenden Bauteil bis zur Zargeninnenseite des Sturzes in der Höhe maßgebend. Die sich daraus ergebende Aussparungsfläche kann kleiner als 2,5 m² sein und ist dann zu übermessen.

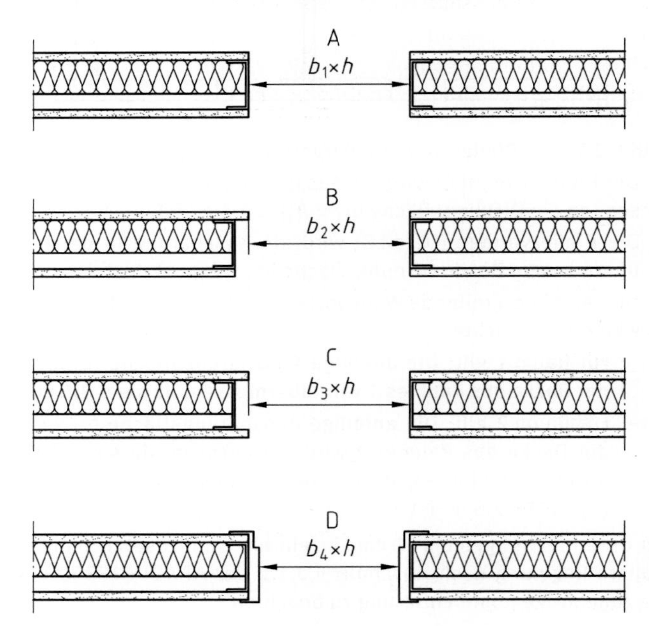

Bild 5.2.1.1-6: Öffnungen – Zargen in Gipsplattenwand

Für die Bewertung der Aussparung ist jeweils das kleinste (lichte) Öffnungsmaß maßgebend.

- Detail A: Öffnung ohne Plattenüberstand: Aussparungsfläche $F_1 = b_1 \times h$
- Detail B: Öffnung mit einseitigem Plattenüberstand: Aussparungsfläche $F_2 = b_2 \times h$
- Detail C: Öffnung mit beidseitigem Plattenüberstand: Aussparungsfläche $F_3 = b_3 \times h$
- Detail D: Öffnung mit Zarge: Aussparungsfläche $F_4 = b_4 \times h$

Wird die Zarge nicht vom Trockenbauer eingebaut, erfolgt die Berechnung je nach Bauart gemäß Detail A–C, wird sie vom Trockenbauer eingebaut, dann gilt ausschließlich Detail D.

Merke: Die jeweils kleinsten Maße der Aussparungsfläche sind maßgebend. Sie ergeben sich erst nach Ausführung aller im eigenen Leistungsbereich zu erbringenden Leistungen. Es gilt dann das lichte Maß (d. h. bei Öffnungen die Fläche, die das Licht letztendlich noch durchdringen kann).

Das kleinste Maß der Aussparung wird auch für Böden verwendet, wobei hier eine Aussparungsgröße über 0,5 m² zum Abzug führt.

Diese klare Regelung führt in der Praxis zu einer erheblichen Vereinfachung des Aufmaßes und trägt deshalb mit Sicherheit dazu bei, diesbezügliche Meinungsverschiedenheiten in erheblichem Maße zu mindern.

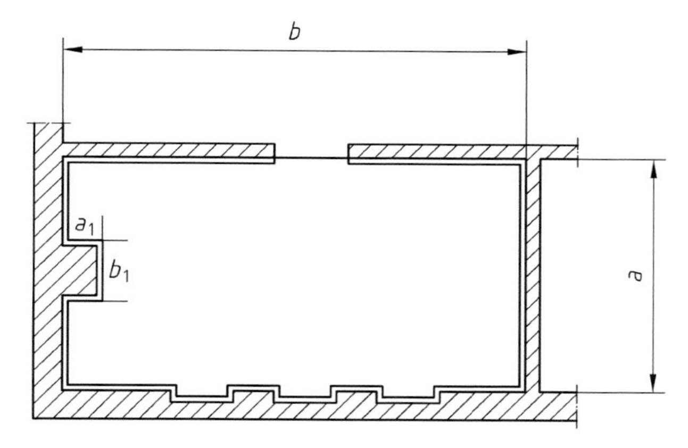

Bild 5.2.1.1-7: Wandvorlagen im Systemboden bzw. Trockenunterboden

Die Abrechnung erfolgt im Prinzip wie bereits in Bild 5.2.1.1-5 für Decken dargestellt.

Aufmaß:

- Pfeilervorlage wird übermessen, wenn $F = a_1 \times b_1 \leq 0{,}5\ \text{m}^2$
- Pfeilervorlage wird abgezogen, wenn $F = a_1 \times b_1 > 0{,}5\ \text{m}^2$

Im Anschluss an eine Vorsatzschale, die nicht vollflächig vor einer Wand erstellt wird, entsteht über oder neben der Vorsatzschale eine Aussparung. Sie wird nur dann abgezogen, wenn die Einzelfläche der Aussparung > 2,5 m² beträgt.

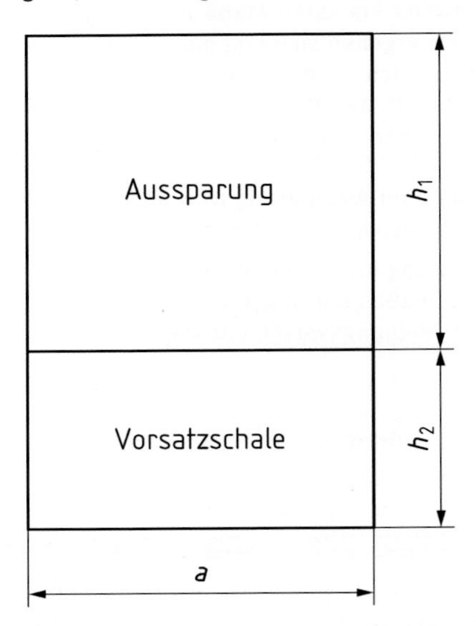

Bild 5.2.1.1-8: Aussparung über einer Vorsatzschale

Vorsatzschale: $1 \times a\,(h_1 + h_2)$, bei $a \times h_1 < 2{,}5\ \text{m}^2$.

Ist die Aussparung $a \times h_1 > 2{,}5\ \text{m}^2$, wird sie abgezogen

5.2.1.2 Unterbrechungen in der Bekleidung oder zu bekleidenden Fläche durch Bauteile z. B. Fachwerkteile, Stützen, Unterzüge, Vorlagen, mit einer Einzelbreite über 30 cm.

Unabhängig von ihrem Flächenmaß werden Unterbrechungen innerhalb der eigenen Leistung bis 30 cm Einzelbreite übermessen. Diese Regelung gilt grundsätzlich für Unterbrechungen!

(siehe auch Begriffsdefinitionen)

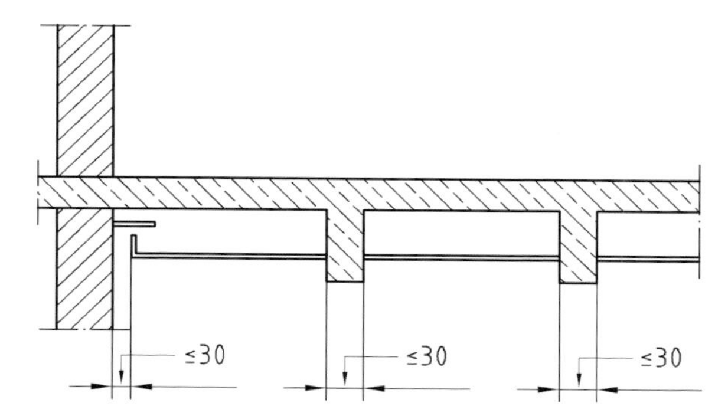

Bild 5.2.1.2-1: Unterbrechungen im Deckenbereich

- Unterzug innerhalb der eigenen Leistung.
- Randfriese am Rand der eigenen Leistung.
- Der Unterzug gilt als „Unterbrechung" innerhalb der Gesamtdeckenfläche und ist zu übermessen, weil seine Breite ≤ 30 cm ist. Wäre sie > 30 cm und die Fläche der Unterzugsuntersicht ≤ 2,5 m^2, dann würde der Unterzug auch übermessen.
- Der Randfries wird ebenfalls (jedoch nach der Regelung in Abschnitt 5.1.6) übermessen, da seine Breite ≤ 30 cm ist.

Bei Unterbrechungen stellt deshalb zwar das An- und Einarbeiten an bzw. in das unterbrechende Bauteil gemäß Abschnitt 4.2.14 der ATV DIN 18340 eine Besondere Leistung dar, nicht abgerechnet werden kann in diesem Zusammenhang jedoch z. B. das „Herstellen einer Öffnung" (denn eine Unterbrechung ist im Sinne der Definition keine Öffnung).

Unterbrechungen bis 30 cm Einzelbreite werden innerhalb von zu bearbeitenden bzw. zu erstellenden Flächen übermessen, gleichgültig, ob die unterbrechenden Bauteile Beton- oder Mauerwerksstützen, Unterzüge, Fachwerkteile, Vorlagen, Balken, Friese, Verkofferungen, Vertiefungen, offene Fugen und dergleichen sind.

Die unterbrechende Leistung wird, sofern sie vom Trockenbauer geliefert und/oder hergestellt wird, entsprechend Abschnitt 5.1.6 gesondert gerechnet.

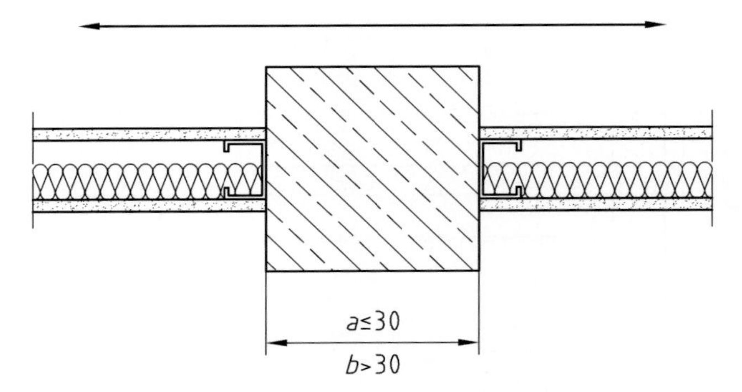

Bild 5.2.1.2-2: Beispiel Wandfläche von einer Stütze unterbrochen

Die Unterbrechung (Stütze) wird übermessen, wenn ihre Breite $a \leq 30$ cm ist.

Die Unterbrechung (Stütze) wird nicht übermessen, wenn ihre Breite $b > 30$ cm ist, es sei denn, die unterbrechende Stützenansichtsfläche ist $> 2{,}5$ m^2.

Merke: Unterbrechungen über 30 cm Einzelbreite sind gemäß Abschnitt 5.2.1.1 der ATV DIN 18340 wie durchgängige Aussparungen zu behandeln. Sie werden abgezogen, sofern ihre jeweilige Fläche 2,5 m^2 Einzelgröße übersteigt, ansonsten ebenfalls übermessen.

Bei **runden Stützen**, die in eine Gipsplattenwand einbindet, ist für die Abzugsgröße nicht der Stützendurchmesser maßgeblich, sondern das sichtbare Öffnungsmaß, das in Abhängigkeit von der Wanddicke variiert und immer kleiner ist als der Durchmesser.

Alle vorhergehenden Abschnitte zusammenfassend und kombinierend ergibt sich für die Abrechnung von Flächen mit bzw. ohne begrenzende Bauteile, unter Berücksichtigung von Aussparungen, Unterbrechungen und Anschlussbereichen, folgende grundsätzliche Vorgehensweise:

1. **Jede Aussparung**, egal ob sie durchgängig (z. B. raumhoch) ist oder nicht, innerhalb oder am Rand der eigenen Leistung liegt, wird gemäß Abschnitt 5.2.1.1, ATV DIN 18340 abgerechnet, wobei bei der Ermittlung des Abzugsmaßes das kleinste Maß der Aussparung zugrunde zu legen ist.
   - Ist sie ≤ als 2,5 m^2, so wird sie übermessen.
   - Ist sie > 2,5 m^2, erfolgt keine Übermessung.
   - Das Anlegen der Aussparung wird davon unabhängig gesondert abgerechnet.
2. **Innerhalb der zu erstellenden Leistung** wird jede (durchgängige) Unterbrechung durch ein Bauteil oder jedes Fries, jede offene (durchgängige) Fuge, Vertiefung, Verkofferung und dergleichen gemäß den Abschnitten 5.2.1.1 oder 5.2.1.2, ATV DIN 18340 abgerechnet.
   - Ist eine (durchgängige) Unterbrechung durch ein anderes Bauteil bzw. ein Fries, eine offene (durchgängige) Fuge, Vertiefung, Verkofferung und dergleichen ≤ 30 cm breit, dann wird sie übermessen.
   - Ist eine Unterbrechung durch ein anderes Bauteil bzw. ein Fries, offene (durchgängige) Fuge, Vertiefung, Verkofferung und dergleichen > 30 cm breit und hat eine Fläche ≤ 2,5 m^2, dann wird sie übermessen.
   - Ansonsten erfolgt keine Übermessung und nur die tatsächlich erstellte Fläche ist abzurechnen gemäß Abschnitt 5.1.2 der ATV DIN 18340 bis zur Unterbrechung, in deren ungeputztem, ungedämmtem, unbekleidetem Zustand.
   - Das Anarbeiten an die Unterbrechung bzw. Einarbeiten des Bauteils wird davon unabhängig gesondert abgerechnet.
3. **Am Rand der zu erstellenden Leistung** (Bekleidung und bekleidete Fläche) werden Anschlüsse, Reduzieranschlüsse, Friese, Randfriese, offene (durchgängige) Fugen, Vertiefungen, Verkofferungen und dergleichen gemäß den Abschnitten 5.1.6 und 5.2.1.1 der ATV DIN 18340 abgerechnet.
   - Ist deren Breite ≤ 30 cm, dann werden sie übermessen.
   - Ist deren Breite > 30 cm und deren Fläche ≤ 2,5 m^2, dann werden sie übermessen.
   - Ansonsten erfolgt keine Übermessung und nur die tatsächlich erstellte Leistung (Bekleidung/bekleidete Fläche) ist abzurechnen gemäß Abschnitt 5.1.2 der ATV DIN 18340.
   - Das Herstellen eines Abschlusses bzw. Anschlusses an ein angrenzendes Bauteil wird davon unabhängig gesondert abgerechnet.

Abschnitt 5.1 regelt das Aufmaß (+) einer abzurechnenden Fläche. Abschnitt 5.2 regelt die Abzugsflächen (–). Ein gegeneinander Aufrechnen von Aufmaß und Abzug innerhalb einer Leistung ist nicht statthaft.

Bei der Aneinanderreihung von Anschlüssen wie Friese, Randfriese, offene Fugen, Vertiefungen, Verkofferungen und dergleichen kleiner 30 cm innerhalb des Abschnittes 5.1.6 (Aufmaß +) sowie bei der Aneinanderreihung von mehreren Unterbrechungen kleiner 30 cm innerhalb des Abschnittes 5.2.1.2 (Abzug –) sind nur die direkt an die eigene Leistung angrenzenden Bauteile <30 cm zu übermessen.

Bei einer Aneinanderreihung mehrerer Anschlüsse, Abschnitt 5.1.6, wird nur ein Anschluss kleiner 30 cm gemessen. Dies gilt auch bei Unterbrechungen, Abschnitt 5.2.1.2.

Beispiel: Bei einer abgehängten Decke mit umlaufendem Randfries <30 cm und anschließender Verkofferung, ebenfalls <30 cm, endet das Maß für die Decke an der Verkofferung. Die Verkofferung wird nicht übermessen, jedoch als Leistung gesondert gewertet.

Grenzt jedoch ein Anschluss am Rande der eigenen Leistung (5.1.6) unmittelbar an eine Unterbrechung (5.2.1.2), so handelt es sich nicht um eine Aneinanderreihung. Die Regel für die Aneinanderreihung gilt nur innerhalb der jeweiligen Abschnitte 5.16 oder 5.2.1.2.

Folgt also eine Unterbrechung unmittelbar nach einem Anschluss am Rande der eigenen Leistung und sind beide <30 cm, so werden beide „Flächen“ übermessen.

Abgehängte Decke mit Unterbrechungen, Anschlüssen und Verkofferung.

Unterbrechung nach 5.2.1.2 wird übermessen.

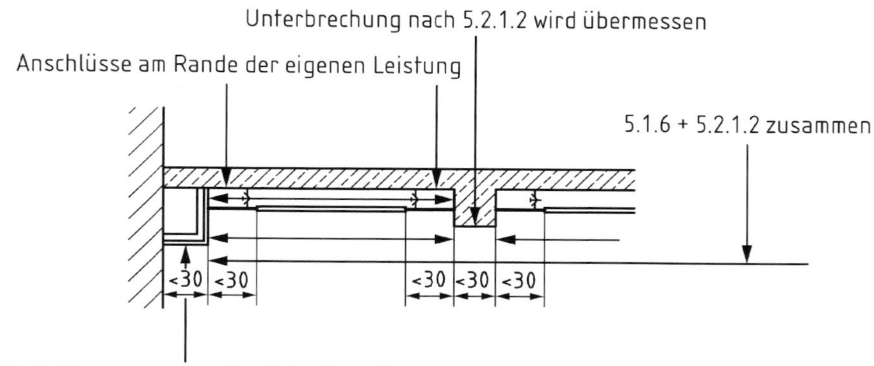

Bild 5.2.1.2-3: Anschlüsse am Rande der eigenen Leistung (5.1.6) und Unterbrechungen (5.2.1.2). Die Fläche für die abgehängte Decke wird einschließlich der Unterzüge und der links und rechts an die Decke anschließenden Friesen übermessen.

Die Verkofferung wird nicht übermessen, jedoch als Leistung gesondert gerechnet.

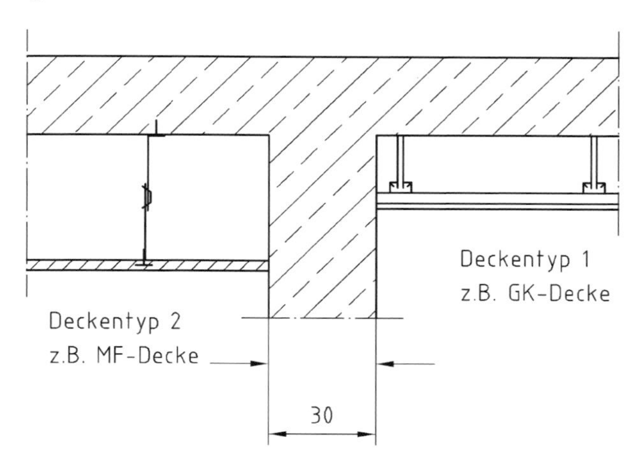

Bild 5.2.1.2-4: Abgehängte Decken, die an einen Unterzug anbinden

Abgehängte Decken Typ 1 und Typ 2 enden am Unterzug als begrenzendes Bauteil.

Hier gibt es keine Unterbrechung, da keine Leistung, nach der Unterbrechung durch den Unterzug, weitergeführt wird.

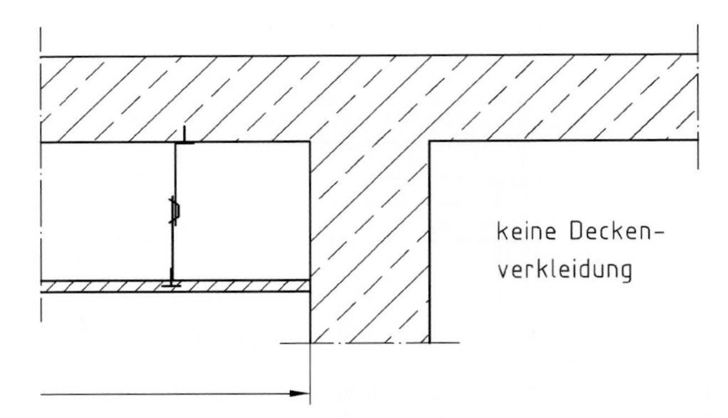

Bild 5.2.1.2-5: Abgehängte Decke an Unterzug

Die abgehängte Decke wird bis zum ungeputzten, ungedämmten, unbekleideten Unterzug gemessen. Hinter dem Unterzug ist kein Bauteil mehr. Der Unterzug ist insofern keine Unterbrechung.

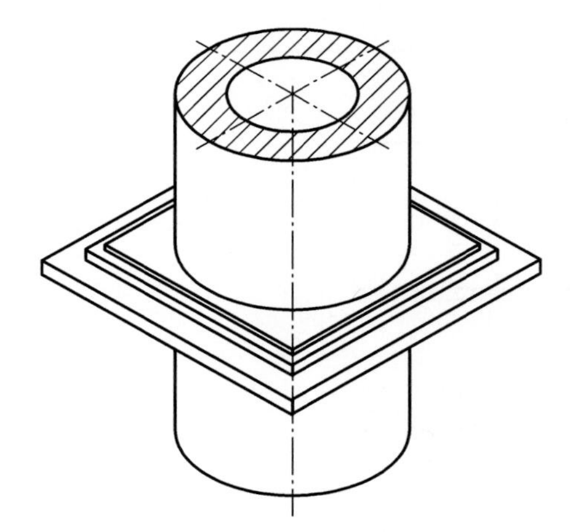

Bild 5.2.1.2-6: Manteleinschnürung einer bekleideten Lüftung

Manteleinschnürung als Unterbrechung wird bei <30 cm bzw. <1 m übermessen.

5.2.2 Bei Abrechnung nach Längenmaß (m):
Unterbrechungen über 1 m Einzellänge.

Bei Abrechnung nach Längenmaß werden Unterbrechungen über 1,0 m Einzellänge abgezogen.

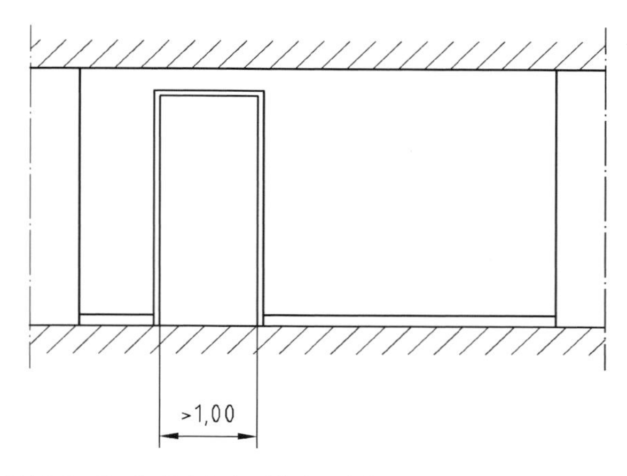

Bild 5.2.2-1: Sockelleiste im Türbereich

Die Sockelleiste wird abgezogen, da die Aussparung (Unterbrechung) > 1 m ist.

Auch hier ist darauf zu achten, dass das kleinste Unterbrechungsmaß gemessen wird. (Siehe Kommentierung zu Abschnitt 5.1.2 der ATV DIN 18340.)

Als Beispiel wären zu nennen: Rückschnitte im Bereich von Sockelleisten oder Sockelleisten selbst, Unterbrechungen durch (z. B. raumhohe) Durchgänge bzw. Türöffnungen.

Zu beachten ist, dass die Unterbrechungen entsprechend Abschnitt 5.2.2 sowohl innerhalb der zu bearbeitenden bzw. zu erstellenden Leistung, als auch an deren Rand bei einer Einzellänge ≥ 1 m abzuziehen sind.

Zum Abschluss möchten wir Ihnen noch die 7 goldenen Regeln für das Aufmaß von Trockenbauarbeiten mitgeben.

Wenn Sie sich diese 7 Punkte merken, gelingt Ihnen jedes Aufmaß.

7 goldene Regeln für das Aufmaß

1) 5.1.1 Es gelten die Maße der Bekleidung,
2) 5.1.2 Flächen mit begrenzenden Bauteilen bis zu den sie begrenzenden ungeputzten, ungedämmten, unbekleideten Bauteilen

   Begrenzende Bauteile sind neben den üblichen Raum abschließenden Konstruktionen des Rohbaus: Systemböden, Trockenunterböden, Estriche, leichte Trennwände sowie Unterdecken (auch Dachschrägen) und abgehängte Decken, nicht jedoch Vorsatzschalen.
3) 5.1.3 Bei der Ermittlung der Maße gilt immer das größte, gegebenenfalls abgewickelte Bauteilmaß,
4) 5.1.6 Übermessen von Anschlüssen, Friesen usw. am Rand der eigenen Leistung bis 30 cm Breite,
5) 5.1.11 Kleinflächen bis 5 m^2 Einzelgröße werden nach Stück abgerechnet,
6) 5.2.1 Als Übermessungsgrößen gelten für Decken- und Wandbekleidungen 2,5 m^2 und für Bodenflächen 0,5 m^2,
7) 5.2.1.2 Unterbrechungen werden bis 30 cm Einzelgröße oder als Aussparung $< 2{,}5$ m^2 übermessen.

Begriffsdefinitionen

Einige der in diesem Kommentar und den ATV DIN 18299 bzw. ATV DIN 18340 auftauchenden Begriffe bedürfen einer Klarstellung bzw. Definition zum Verständnis einer exakten Auslegung der ATV.

Tatsache ist nämlich, dass viele umgangssprachlich häufig genutzte Begriffe im persönlichen Empfinden vieler Baubeteiligter anders interpretiert werden, als sie tatsächlich vom zuständigen Normenausschuss (HAH) der ATV DIN 18299 ff. im Zusammenhang mit der VOB gemeint und definiert werden. Dies kann zu Missverständnissen in der täglichen Anwendung und Interpretation der VOB führen.

Nachfolgend erfolgt daher die Beschreibung wesentlicher Begriffe, wie sie nach dem Selbstverständnis des Hauptausschusses Hochbau im Deutschen Vergabe- und Vertragsausschuss gemeint und zu verwenden sind.

Abgewickeltes Bauteilmaß

Das abgewickelte Bauteilmaß ergibt sich in der Abwicklung von Vor- und Rücksprüngen, also unter der Berücksichtigung aller Maße der Oberfläche eines Bauteils (siehe u. a. Abschnitt 5.1.3 der ATV DIN 18340). Bei einer – z. B. im Grundriss – abgewinkelten Trennwand wird demgemäß die jeweils äußere abgewickelte Seite gerechnet, also die mit dem stumpfen Winkel, bei einer gebogenen Wandfläche der äußere Bogen. Wird die beplankte Fläche gerechnet, ergibt sich das Gesamtmaß natürlich entsprechend bei der abgewinkelten wie bei der gebogenen Wand aus der Summe der Abwicklungen ihrer Seiten.

Abdeckkappen

Abdeckkappen sind Bauteile, mit denen Öffnungen aus optischen Gründen verschlossen werden, so z. B. Dübellöcher oder Befestigungselemente in Wand- oder Deckenflächen.

Abhängehöhe

Als Abhängehöhe wird das Maß von der Unterseite eines bauseitigen Bauteils (z. B. Rohdecke) bis zur Unterkante der fertigen Leistung (z. B. Unterseite der Deckenbekleidung) bezeichnet.

Abnahme

Der Abnahme kommt im Bauvertragsrecht sowohl beim BGB- als auch beim VOB-Vertrag eine zentrale Bedeutung zu.

Sie ist z. B. die Voraussetzung für die Fälligkeit des Schlusszahlungsanspruches. Mit der Abnahme endet auch die Vorleistungspflicht des Unternehmers, ebenso geht das Risiko der Beschädigung oder der Zerstörung auf den AG über. Mit der Abnahme beginnt auch die Verjährungsfrist für die Gewährleistungsansprüche des AG. Je früher diese beginnt, desto früher endet sie. Weiter kehrt sich die Beweislast mit der Abnahme um.

Auf Verlangen des Auftragnehmers sind auch in sich abgeschlossene Teile der Leistung besonders abzunehmen. Siehe § 12 VOB/B.

Abschluss

Im Gegensatz zum Anschluss bedingt das Herstellen eines Abschlusses einer Trockenbaukonstruktion kein begrenzendes Bauteil. Der Abschluss stellt vielmehr das freie Ende oder den „freien Rand" einer Trockenbaukonstruktion dar, der an vorgegebener Stelle nach Planerwunsch herzustellen ist, i. d. R. mittels Abschlussprofil, Aufkantung o. Ä.

Anschluss

Das Herstellen eines Anschlusses bedingt ein vorhandenes Bauteil, an das eine Trockenbaukonstruktion nach Planervorgabe anschließen soll.

Andersartig geformte Flächen

Gemäß Abschnitt 0.2.4 der ATV DIN 18340 ist die Form von Einzelflächen zu beschreiben. In der Regel ist von rechtwinkligen, ebenen Flächen auszugehen. Daraus folgt, dass Abweichungen davon benannt werden sollen, die ggf. erheblich größeren Aufwand zur Herstellung oder Bearbeitung benötigen wie z. B. schiefwinklige, geneigte, gebogene oder andersartig geformte Flächen, die z. B. auch bei der Bekleidung von Trapez- oder Rippenkonstruktionen notwendig sein können.

Anschlag/Anschlagart

Unter Anschlägen sind die vertikal und horizontal vorspringenden Drehlager (Anschläge) für Blendrahmen bzw. bei Zargen die entsprechend ausgebildeten „Falzungen" innerhalb dieser Zargen zu verstehen. Ein Anschlag besteht somit aus zwei Konstruktionsteilen, die einerseits als Bolzen, z. B. in die Zarge, das Futter oder den Blockrahmen eingelassen und befestigt sind, und andererseits ein Gegenstück, das am Türblatt eingelassen ist und mit dem die Tür in den Rahmen eingehängt wird.

Türen werden z. B. angeschlagen. Die Anschlagsart bezeichnet in diesem Zusammenhang, ob die Tür nach links oder rechts aufgehen soll. Die Öffnungsart und die Öffnungsrichtung sind stets normgerecht anzugeben bzw. zu beschreiben, auch beim Einbau von Elementen ohne Anschlag.

Aufbauhöhe

Die Aufbauhöhe ist i. d. R. das Maß von Oberseite Rohfußboden, ggf. Estrich, bis Oberseite des fertig eingebauten Unterbodens, d. h. also bis Oberseite des Belages, sofern die Oberseite in diesem Zusammenhang nicht anders definiert wird, z. B. als reine Aufbauhöhe eines Trockenunterbodens mit Schüttung. Diese Aufbauhöhe ist nicht mit der Schütthöhe unterhalb des Trockenunterbodenelementes zu verwechseln.

Aussparung

Der Begriff Aussparung gilt definitionsgemäß als Oberbegriff für grundsätzlich jede Art von bewusster „Fehlstelle" in Bau- bzw. Konstruktionsteilen. Neben Flächenanteilen, die nicht bearbeitet bzw. nicht beplankt werden, können dies auch z. B. Nischen (Vertiefungen) oder Schlitze oder auch nachträglich geschaffene Durchbrüche und Durchgangsbohrungen sein. (Siehe zu dieser Definition auch DIN 1356-1 „Bauzeichnungen".)

Eine Aussparung kann z. B. im Bereich einer Gipswand sowohl einseitig nur in einer Gipsplattenfläche (Nische) als auch durchgehend (z. B. bei Wänden) in beiden Wandseiten vorliegen (Öffnung). Ist eine Aussparung durchgehend (z. B. bei einem durchlaufenden Unterzug im Bereich einer abgehängten Decke) und teilt sie die Leistungsposition vollständig ab, so handelt es sich um eine Unterbrechung.

Der Oberbegriff „Aussparung" erfasst die unterschiedlichsten herzustellenden, auszuschneidenden bzw. auszuklinkenden Oberflächen, Baustoffe, Konstruktionen und Bauteilzuordnungen.

Auswechselung

Kann eine gewünschte Übertragung von Lasten z. B. aufgrund vorgegebener Aussparungen nicht im Rahmen der vorgegebenen Regelkonstruktion aufgenommen und über die vorhandenen „Auflager" abgetragen werden, so wird gegebenenfalls der zusätzliche Einbau von Auswechselungen – z. B. durch Anordnung von Querbalken, Trägern, Bewehrungen bzw. „Wechseln" – als konstruktionsverstärkende Maßnahme erforderlich, die eine Besondere Leistung darstellt.

Bauteilfertigung/Vorfertigung

Mit „Bauteilfertigung" wird im Trockenbau häufig die Herstellung eines Bauteiles in der Werkstatt oder bei der Lieferfirma bezeichnet. Der im Bauwesen übliche Begriff hierfür ist Vorfertigung (z. B. auch bei Fertigteilkonstruktionen des Rohbaus). Die Vorfertigung erfolgt i. d. R. außerhalb der Baustelle, z. B. im Werk beim Hersteller oder in einer Werkstatt.

Begrenzende Bauteile

Im Sinne des Abschnittes 5.1.2 der ATV DIN 18340 sind mit „begrenzenden Bauteilen" nur Bauteile gemeint, die einen Raumabschluss im Bereich der Decke, der Wand oder des Bodens herstellen. Besser wäre deshalb der Begriff: „Raum begrenzende Bauteile".

Hierunter fallen sowohl Raum abschließende Konstruktionen des Rohbaus als auch die in Abschnitt 5.1.2 der ATV DIN 18340 neu definierten Systemböden, Trockenunterböden, Estriche, leichten Trennwände sowie Unterdecken und abgehängten Decken. Vorsatzschalen sind keine begrenzenden Bauteile.

Bauteile, die innerhalb von Räumen liegen, diese aber nicht begrenzen (z. B. frei stehende Stützen, Unterzüge), führen allenfalls zu einer Unterbrechung der eigenen Leistung (siehe Definition „Unterbrechung"), sie sind aber im Sinne der Definition keine „begrenzenden Bauteile".

Bewegungsfugen

Bewegungsfugen erfüllen in Bauwerken aus verschiedenen Gründen wichtige Funktionen. Damit Bewegungen des Baukörpers, die sich im Bereich vorhandener Fugen auswirken, nicht zu Schäden führen, ist es unerlässlich, dass die Fugen des Bauwerkes an gleicher Stelle und mit gleicher Bewegungsmöglichkeit in die fertige Oberfläche – auch in die dazugehörige Unterkonstruktion – übernommen werden, auch wenn dadurch die gestalterische Wirkung beeinflusst wird. Grundsätzlich müssen Fugen in der fertigen Oberfläche mit dem Verlauf der Bauwerksfugen übereinstimmen.

Werden in Bezug auf Schalldämmung und Brandschutz besondere Anforderungen gestellt, müssen erforderliche Bewegungsfugen so ausgebildet werden, dass die an Schalldämmung und Brandschutz gestellten Anforderungen dadurch nicht beeinträchtigt werden.

Wenn es zur vertraglichen Leistung des Auftragnehmers gehört, Fugen elastisch auszubilden, ist darauf zu achten, dass nur Verfugungsmaterial verwendet wird, das im Hinblick auf Fugenbreite und Fugentiefe geeignet ist.

Neben Bewegungsfugen, die im Baukörper bereits vorgegeben und in die nachfolgenden Konstruktion zu übernehmen sind, werden Bewegungsfugen auch in großflächigen Trockenbaukonstruktionen erforderlich. So sind in Gipsplattenflächen im Abstand von 15 m und in Flächen mit Gipsfaserplatten im Abstand von 10 m Bewegungsfugen anzuordnen. Auch bei Einengungen oder Einschnürungen im Deckenbereich, z. B. durch Wandvorsprünge, bei schmalen Fluren oder bei Schwächung der Gesamtkonstruktion durch Einbauteile, sind Bewegungsfugen anzuordnen. (Siehe Abschnitte 3.1.4 und 3.1.5 der ATV DIN 18340.)

Bodeneinstand

Werden Zargen auf den Rohboden aufgestellt, so wird der im späteren Fertigfußboden liegende Teil der Zarge als der sogenannnte Bodeneinstand bezeichnet. Unter Bodeneinstand versteht man dabei das Maß einer Zarge, das „unsichtbar" von Oberseite des Fertigbodens bis Unterseite Zarge im Fußbodenaufbau „verschwindet". Es gibt Zargen mit und ohne Bodeneinstand, je nachdem, ob sie vor Einbringen z. B. des Estrichs oder nach dessen Fertigstellung eingebaut werden.

Dachschräge (bzw. deren Bekleidung)

Die Dachschräge ist im Rahmen dieses Kommentars wie eine geneigte Dachdeckenfläche zu behandeln, deren Bekleidung in der Regel einer nichttragenden Unterdecke ohne eigene bzw. nur mit Unterkonstruktion geringer Bauhöhe entspricht. Daraus folgt, insbesondere im Hinblick auf Abschnitt 5.1.2 der ATV DIN 18340, dass Bekleidungen von Dachschrägen als begrenzende Bauteile gelten.

dB(A) dezibel

ist die Messgröße des Schalldruckpegels zur Bestimmung des Geräuschpegels.

Das menschliche Gehör kann Frequenzen von etwa 16 Hz bis 20 000 Hz unterscheiden. Diese Frequenzen werden auch unterschiedlich wahrgenommen. Unterhalb von 16 Hz und oberhalb von 25 000 Hz sind Töne oder Geräusche nicht mehr hörbar. Hohe Töne werden bei gleichen Schallpegeln lauter empfunden als tiefere Töne.

Die Lautstärkeempfindlichkeit des Ohrs wird durch die Größe ‚Lautstärke', die in phon angegeben wird, gekennzeichnet. International ist man dazu übergegangen, zur Messung der Lautstärke die Bewertungskurve A zu benutzen, die den Höreindruck der Lautstärke ungefähr nachzeichnet.

Für Spezialanwendungen gibt es weitere, international vereinbarte B-, C- und D-Bewertungen.

Dübel

Dübel müssen grundsätzlich auf ihre Anforderung (z. B. Lastklasse, Brandschutz), Anwendung und auf den Untergrund abgestimmt sein.

Durchdringung

Eine Durchdringung ist grundsätzlich eine „Durchkreuzung" von zwei im Baustoff oder in den Maßen unterschiedlichen Bauteilen. So stellt z. B. ein durch eine Wand oder eine Bekleidung gehendes Rohr bzw. ein Kabelkanal, aber auch eine durchgehende Stütze im Bereich einer abgehängten Decke oder eines Doppelbodens eine Durchdringung dar.

Aus Sicht des Trockenbauers erfordert eine Durchdringung immer Aussparungen bzw. Öffnungen in seiner Konstruktion. Es werden häufig Anarbeiten erforderlich, die eine Besondere Leistung darstellen.

Einzelfläche

Eine Einzelfläche ist ein abgegrenzter Flächenbereich innerhalb eines Raumes, der begrenzt sein kann durch

- ein freies Ende bei Flächen ohne begrenzende Bauteile,
- flankierende Bauteile, unabhängig davon, ob es sich ebenfalls um Leistungen des Trockenbauers handelt oder eines anderen Gewerkes,
- Richtungswechsel.

Ist eine Einzelfläche $\leq 5\ m^2$, so handelt es sich um eine „Kleinfläche" (siehe Begriffsdefinition „Kleinfläche").

Europäische Klassifizierung von Bauteilen

In der europäischen Klassifizierung des Feuerwiderstandes von Bauteilen wird zwischen tragenden und nicht tragenden Bauteilen unterschieden.

R (Resistance)	= Tragfähigkeit bei Brandbeanspruchung
E (Etanchéité)	= Dichtheit gegen Durchtritt von Rauch und Feuer
I (Isolation)	= Wärmedämmung (Temperatur an der dem Brand abgekehrten Seite)
M (Mechanical)	= besondere mechanische Anforderungen
W (Radiation)	= Wärmestrahlung
C (Closing)	= automatische Schließvorrichtung
S (Smoke)	= Leckrate für Brandrauch

Für tragende Bauteile:

REI (Zeit), (Zeit = z. B. 90 min)	erfüllt die Kriterien der Tragfähigkeit, Dichtheit und Verhinderung des Temperaturdurchganges (z. B. tragende Wände und Decken)

RE (Zeit) erfüllt die Kriterien der Tragfähigkeit und Dichtheit

R (Zeit) erfüllt die Kriterien der Tragfähigkeit (z. B. Stützen)

Reim (Zeit) erfüllt die Kriterien der Tragfähigkeit, Rauchdichtheit, Verhinderung des Temperaturdurchgangs und eine besondere mechanische Belastung (z. B. Brandwände)

Für nicht tragende Bauteile:

Hierfür entfällt der Buchstabe R

EI (Zeit) erfüllt die Kriterien der Dichtheit und Wärmedämmung

E (Zeit) erfüllt die Kriterien der Dichtheit

EIM (Zeit) erfüllt die Kriterien der Dichtheit und Wärmedämmung und einer besonderen mechanischen Belastung (z. B. nicht tragende Brandwände in Trockenbauweise)

Während nach der DIN 4102 die Zeiten der Feuerwiderstandklassen auf 30, 60, 90 Minuten festgelegt sind, sind sie in der europäischen Klassifizierung viel differenzierter. Sie umfassen 15, 20, 30, 45, 60, 90, 120, 180, 240 und 360 Minuten.

Aus den Buchstabenkombinationen und den Zeiten werden dann die Brandschutzklassen definiert: z. B.: REI 15, REI 30 oder RE 15, RE 20 oder R 15, R 20 usw.

Feuerwiderstandsklassen

Nach DIN 4102-2, Bauteile, Begriffe, Anforderungen und Prüfungen werden Bauteile in Feuerwiderstandsklassen unterschieden:

Die Zuordnung der Bauteile in Feuerwiderstandsklassen erfolgt nach der Zeitdauer, die das Bauteil bzw. die Konstruktion gegenüber dem Feuer Widerstand leisten muss.

Feuerwiderstandsklasse	Feuerwiderstandsdauer in Minuten
F 30	$\geq$ 30
F 60	$\geq$ 60
F 90	$\geq$ 90
F 120	$\geq$120
F 180	$\geq$180

Die Baustoffe werden nach ihrer Brennbarkeit, dem Brandverhalten in zwei Baustoffklassen gemäß DIN 4102-1 unterteilt.

Feuerwiderstandsklassen nach DIN 4102

Feuerwiderstandsklasse	Beschreibung	
F 30, F 60	feuerhemmend	F 30-B, F 60-B
F 30, F 60 in wesentlichen Bestandteilen aus nicht brennbaren Stoffen	feuerhemmend und in wesentlichen Bestandteilen aus nicht brennbaren Stoffen	F 30-AB, F 60-AB
F 30, F 60 mit brandschutztechnisch wirksamen nicht brennbaren Oberflächen	feuerhemmend mit wirksamen nicht brennbaren Oberflächen	F 30-BA, F 60-BA
F 30, F 60 und aus nicht brennbaren Stoffen	feuerhemmend und aus nicht brennbaren Stoffen	F 30-A , F 60-A
F 90	feuerbeständig	F 90-B F 90-BA F 90-AB F 90-A
F 120	hochfeuerbeständig	F 120 A
F 180	höchstfeuerbeständig	F 180 A

Fuge

Eine Fuge ist ein absichtlicher oder toleranzbedingter Spalt oder Zwischenraum zwischen zwei gleichen oder verschiedenartigen Bauteilen. Sie ist in der Regel erheblich länger als breit und durchgängig. Gemäß Abschnitt 5.1.6 der ATV DIN 18340 kann sie bis zu einer Breite von 30 cm übermessen werden.

Gipsplatte

Unter dem Normbegriff **„Gipsplatte"** *(„... eine ebene rechteckige Platte, die aus einem Gipskern und einer daran fest haftenden Ummantelung aus einem festen, widerstandsfähigen Karton besteht ...")* werden gemäß der DIN EN 520 „Gipsplatten – Begriffe, Anforderungen und Prüfverfahren" neuerdings alle Typen von Gipskartonplatten zusammengefasst. Der alte Begriff „Gipskartonplatte" ist jedoch in der Baupraxis nach wie vor weit verbreitet, er bezeichnet die Abgrenzung zur Vollgipsplatte treffender und wird deshalb zum besseren Verständnis immer wieder aufgegriffen. Gemäß der neuen DIN EN 520 gilt es, folgende Typen von Gipsplatten zu unterscheiden:

Typ A – Gipsplatte, auf deren Ansichtsseite ein geeigneter Gipsputz oder eine geeignete dekorative Beschichtung aufgebracht werden kann.

Typ H – (Gipsplatte mit reduzierter Wasseraufnahmefähigkeit). Plattenart mit Zusätzen zur Reduzierung der Wasseraufnahmefähigkeit; sie kann für Anwendungszwecke geeignet sein, bei denen die Reduzierung der Wasseraufnahmefähigkeit zur Verbesserung der Leistungsfähigkeit der Platte erforderlich ist; zur Kennzeichnung erhalten diese Platten in Abhängigkeit von ihrem Wasseraufnahmevermögen die Bezeichnung „Typ H1", „Typ H2" bzw. „Typ H3".

Typ E – (Gipsplatte für Beplankungen). Platten, die besonders als Beplankungen für Außenwandelemente verwendet werden; eine dekorative Beschichtung ist nicht vorgesehen; die Platten sind nicht für dauernde Außenbewitterung ausgelegt; diese Plattenart weist eine reduzierte Wasseraufnahmefähigkeit auf; die Wasserdampfdurchlässigkeit ist auf ein Mindestmaß reduziert.

Typ F – (Gipsplatte mit verbessertem Gefügezusammenhalt des Kerns bei hohen Temperaturen). Gipsplatte, auf deren Ansichtsseite ein geeigneter Gipsputz oder eine geeignete dekorative Beschichtung aufgebracht werden kann; zur Verbesserung des Gefügezusammenhalts bei hohen Temperaturen (Brandfall) enthält der Gipskern dieser Platte mineralische Fasern und/oder andere Zusätze.

Typ P – (Putzträgerplatte). Diese Plattenart besitzt eine speziell für den Auftrag von Gipsputzen vorgesehene Ansichtsseite; die Platten können während der Herstellung perforiert werden.

Typ D – (Gipsplatte mit definierter Dichte). Gipsplatte, auf deren Ansichtsseite ein geeigneter Gipsputz oder eine geeignete dekorative Beschichtung aufgebracht werden kann; sie weist eine definierte Dichte auf, um für bestimmte Anwendungszwecke eine verbesserte Leistungsfähigkeit sicherzustellen.

Typ R – (Gipsplatte mit erhöhter Festigkeit). Gipsplatte, auf deren Ansichtsseite ein geeigneter Gipsputz oder eine geeignete dekorative Beschichtung aufgebracht werden kann; sie ist für Anwendungszwecke bestimmt, für die eine erhöhte Bruchfestigkeit sowohl in Längs- als auch in Querrichtung gefordert wird.

Typ I – (Gipsplatte mit erhöhter Oberflächenhärte). Gipsplatte, auf deren Ansichtsseite ein geeigneter Gipsputz oder eine geeignete dekorative Besichtung aufgebracht werden kann; sie ist für Anwendungszwecke bestimmt, für die eine erhöhte Oberflächenhärte gefordert wird.

- **Brandverhalten von Gipsplatten**

  Gipsplatten bieten im Hinblick auf ihre geringe Dicke einen ausgezeichneten Feuerschutz. Das ist darin begründet, dass der Gipskern etwa 20 % Kristallwasser enthält, welches bei Brandeinwirkung verdampft und dabei durch Umwandlung Energie verzehrt. Die Temperatur auf der dem Feuer abgewandten Seite bleibt über längere Zeit in Abhängigkeit von der Plattendicke bei etwa 110 °C konstant. Die dann entstehende entwässerte Gipsschicht bietet eine erhöhte Wärmedämmung. Die in den Gips-Feuerschutzplatten enthaltenen Glasfasern wirken dabei als Bewehrung des Gipskerns, so dass der Gefügezusammenhalt bei Brandeinwirkung nachhaltig verbessert wird.

  Gipsplatten nach DIN 18180 mit geschlossener Oberfläche gehören als klassifizierte Baustoffe entsprechend DIN 4102-4 der Baustoffklasse A 2 (nichtbrennbare Baustoffe) an. Der Aufdruck auf der Plattenrückseite enthält die Kennzeichnung DIN 4102 – A2.

Grenzmuster

Bei der Bemusterung endbehandelter Flächen kommt es zu Farb- bzw. Glanzabweichungen zwischen dem vorgelegten Muster und der späteren Ausführung. Das Maß der zulässigen Abweichung nennt man Grenzmuster.

Kleinfläche

Mit Kleinflächen sind kleine Einzelflächen (bis 5 m^2) gemeint (siehe Definition „Einzelfläche"), die in der Summe immer einen wesentlich größeren Herstellungsaufwand erfordern als in der Summe gleich große durchgehende Flächen gleicher Ausführungsart. Der Begriff Kleinfläche ist insbesondere im Zusammenhang mit den Abschnitten 0.5.1, 0.5.3 sowie 5.1.11 der ATV DIN 18340 von Bedeutung.

Leibung

Leibungen, auch „Laibungen" geschrieben, sind die zur Wand- bzw. Deckenfläche i. d. R. senkrechten Begrenzungsflächen von Öffnungen und Nischen. Fälschlich werden oftmals nur die vertikalen Flächen als Leibungen bezeichnet, doch auch die Sturzunterseite und die Brüstungsoberseite stellen Leibungen dar.

Leibungen können nur dann eine größere Dicke als die Decke oder Wand haben, wenn sie unter einem anderen als einem rechten Winkel zur Wand- oder Deckenfläche geneigt sind.

Öffnung

Eine Öffnung ist eine Aussparung, die durch ein Bau- bzw. Konstruktionsteil komplett durchgeht (z. B. Tür-/Fensteröffnung durch eine Wand). (Vergleiche Erläuterung zum Begriff „Aussparung“.)

Nische

Im Gegensatz zu einer Öffnung weist eine Nische eine geringere Bautiefe als die Wand- oder Deckendicke auf. Es handelt sich um eine nicht durchgehende Aussparung, die immer eine geschlossene Rückfläche hat.

Schallbrücken

Schallbrücken sind, bezogen auf die Luftschalldämmung, z. B. alle nicht luftdichten Stellen in einer Wand, Fehlstellen in der Mineralwollefüllung von Trennwänden oder auch starre Verbindungen der beiden Schalen von leichten Trennwänden oder zwischen Bekleidung der biegeweichen Vorsatzschale und der zu verbessernden Wand.

Bei der Trittschalldämmung versteht man unter Schallbrücken direkte Verbindungen zwischen Estrich und Rohdecke, wobei auch die flankierenden Wände als „akustischer Kurzschluss“ (Mörtelbrücken bei Fliesenbelägen usw.) schädlich wirken. Häufig werden Schallbrücken auch durch Heizungs- oder Wasserleitungen verursacht, wenn die Rohre innerhalb der Trittschalldämmung verlegt sind. Im Sanitärbereich verursachen Toiletten, Waschbecken, Dusch- oder Badewannen bei direktem Wandkontakt hohe Körperschallpegel in angrenzenden Räumen.

Schalldämmung, resultierende

Die Schallübertragung erfolgt nicht nur über das direkt trennende Bauteil, sondern auch über alle anderen Bauteile, welche zwischen dem „lauten“ und dem „leisen“ Raum liegen. Je nach akustischer Qualität der flankierenden Bauteile wird die max. mögliche Schalldämmung durch die Schall-Längsleitung der flankierenden Bauteile um mehrere Dezibel (dB) verschlechtert. Bei schweren flankierenden Bauteilen mit flächenbezogenen Massen von etwa 300 kg/m^2 oder biegeweichen flankierenden Bauteilen kann der Einfluss der flankierenden Bauteile oft vernachlässigt werden.

Schallpegel

Bei der Erzeugung von Geräuschen werden Stoffe wie Luft oder andere Gase oder auch feste Körper (z. B. Baumaterialien) in Schwingung versetzt. Diese Schwingungen sind entweder mit dem

Ohr hörbar oder auch spürbar. Per Definition wird der Schallpegel (L) über die folgende Gleichung berechnet:

$$L_p = 20 \times \log(p/p_0)$$

Hierbei entspricht p0 demjenigen Schalldruck, welcher vom menschlichen Gehör bei 1000 Hz gerade noch wahrgenommen werden kann. p ist der tatsächliche, gemessene Druck. p und p_0 werden in Pa (Pascal) gemessen. L wird in dB (Dezibel) angegeben.

Schallschutz

Unter Schallschutz werden einerseits Maßnahmen gegen die Schallentstehung (Primär-Maßnahmen) und andererseits Maßnahmen verstanden, die die Schallübertragung von einer Schallquelle zum Hörer vermindern (Sekundär-Maßnahmen).

Der Schallschutz schützt den Nutzer eines Gebäudes oder Raumes vor Lärm und Geräuschen von außerhalb und innerhalb. Die Art der im Gebäude und von außen in das Gebäude eindringenden Geräusche und die Form der Übertragung (z. B. Körperschall, Luftschall) dieser Geräusche sind sehr vielfältig. Deshalb ist der Schallschutz durch einen Fachplaner, z. B. Bauphysiker, zu planen. Schallschutzanforderungen sind z. B. in der jeweiligen Landesbauordnung oder den jeweiligen Schallschutznormen festgelegt. Daher müssen entsprechende Maßnahmen bereits im frühen Planungsstadium festgelegt werden.

Standardausführung/Regelausführung

Die Regelungen des Abschnittes 3 der ATV DIN 18340 beschreiben jeweils die Art und Weise der Ausführung eines zu erbringenden Standards für die wichtigsten Konstruktionen, wenn keine anderweitigen Vereinbarungen getroffen wurden. Die dort beschriebenen Ausführungen werden deshalb als Standard- bzw. Regelausführungen bezeichnet.

Die beschriebene Regelausführung gibt nicht unbedingt die für alle Fälle zutreffende oder gar beste Qualität wieder. Sie hilft ggf. dem Ausschreibenden als Richtschnur und dient dem Auftragnehmer als Leistungsbeschreibung, wenn nichts anderes (Spezifizierteres) in der eigentlichen Ausschreibung gefordert wurde.

Trittschalldämmung

Durch direkte Anregung von Bauteilen (bei Trittschalldämmung des Bodens) durch Gehen, Stühlerücken usw. wird in den Bauteilen ein Körperschallpegel erzeugt. Die Schwingung des Bodens wird an einer anderen Stelle als Luftschall abgestrahlt und somit für das Ohr hörbar. Die Anregung des Bodens ist bei üblicher Nutzung nicht zu unterbinden. Wohl aber kann die Weiterleitung des Körperschalles oder seine Abstrahlung verhindert oder zumindest vermindert werden. Die typische Bauweise zur Verhinderung der Weiterleitung ist der schwimmende Estrich oder ein weicher Teppichboden. Die Abstrahlung verhindert man durch federnd abgehängte Unterdecken. Bei akustisch schwierigen Bauteilen, wie z. B. Holzbalkendecken, sind oft beide Methoden zur Erzielung eines guten Trittschallschutzes notwendig. Die Trittschalldämmung wird größenmäßig vom bewerteten Norm-Trittschallpegel $L'_{\mathrm{n,w,R}}$ in dB beschrieben.

Trittschallpegel, äquivalenter bewerteter Norm-Trittschallpegel, $L_{\mathrm{n,w,eq}}$

Eine Deckenkonstruktion setzt sich, sofern es sich um Massivdecken handelt, akustisch betrachtet aus drei bis vier Komponenten zusammen:

- Bodenbelag
- Estrich
- Trittschalldämmung
- Rohdecke

Um diese Komponenten rechnerisch auf einfache Weise kombinieren zu können, werden sie durch spezielle Einzahlangaben beschrieben. Der äquivalente Norm-Trittschallpegel ist das Maß für die Trittschalldämmung der reinen Rohdecke: $L_{\mathrm{n,w,eq,R}}$ in dB.

Trittschallverbesserungsmaß, ΔL_{w}

Analog dem äquivalenten bewerteten Norm-Trittschallpegel beschreibt das Trittschallverbesserungsmaß (ΔL_{w} oder VM) die Trittschallqualität von schwimmenden Estrichen oder anderen Bodenbelägen. Werden z. B. Teppichböden kombiniert mit schwimmenden Estrichen eingesetzt, dürfen die einzelnen Verbesserungsmaße nicht einfach addiert werden. Es gilt dann der jeweils bessere Wert als Trittschallverbesserungsmaß.

Trittschallverbesserungsmaße, die auf Massivdecken gemessen wurden, können nicht auf Holzbalkendecken übertragen werden.

Verstärkung

Zur statischen Aussteifung von Trockenbaukonstruktionen im Bereich von Öffnungen und Nischen bzw. bei besonderen Belastungen wie Sanitärelementen und dergleichen müssen in der Regel Verstärkungen – z. B. 2 mm starke Ständerprofile – eingebaut werden. (Siehe dazu auch Begriffsdefinition „Auswechselung“.)

Unterbrechung

Eine Unterbrechung (durch ein anderes Bauteil) hat immer eine durchgängige Aussparung in der zu bearbeitenden bzw. erstellenden Leistung zur Folge (siehe Definition „Aussparung"). Sie entsteht grundsätzlich immer nur durch ein anderes Bauteil, das die eigentliche Leistung innerhalb eines Raumes durchgängig beschneidet, unterteilt bzw. „unterbricht".

Unterbrechungen der eigenen Leistung können innerhalb eines Raumes in der vom Auftragnehmer der Trockenbauleistungen bearbeiteten bzw. erstellten Fläche auftreten (z. B. im Deckenbereich durch Unterzüge, im Wandbereich durch Stützen).

Raum begrenzende Bauteile – also Bauteile, die den Abschluss eines Raumes bilden (siehe Definition „begrenzende Bauteile") – sind keine Unterbrechungen; sie können niemals übermessen werden.

Vorsatzschale

Vorsatzschalen sind nur einseitig sichtbare Konstruktionen, in der Regel zur Bekleidung von vertikal aufgehenden bzw. nur ganz leicht zur Senkrechten geneigten bauseitigen Konstruktionen des Rohbaus, also z. B. für Wände, Stützen und dergleichen. Sie sind keine „begrenzenden Bauteile" im Sinne des Abschnittes 5.1.2 der ATV DIN 18340. Vorsatzschalen werden entweder direkt angesetzt oder „freistehend" mit einer Unterkonstruktion erstellt. Verkleidungen von schrägen Dachflächen oder Bodenflächen sind nicht darunter zu fassen (siehe Erläuterung zum Begriff Dachschräge).

Windlasten

Bei der Auslegung von Unterdecken werden in der Regel Windlasten im **Gebäudeinnern** nicht berücksichtigt. Bei der Berechnung der mechanischen Widerstandsfähigkeit wird nur das vertikal nach unten gerichtete Eigengewicht berücksichtigt. Viele Abhängersysteme sind zu biegsam, um nach oben gerichteten Lasten, die das Eigengewicht der Unterdecke überschreiten, entgegenzuwirken, und viele Deckenarten werden in die Flansche der Unterkonstruktion ohne Befestigung eingelegt.

In der Praxis werden in der Regel Probleme aus folgenden Gründen vermieden:

- die Windlasten im Gebäudeinnern sind in der Regel eingeschränkt, da die vorherrschende Windlast begrenzt ist;
- bei ungünstigen Witterungsbedingungen werden gewöhnlich Türen und Fenster geschlossen gehalten;

- Unterdeckensysteme weisen eine gewisse Durchlässigkeit auf, so dass aufwärts oder abwärts gerichtete Lasten so weit reduziert werden, dass sie unter dem kritischen Maß bleiben, das ein Abheben oder Einstürzen verursachen könnte;
- in kritischen Bereichen, in denen gelegentlich Probleme entstehen können, werden zum Abheben neigende Decklagen festgeklemmt, z. B. in der Nähe offener Fenster und Türen und auf Oberdecken sowie in Ecken mehrgeschossiger Gebäude.

In der Regel sind Metalldecken nach dem Technischen Handbuch Metalldecken „THM" auf eine Druck- und Sogbelastung von 0,04 kN/m^2 ausgelegt. Sind höhere Drücke zu erwarten, so sind Zusatzmaßnahmen erforderlich und zu vereinbaren.

Bei Unterdecken im **Außenbereich** sind die Unterkonstruktion und Decklagen gegen Lasten von unten und von oben abzusichern.

Zargen

Zagen aus Metall oder Holz, einteilig oder mehrteilig, sind Einbauteile und gelten im Sinne der VOB nicht als begrenzendes Bauteil.

Zargen aus Metall werden

- als Umfassungs- oder Eckzargen in gemauerte oder betonierte Wände eingesetzt und vermörtelt;
- als einteilige Umfassungszargen in Trockenbauwänden mit dem Erstellen der Wand eingebaut;
- als mehrteilige Umfassungszarge eventuell erst später in die entsprechende Wandöffnung eingebaut.

Stichwortverzeichnis

E

F

H

I

K

S

T

U

V

W

Z

Trockenbauarbeiten

– auch als E-Book erhältlich –

Sehr geehrte Kundin, sehr geehrter Kunde,

wir möchten Sie an dieser Stelle noch auf unser besonderes Kombi-Angebot hinweisen: Sie haben die Möglichkeit, diesen Titel zusätzlich als E-Book (PDF-Download) zum Preis von 20 % der gedruckten Ausgabe zu beziehen.

Ein Vorteil dieser Variante: Die integrierte Volltextsuche. Damit finden Sie in Sekundenschnelle die für Sie wichtigen Textpassagen.

Um Ihr persönliches E-Book zu erhalten, folgen Sie einfach den Hinweisen auf dieser Internet-Seite:

www.beuth.de/e-book

Ihr persönlicher, nur einmal verwendbarer E-Book-Code lautet:

203141BF100962K

Vielen Dank für Ihr Interesse!

Ihr Beuth Verlag

Hinweis: Der E-Book-Code wurde individuell für Sie als Erwerber des Buches erzeugt und darf nicht an Dritte weitergegeben werden.